スバラシク実力がつくと評判の

演習 確率統計

キャンパス・ゼミ

改訂7
revision

MATHEMA

マセマ出版社

はじめに

みなさん，こんにちは。マセマの**馬場敬之，高杉豊**です。既刊の『**確率統計キャンパス・ゼミ**』は多くの読者の皆様のご支持を頂いて，**数学教育の新たなスタンダードな参考書**として定着してきているようです。そして，マセマには連日のようにこの『確率統計キャンパス・ゼミ』で養った実力をより確実なものとするための『**演習書(問題集)**』が欲しいとのご意見が寄せられてきました。このご要望にお応えするため，新たにこの『**演習 確率統計キャンパス・ゼミ 改訂7**』を上梓することができて，心より嬉しく思っています。

確率統計を単に理解するだけでなく，本当に使いこなせるようになるために**問題練習が不可欠です**。この『**演習 確率統計キャンパス・ゼミ 改訂7**』は，そのための**最適な演習書**と言えます。

ここで，まず本書の特徴を紹介しておきましょう。

- 『確率統計キャンパス・ゼミ』に準拠して全体を**8**章に分け，各章のはじめには，解法のパターンが一目で分かるように，
methods & formulae（要項）を設けている。
- マセマオリジナルの頻出典型の演習問題を，各章毎に**分かりやすく体系立てて配置**している。
- 各演習問題には(ヒント)を設けて解法の糸口を示し，また(解答&解説)では，定評あるマセマ流の読者の目線に立った**親切で分かりやすい解説**で明快に解き明かしている。
- 演習問題の中には，類似問題を**2**題併記して，**2題目は穴あき形式**にして自分で穴を埋めながら実践的な練習ができるようにしている箇所も多数設けた。
- **2色刷り**の美しい構成で，読者の理解を助けるため**図解も豊富**に掲載している。

さらに，本書の具体的な利用法についても紹介しておきましょう。

● まず，各章毎に，(***methods & formulae***)（要項）と演習問題を一度**流し読み**して，学ぶべき内容の全体像を押さえる。
● 次に，(***methods & formulae***)（要項）を**精読**して，公式や定理それに解法パターンを頭に入れる。そして，各演習問題の(解答 & 解説)を見ずに，問題文と(ヒント)のみを読んで，**自分なりの解答**を考える。
● その後，(解答 & 解説)をよく読んで，自分の解答と比較してみる。そして，間違っている場合は，**どこにミスがあったかをよく検討**する。
● 後日，また(解答 & 解説)を見ずに**再チャレンジ**する。
● そして，問題がスラスラ解けるようになるまで，何度でも納得がいくまで**反復練習**する。

以上の流れに従って練習していけば，確率統計も確実にマスターできますので，**大学や大学院の試験でも高得点で乗り切れる**はずです。この確率統計は大学で様々な自然科学や社会科学を学習していく上での基礎となる分野です。ですから，これをマスターすることにより，さらなる上のステージに上がっていく鍵を手に入れることができるのです。頑張りましょう。

また，この『**演習 確率統計キャンパス・ゼミ 改訂 7**』では『確率統計キャンパス・ゼミ』では扱えなかった，**チェビシェフの不等式，モーメント母関数と確率密度の一対一対応，χ^2 分布の再生性，正規分布の再生性の定理，統計量 $\sum_{i=1}^{n}\left(\frac{X_i-\overline{X}}{\sigma}\right)^2$ が自由度 $n-1$ の χ^2 分布に従うことの証明**なども詳しく解説しています。ですから，『確率統計キャンパス・ゼミ』を完璧にマスターできるだけでなく，さらに**ワンランク上の勉強**もできます。

この『**演習 確率統計キャンパス・ゼミ 改訂 7**』は皆さんの確率統計の学習の**良きパートナーとなるべき演習書**です。本書によって，多くの方々が確率統計に開眼され，確率統計の面白さを堪能されることを願ってやみません。

皆様のさらなる成長を心より楽しみにしております。

マセマ代表 馬場 敬之（けいし）

この改訂 7 では，新たに補充問題として確率密度と期待値の問題を加えました。

目 次

講義 1 Lecture 確率編 離散型確率分布（1変数確率関数） methods & formulae

§1. 場合の数

順列の数 $_n\mathrm{P}_r$ に関連した基本事項を，下にまとめて示す。

(1) n の階乗 $n! = n\cdot(n-1)\cdot\cdots\cdots 3\cdot 2\cdot 1$：$n$ 個の異なるものを 1 列に並べる並べ方の総数。（$0! = 1! = 1$ である。）

(2) 順列の数 $_n\mathrm{P}_r = \dfrac{n!}{(n-r)!}$：$n$ 個の異なるものから重複を許さずに，r 個を選び出し，それを 1 列に並べる並べ方の総数。

(3) 重複順列の数 n^r：n 個の異なるものから重複を許して r 個を選び出し，それを 1 列に並べる並べ方の総数。

次に，**組合せの数** $_n\mathrm{C}_r$ とその基本公式を示す。

(1) 組合せの数 $_n\mathrm{C}_r = \dfrac{n!}{r!(n-r)!}$：$n$ 個の異なるものの中から重複を許さないで，r 個を選び出す選び方の総数。

(2) $_n\mathrm{C}_0 = {}_n\mathrm{C}_n = 1$　(3) $_n\mathrm{C}_1 = n$　(4) $_n\mathrm{C}_r = {}_n\mathrm{C}_{n-r}$

(5) $_n\mathrm{C}_r = {}_{n-1}\mathrm{C}_{r-1} + {}_{n-1}\mathrm{C}_r$　(6) $r\cdot {}_n\mathrm{C}_r = n\cdot {}_{n-1}\mathrm{C}_{r-1}$

また，§3 で解説する**二項分布**と密接に関係する**二項定理**を下に示す。

二項定理：$(a+b)^n = \sum_{k=0}^{n} {}_n\mathrm{C}_k\, a^{n-k}\cdot b^k = {}_n\mathrm{C}_0 a^n + {}_n\mathrm{C}_1 a^{n-1}\cdot b + {}_n\mathrm{C}_2 a^{n-2}b^2 + \cdots\cdots + {}_n\mathrm{C}_n b^n$

§2. 確率

対象としているすべての**根元事象** $a, b, \cdots\cdots$ から成る集合を，**全事象**または**標本空間**と呼び，$U = \{a, b, \cdots\cdots\}$ で表す。ここで，有限な全事象 U のすべての根元事象が同様に確からしく起こるとき，U の部分集合である事象 A の起こる確率 $P(A)$ は，次式で定義される。これを**数学的確率**と呼ぶ。

数学的確率 $P(A) = \dfrac{n(A)}{n(U)} = \dfrac{(\text{事象 } A \text{ の場合の数})}{(\text{全事象の場合の数})}$

これより，確率 $P(A)$ は，$0 \leqq P(A) \leqq 1$ の条件をみたす。

数学的確率の基本公式を，次に示す。

(Ⅰ) 確率の加法定理

(ⅰ) $A \cap B = \phi$ (排反) のとき，$P(A \cup B) = P(A) + P(B)$

(ⅱ) $A \cap B \neq \phi$ (排反でない) のとき，$P(A \cup B) = P(A) + P(B) - P(A \cap B)$

(Ⅱ) 余事象の確率の利用

$P(A) = 1 - P(\overline{A})$

(Ⅲ) ド・モルガンの法則

(ⅰ) $P(\overline{A \cup B}) = P(\overline{A} \cap \overline{B})$ (ⅱ) $P(\overline{A \cap B}) = P(\overline{A} \cup \overline{B})$

コインを **1** 回目に振って表が出ることと，**2** 回目に裏が出ることは，無関係である。このように，**2** つ以上の試行の結果が互いに影響を与えないとき，これらの試行を**独立な試行**という。独立な **2** つの試行 T_1，T_2 について，試行 T_1 で事象 A が起こり，かつ試行 T_2 で事象 B が起こる確率は，$P(A) \times P(B)$ となる。ここで，互いに独立な同じ試行を n 回繰り返すとき，**1** 回の試行で事象 A が起こる確率を p とおくと，n 回の試行のうち k 回だけ事象 A が起こる確率は，${}_nC_k p^k q^{n-k}$ $(k = 0, 1, \cdots, n, q = 1 - p)$ となる。これを**反復試行の確率**と呼ぶ。事象 A が起こったという条件の下で，事象 B が起こる確率を**条件付き確率**と呼び，$P(B|A)$ で表す。これは次式で定義される。

$$P(B|A) = \frac{P(A \cap B)}{P(A)} \cdots ①$$

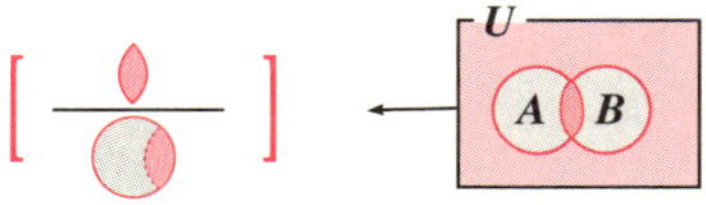

同様に，事象 B が起こったという条件の下で事象 A の起こる条件付き確率 $P(A|B)$ は，$P(A|B) = \dfrac{P(A \cap B)}{P(B)} \cdots ②$

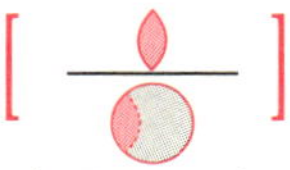

①，② より次式を得る。これを**確率の乗法定理**という。

$$P(A \cap B) = P(A) \cdot P(B|A) = P(B) \cdot P(A|B)$$

空事象でない互いに排反な **2** つの事象 A と B があり，これら A，B が原因となって，結果として事象 E が起こるものとすると，事象 A が原因となり事象 E が起こる確率，すなわち E が起こったという条件の下で A が起こる条件付き確率 $P(A|E) = \dfrac{P(A \cap E)}{P(E)} \cdots ③$を，**事後確率**，または**原因の確率**

という。ここで，図1より，次式が成り立つ。

図1

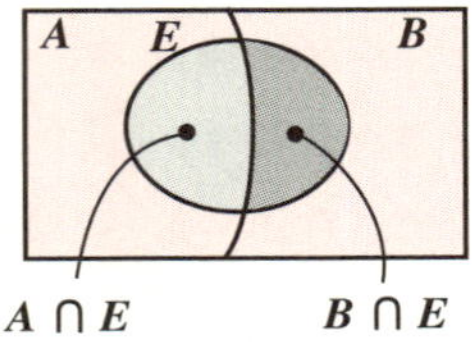

$E=(A\cap E)\cup(B\cap E)$ ……④

$A\cap E$ と $B\cap E$ は互いに排反で

あるから，④より，（確率の加法定理(i)より）

$P(E)=P(A\cap E)+P(B\cap E)$ …⑤　となる。

また乗法定理より，$P(A\cap E)=P(A)\cdot P(E|A)$ ……⑥　同様に，

$P(B\cap E)=P(B)\cdot P(E|B)$ ……⑦　⑥と⑦を⑤に代入して，

$P(E)=P(A)\cdot P(E|A)+P(B)\cdot P(E|B)$ ……⑧

以上⑥と⑧を③に代入して，次の**ベイズの定理**が導かれる。

ベイズの定理：$P(A|E)=\dfrac{P(A)\cdot P(E|A)}{P(A)\cdot P(E|A)+P(B)\cdot P(E|B)}$

$P(A\cap B)=P(A)\cdot P(B)$ のとき，2つの事象 A と B は**独立である**という。

§3. 離散型確率分布

全事象 U のすべての根元事象の1つ1つに適当な数値 $x_1, x_2, \cdots$ を割り当てると，確率を数学的に取り扱う上で便利である。この $x_1, x_2, \cdots$ を値として取る変数 X を**確率変数**と呼ぶ。そして，$x_1, x_2, \cdots$ を確率変数 X の**実現値**という。これらの値が 0,1,2, …のように，飛び飛びの値をとるとき，X を**離散型の確率変数**という。そして，$X=x_1, x_2, \cdots, x_n$ のそれぞれに対応する1つ1つの根元事象の起こる確率が分かっているとき，この確率を $P_i=P_{x_i}=P(X=x_i)$　$(i=1, 2, \cdots\cdots, n)$ などと表し，これを確率変数 X の**確率関数**と呼ぶ。さらに，確率関数を

$$P(x)=\begin{cases}P_i & (x=x_i\text{ のとき})\\ 0 & (x\neq x_i\text{ のとき})\end{cases}\quad(i=1, 2, \cdots\cdots, n)$$

と表してもよい。

P_i が定まっているとき，「X の確率分布が与えられている」という。確率関数 P_i の性質を次に示す。

(i) $0\leqq P_i\leqq 1$　(ii) $\displaystyle\sum_{i=1}^{n}P_i=1$ (全確率)　(iii) $P(a\leqq X\leqq b)=\displaystyle\sum_{a\leqq x_i\leqq b}P_i$

次に，P_i を用いた**分布関数** $F(x)$ の定義を下に示す。

分布関数 $F(x)=P(X\leqq x)=\displaystyle\sum_{x_i\leqq x}P_i$　(x：連続型変数)

この $F(x)$ を**累積分布関数**と呼ぶこともある。

分布関数 $F(x)$ の性質を下に示す。

(ⅰ) $a \leqq b$ のとき，$F(a) \leqq F(b)$　(ⅱ) $F(-\infty)=0$，$F(\infty)=1$（全確率）

(ⅲ) $P(a < x \leqq b) = F(b) - F(a)$

様々な確率分布の基礎となる分布に**二項分布**がある。これは，確率変数が $X=0,1,2,\ \cdots,\ n$，確率関数 P_k が反復試行の確率，すなわち，$P_k=P(X=k)$ $={}_n C_k p^k \cdot q^{n-k}$　$(k=0,\ 1,\ \cdots,\ n,\ \ q=1-p)$ となる分布である。

確率分布を特徴づける重要な数値に，**期待値**（**平均**），**分散**，**標準偏差**がある。期待値でその分布の平均の値が分かり，分散と標準偏差でその分布の広がり具合が分かる。

・期待値 $\mu = E[X] = \sum_{i=1}^{n} x_i P_i = x_1 P_1 + x_2 P_2 + \cdots + x_n P_n$

・分散 $V[X] = \sum_{i=1}^{n} (x_i - \mu)^2 P_i = (x_1-\mu)^2 P_1 + (x_2-\mu)^2 P_2 + \cdots + (x_n-\mu)^2 P_n$

・標準偏差 $\sigma = \sqrt{V[X]}$

分散 $\sigma^2 = V[X]$ の計算式として，

公式 $\sigma^2 = E[X^2] - E[X]^2$ が導かれる。（演習問題 **8**）

さらに，確率変数 X の期待値 $E[X]$ と分散 $V[X]$ が分かっているとき，新たな確率変数 $Y=aX+b$（a，b：定数）の期待値 $E[Y]$ と分散 $V[Y]$ は，

・期待値 $E[Y] = E[aX+b] = aE[X] + b$

・分散　$V[Y] = V[aX+b] = a^2 V[X]$　　　となる。（演習問題 **8**）

期待値 $E[X]$ や分散 $V[X]$ は，**モーメント母関数**（または**積率母関数**）$M(\theta)$ を利用して求めることもできる。モーメント母関数 $M(\theta)$ の定義を下に示す。

モーメント母関数 $M(\theta) = E[e^{\theta X}]$　（θ：変数，X：離散型確率変数）

期待値 μ と分散 σ^2 は，$M'(0)$ と $M''(0)$ を用いて次のように表せる。

(ⅰ) 期待値 $\mu = E[X] = M'(0)$　　(ⅱ) 分散 $\sigma^2 = V[X] = M''(0) - M'(0)^2$

（演習問題 **14**）この公式を用いて，**二項分布** $B(n,\ p)$ の期待値 μ と分散 σ^2 は，$\mu = np$，$\sigma^2 = npq$ であることが導かれる。（演習問題 **15**）

演習問題 1　●二項定理●

二項定理：$(1+x)^n = 1 + {}_nC_1 \cdot x + {}_nC_2 \cdot x^2 + {}_nC_3 \cdot x^3 \cdots\cdots + {}_nC_n \cdot x^n \cdots\cdots$①

を利用して，次の各式の和を求めよ。

(1) $1 + {}_nC_1 + {}_nC_2 + \cdots\cdots + {}_nC_n$

(2) $1 - {}_nC_1 + {}_nC_2 - {}_nC_3 + \cdots\cdots + {}_nC_n(-1)^n$

(3) ${}_nC_1 + 2 \cdot {}_nC_2 + 3 \cdot {}_nC_3 + \cdots\cdots + n \cdot {}_nC_n$

(4) $1 + \dfrac{1}{2} \cdot {}_nC_1 + \dfrac{1}{3} \cdot {}_nC_2 + \cdots\cdots + \dfrac{1}{n+1} \cdot {}_nC_n$

ヒント！　(1)(2) ①の x にある数値を代入する。(3) ①の両辺を x で微分する。(4) ①の両辺を x で積分する。

解答&解説

(1) $x = 1$ を①に代入して，

$1 + {}_nC_1 + {}_nC_2 + \cdots\cdots + {}_nC_n = (1+1)^n = 2^n$ となる。…………………(答)

(2) $x = -1$ を①に代入して，

$1 - {}_nC_1 + {}_nC_2 - {}_nC_3 + \cdots\cdots + {}_nC_n(-1)^n = (1-1)^n = 0$ となる。……(答)

(3) ①の両辺を x で微分して，

$n(1+x)^{n-1} = {}_nC_1 + 2 \cdot {}_nC_2 x + 3 \cdot {}_nC_3 \cdot x^2 + \cdots\cdots + n \cdot {}_nC_n \cdot x^{n-1}$ ……①´

①´に $x = 1$ を代入して，

${}_nC_1 + 2 \cdot {}_nC_2 + 3 \cdot {}_nC_3 + \cdots\cdots + n\, {}_nC_n = n \cdot (1+1)^{n-1} = n \cdot 2^{n-1}$ …………(答)

(4) ①の両辺を $x = 0$ から $x = 1$ まで積分して，

$$\int_0^1 (1+x)^n dx = \int_0^1 (1 + {}_nC_1 \cdot x + {}_nC_2 \cdot x^2 + {}_nC_3 \cdot x^3 + \cdots\cdots + {}_nC_n x^n) dx$$

$$\left[\frac{(1+x)^{n+1}}{n+1}\right]_0^1 = \left[x + \frac{{}_nC_1}{2} \cdot x^2 + \frac{{}_nC_2}{3} \cdot x^3 + \frac{{}_nC_3}{4} \cdot x^4 + \cdots\cdots + \frac{{}_nC_n}{n+1} x^{n+1}\right]_0^1$$

$\therefore\ 1 + \dfrac{1}{2} \cdot {}_nC_1 + \dfrac{1}{3} \cdot {}_nC_2 + \cdots\cdots + \dfrac{1}{n+1} \cdot {}_nC_n = \dfrac{2^{n+1}-1}{n+1}$ となる。…(答)

演習問題 2 ● 反復試行の確率 ●

正しく出来た **1** 枚のコインを **5** 回投げて，少なくとも **2** 回表が出る確率 P を求めよ。

ヒント！ まず，コインを **5** 回投げて k 回だけ表が出る確率 $P_k(k=0, 1, 2, \cdots, 5)$ を求める。「少なくとも **2** 回表が出る」の余事象は「**0** 回または **1** 回だけ表が出る」だから，$P=1-(P_0+P_1)$ となる。

解答＆解説

1 枚のコインを **1** 回投げて表が出る確率を p とおくと，

$p=$ (ア)［　　］　　($q=1-p=$ (イ)［　　］ とおく。)

コインを **5** 回投げて，k 回だけ表が出る確率を $P_k\,(k=0, 1, 2, 3, 4, 5)$ とおくと，

$$P_k=\text{(ウ)}\boxed{}={}_5C_k\left(\frac{1}{2}\right)^k\cdot\left(\frac{1}{2}\right)^{5-k}$$

$$={}_5C_k\cdot\left(\frac{1}{2}\right)^5=\frac{{}_5C_k}{32}$$

よって，このコインを **5** 回投げて少なくとも **2** 回表が出る確率 P は，

$$P=1-\left(\text{(エ)}\boxed{}\right)$$

$$=1-\left(\frac{{}_5C_0}{32}+\frac{{}_5C_1}{32}\right)=1-\frac{1+5}{32}$$

$$=\frac{26}{32}=\frac{13}{16}$$ ……………………………………………(答)

もちろん，直接計算して，次のように求めてもいい。

$$P=\frac{1}{32}({}_5C_2+{}_5C_3+{}_5C_4+{}_5C_5)=\frac{1}{32}(10+10+5+1)$$

$$=\frac{26}{32}=\frac{13}{16}$$

二項定理 $(a+b)^n=\sum_{k=0}^{n}{}_nC_ka^{n-k}b^k$ より，

$\sum_{k=0}^{5}P_k=\sum_{k=0}^{5}{}_5C_kp^kq^{5-k}=(q+p)^5=\left(\frac{1}{2}+\frac{1}{2}\right)^5=1$ （全確率）となる。

解答　(ア) $\frac{1}{2}$　(イ) $\frac{1}{2}$　(ウ) ${}_5C_k\cdot p^k\cdot q^{5-k}$　(エ) P_0+P_1

演習問題 3	● ベイズの定理(Ⅰ) ●

赤球 **2** 個と白球 **2** 個の入った袋 **A** と，赤球 **3** 個，白球 **4** 個が入った袋 **B** がある。まず，サイコロを振って，**2** 以下の目が出たら袋 **A** から，**3** 以上の目が出たら袋 **B** から **1** 個の球を取り出す試行を行った結果，その球が赤球であった。このとき，取り出した袋が **A** であった確率を求めよ。

ヒント! 条件付き確率をベイズの定理の手順に従って求める。

解答＆解説

2 つの事象 A，X を次のように定める。

- 事象 A：袋 **A** から球を **1** 個取り出す（余事象 $\overline{A}$：袋 **B** から球を **1** 個取り出す）
- 事象 X：赤球を **1** 個取り出す

以上より，袋から取り出した球が赤球であったという条件の下で，初めに選択した袋が **A** であった条件付き確率 $P(A|X)$ を求めればよい。

$$P(A|X)=\frac{P(A\cap X)}{P(X)}=\frac{P(A\cap X)}{P(A\cap X)+P(\overline{A}\cap X)} \quad \cdots\cdots①$$

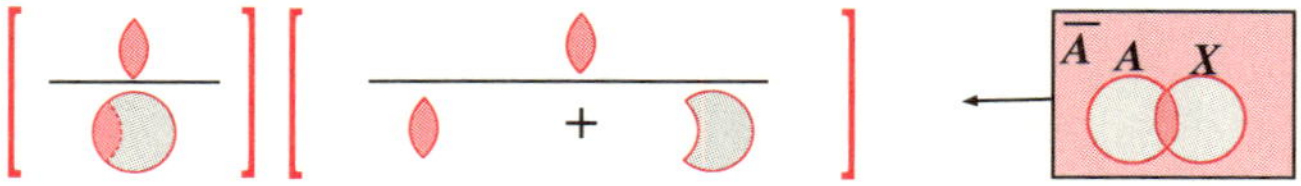

ここで，

$$P(A\cap X)=P(A)\cdot P(X|A)=\frac{1}{3}\times\frac{2}{4}=\frac{1}{6} \quad \cdots\cdots②$$

（$P(A)$：袋 **A** から，$P(X|A)$：赤球を取り出す）

$$P(\overline{A}\cap X)=P(\overline{A})\cdot P(X|\overline{A})=\frac{2}{3}\times\frac{3}{7}=\frac{2}{7} \quad \cdots\cdots③$$

（$P(\overline{A})$：袋 **B** から，$P(X|\overline{A})$：赤球を取り出す）

確率の乗法定理

以上②，③を①に代入して，

$$P(A|X)=\frac{\frac{1}{6}}{\frac{1}{6}+\frac{2}{7}}=\frac{7}{7+12}=\frac{7}{19} \quad \cdots\cdots(\text{答})$$

演習問題 4	● ベイズの定理（Ⅱ）●

赤球 **2** 個と白球 **2** 個の入った袋 **A** と，赤球 **3** 個，白球 **4** 個が入った袋 **B** がある。まず，サイコロを振って，**2** 以下の目が出たら袋 **A** から，**3** 以上の目が出たら袋 **B** から **1** 個の球を取り出す試行を行った結果，その球が赤球であった。このとき，取り出した袋が **A** であった確率を求めよ。

ヒント！　ベイズの定理：$P(A|E)=\dfrac{P(A)\cdot P(E|A)}{P(A)\cdot P(E|A)+P(B)\cdot P(E|B)}$ を使う。

解答＆解説

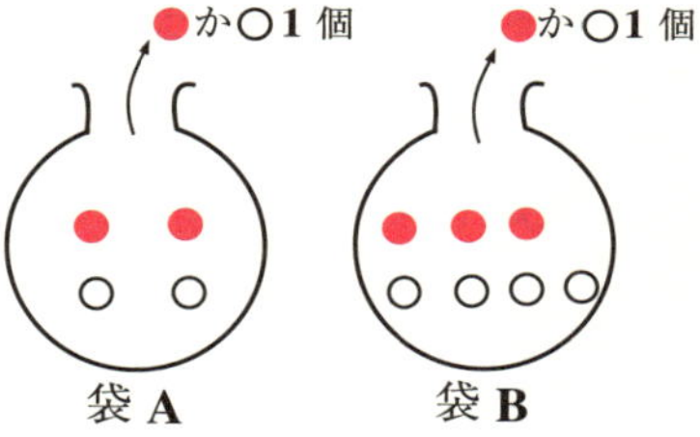

3 つの事象 A，B，E を次のように定める。

- 事象 A：袋 **A** から球を **1** 個取り出す
- 事象 B：袋 **B** から球を **1** 個取り出す
- 事象 E：赤球を **1** 個取り出す

ここで，取り出した球が赤球であった (E) という条件の下で，これを **A** の袋から取り出した条件付き確率 $P(A|E)$ を求める。

$$P(A|E)=\frac{P(A\cap E)}{P(E)}=\frac{P(A\cap E)}{P(A\cap E)+P(B\cap E)}\quad\cdots\cdots①$$

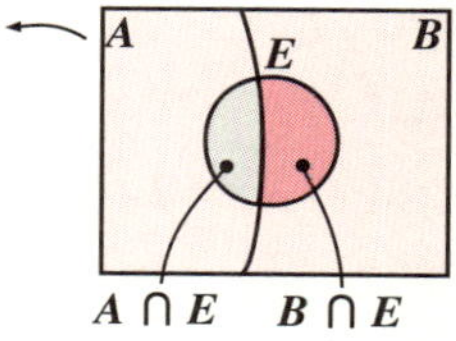

ここで，乗法定理より，

$$P(A\cap E)=P(A)\cdot P(E|A)=\frac{1}{3}\times\frac{2}{4}=\frac{1}{6}\quad\cdots\cdots②$$

（$P(A)$：袋 A から，$P(E|A)$：赤球を取り出す）

$$P(B\cap E)=P(B)\cdot P(E|B)=\frac{2}{3}\times\frac{3}{7}=\frac{2}{7}\quad\cdots\cdots③$$

（$P(B)$：袋 B から，$P(E|B)$：赤球を取り出す）

以上②，③を①に代入して，

$$P(A|E)=\frac{\frac{1}{6}}{\frac{1}{6}+\frac{2}{7}}=\frac{7}{7+12}=\frac{7}{19}\quad\cdots\cdots(答)$$

ベイズの定理：$P(A|E)=\dfrac{P(A)\cdot P(E|A)}{P(A)\cdot P(E|A)+P(B)\cdot P(E|B)}$ のこと

演習問題 5　●ベイズの定理(Ⅲ)●

空事象でない互いに排反な **3** つの事象 A, B, C がある。これら A, B, C が原因となって，結果として事象 E が起こるものとすると，事象 A が原因となり事象 E が起こる確率，すなわち E が起こったという条件の下で事象 A が起こった確率（事後確率）$P(A|E)$ は，

$$P(A|E)=\frac{P(A)P(E|A)}{P(A)P(E|A)+P(B)P(E|B)+P(C)P(E|C)}\quad\cdots\cdots(*)$$

で与えられることを示せ。この $(*)$ をベイズの定理と呼ぶ。

ヒント！ 事後確率 $P(A|E)=\dfrac{P(A\cap E)}{P(E)}$ の右辺の分子・分母を，乗法定理を用いて変形する。

解答＆解説

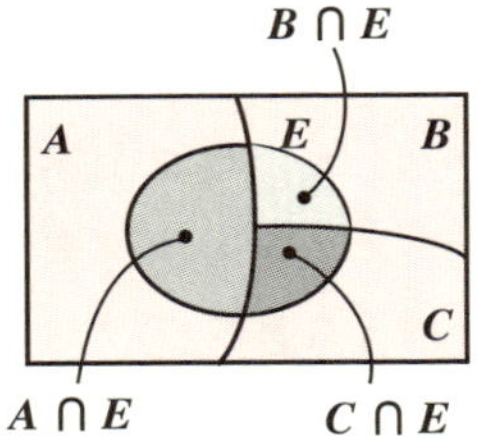

事象 E が起こった条件下で，事象 A が起こった条件付き確率は，

$$P(A|E)=\frac{P(A\cap E)}{P(E)}\quad\cdots\cdots①$$

ここで，乗法定理より，

$P(A\cap E)=P(A)\cdot P(E|A)\quad\cdots\cdots②$，$P(B\cap E)=P(B)\cdot P(E|B)\quad\cdots\cdots③$

$P(C\cap E)=P(C)\cdot P(E|C)\quad\cdots\cdots④$

右上図に示すように，次式が成り立つ。

$E=(A\cap E)\cup(B\cap E)\cup(C\cap E)\quad\cdots\cdots⑤$

ここで，$A\cap E$，$B\cap E$，$C\cap E$ は互いに排反より，⑤から，

$P(E)=P(A\cap E)+P(B\cap E)+P(C\cap E)\quad\cdots\cdots⑥$ である。

⑥に②，③，④を代入して，

$P(E)=P(A)\cdot P(E|A)+P(B)\cdot P(E|B)+P(C)\cdot P(E|C)\quad\cdots\cdots⑦$

②と⑦を①に代入して，ベイズの定理：

$$P(A|E)=\frac{P(A)\cdot P(E|A)}{P(A)\cdot P(E|A)+P(B)\cdot P(E|B)+P(C)\cdot P(E|C)}\quad\cdots\cdots(*)$$

が導かれる。……………………………………………………(終)

演習問題 6　● ベイズの定理(Ⅳ) ●

ある印刷会社では，3つの工場 A, B, C で同一の新刊本を作成している。作成部数の 55% を A が，30% を B が，15% を C が占めるものとする。また，不良品の出る割合は，A が 0.2%，B が 0.5%，C が 1.2% であるものとする。このとき，1冊の新刊本が不良品であったとき，それが C で作られた確率を求めよ。

ヒント！ 前問のベイズの定理(＊)を使う。

解答＆解説

4つの事象 A，B，C，E を次のように定める。

- A：新刊本が A 工場で作られる
- B：新刊本が B 工場で作られる
- C：新刊本が C 工場で作られる
- E：1冊の新刊本が (ア)［　　］ である

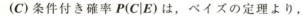

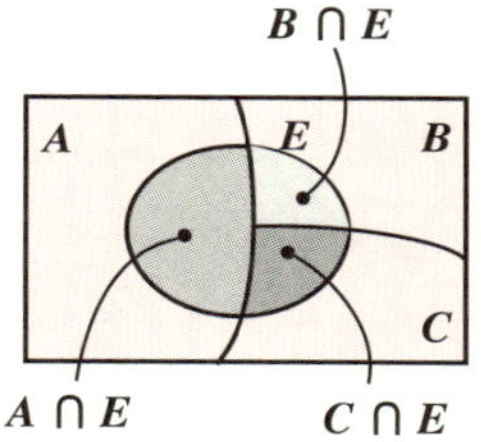

1冊の新刊本が不良品であった (E) という条件の下で，これが C 工場で作られた (C) 条件付き確率 $P(C|E)$ は，ベイズの定理より，

$$P(C|E)=\frac{\text{(イ)}\boxed{}}{\text{(ウ)}\boxed{}} \quad \cdots\cdots ①$$

ここで，

$$P(A)P(E|A)=\frac{55}{100}\times\frac{2}{1000}=\frac{11}{10000} \quad \cdots\cdots ②$$
（Aで作られ）（不良品だった）

$$P(B)P(E|B)=\frac{30}{100}\times\frac{5}{1000}=\frac{15}{10000} \quad \cdots\cdots ③$$
（Bで作られ）（不良品だった）

$$P(C)P(E|C)=\frac{15}{100}\times\frac{12}{1000}=\frac{18}{10000} \quad \cdots\cdots ④$$
（Cで作られ）（不良品だった）

②，③，④を①に代入して，分子・分母を 10000 倍とすると，

$$P(C|E)=\frac{18}{11+15+18}=\frac{18}{44}=\frac{9}{22} \quad (\fallingdotseq 40.9\%) \quad \cdots\cdots\text{(答)}$$

解答　(ア) 不良品　(イ) $P(C)P(E|C)$　(ウ) $P(A)P(E|A)+P(B)P(E|B)+P(C)P(E|C)$

演習問題 7　●期待値 E の線形性●

1 個のサイコロを 1 回振って出た目の数を確率変数 X とする。また，確率変数 Y を，1 枚のコインを 1 回投げて表が出たら 1 を，裏が出たら 0 をとるものとする。このとき確率変数 $X+Y$ の期待値について，次式が成り立つことを確かめよ。

$E[X+Y]=E[X]+E[Y]$ ……$(*)$

ヒント！ $(X, Y)=(x_i, y_j)$ のときの確率を $P_{ij}=P(X=x_i, Y=y_j)$ で表すと，期待値 $E[X+Y]=\sum_{j=0}^{1}\sum_{i=1}^{6}(x_i+y_j)P_{ij}$ となる。

解答＆解説

2 つの確率変数 X, Y の実現値をそれぞれ $x_i=i$ $(i=1, 2, 3, 4, 5, 6)$, $y_j=j$ $(j=0, 1)$ とおく。$(X, Y)=(x_i, y_j)$ のときの確率を

$P_{ij}=P(X=x_i, Y=y_j)$ ←（この P_{ij} を，X, Y の**同時確率**と呼ぶ。）

で表すと，サイコロを振るという試行と，コインを投げるという試行は独立より，

$P_{ij}=\underbrace{P(X=x_i)}_{\frac{1}{6}}\times\underbrace{P(Y=y_j)}_{\frac{1}{2}}=\frac{1}{6}\times\frac{1}{2}=\frac{1}{12}$ となる。

(i) $E[X+Y]=\sum_{j=0}^{1}\sum_{i=1}^{6}(\underbrace{x_i}_{i}+\underbrace{y_j}_{j})\underbrace{P_{ij}}_{\frac{1}{12}}=\frac{1}{12}\sum_{j=0}^{1}\sum_{i=1}^{6}(i+j)$

$=\frac{1}{12}\sum_{j=0}^{1}\{(1+j)+(2+j)+(3+j)+(4+j)+(5+j)+(6+j)\}$

$=\frac{1}{12}\sum_{j=0}^{1}\{\underbrace{(1+2+3+4+5+6)}_{\frac{1}{2}\cdot 6\cdot(1+6)=21}+6j\}=\frac{1}{12}\cdot\sum_{j=0}^{1}(21+6j)$

$=\frac{1}{12}\cdot\left(21\times 2+6\sum_{j=0}^{1}j\right)=\frac{1}{12}\{42+6\cdot(0+1)\}=\frac{1}{12}\times 48=4$

(ii) $E[X]=\sum_{i=1}^{6}\underbrace{x_i}_{i}\underbrace{P(X=x_i)}_{\frac{1}{6}}=\frac{1}{6}\sum_{i=1}^{6}i=\frac{1}{6}\cdot\frac{1}{2}\cdot 6\cdot(1+6)=\frac{7}{2}$

$E[Y]=\sum_{j=0}^{1}\underbrace{y_j}_{j}\underbrace{P(Y=y_i)}_{\frac{1}{2}}=\frac{1}{2}\sum_{j=0}^{1}j=\frac{1}{2}\cdot(0+1)=\frac{1}{2}$

（$(*)$ の証明は，演習問題 35(P60) で行う。）

$\therefore E[X]+E[Y]=\frac{7}{2}+\frac{1}{2}=4$

以上 (i), (ii) より，$E[X+Y]=E[X]+E[Y]$……$(*)$ が成り立つ。……(終)

演習問題 8 ● 期待値と分散の公式 ●

離散型確率変数 $X = x_i$ $(i = 1, 2, \cdots n)$ が，確率関数 $P_i = P(X = x_i)$ の確率分布に従うとき，次式が成り立つことを示せ。ただし，a, b は定数とする。

(ⅰ) $V[X] = E[X^2] - E[X]^2$　　(ⅱ) $E[aX + b] = aE[X] + b$

(ⅲ) $V[aX + b] = a^2V[X]$

ヒント！ (ⅰ) $V[X]$ $\sum_{i=1}^{n}(x_i - \mu)^2P_i$，(ⅱ) $E[aX+b] = \sum_{i=1}^{n}(ax_i + b)P_i$，(ⅲ) $V[aX+b] = \sum_{i=1}^{n}\{(ax_i + b) - (a\mu + b)\}^2P_i$ を，それぞれ計算する。

解答＆解説

(ⅰ) X の期待値を $E[X] = \mu$ とおくと，

$$V[X] = \boxed{(ア)\qquad} = \sum_{i=1}^{n}(x_i{}^2 - 2\mu x_i + \mu^2)P_i$$

$$= \underbrace{\sum_{i=1}^{n}x_i{}^2P_i}_{E[X^2]} - 2\mu\underbrace{\sum_{i=1}^{n}x_iP_i}_{E[X]=\mu} + \mu^2\underbrace{\sum_{i=1}^{n}P_i}_{1(\text{全確率})}$$

$$= E[X^2]\underbrace{-2\mu^2 + \mu^2}_{-\mu^2 = -E[X]^2} = E[X^2] - E[X]^2$$

$\therefore V[X] = E[X^2] - E[X]^2$ は成り立つ。……(終)

(ⅱ) $E[aX + b] = \boxed{(イ)\qquad} = a\underbrace{\sum_{i=1}^{n}x_iP_i}_{E[X]=\mu} + b\underbrace{\sum_{i=1}^{n}P_i}_{1(\text{全確率})}$

$$= aE[X] + b$$

$\therefore E[aX + b] = aE[X] + b$ は成り立つ。……(終)

(ⅲ) $V[aX + b] = \sum_{i=1}^{n}\{(\boxed{(ウ)\quad}) - \underbrace{(a\mu + b)}_{E[aX+b] = aE[X]+b(\because (ⅱ))より}\}^2P_i$

$$= \sum_{i=1}^{n}a^2(x_i - \mu)^2P_i = a^2\underbrace{\sum_{i=1}^{n}(x_i - \mu)^2P_i}_{V[X]}$$

$$= a^2V[X]$$

$\therefore V[aX + b] = a^2V[X]$ は成り立つ。……(終)

解答　(ア) $\sum_{i=1}^{n}(x_i - \mu)^2P_i$　(イ) $\sum_{i=1}^{n}(ax_i + b)P_i$　(ウ) $ax_i + b$

演習問題 9　●期待値，分散，標準偏差(Ⅰ)●

1 個のサイコロを 1 回振って，出た目の 2 乗を確率変数 X とする。X の確率分布の期待値 $\mu = E[X]$，分散 $\sigma^2 = V[X]$，および標準偏差 $\sigma = \sqrt{V[X]}$ を求めよ。さらに，$Y = 6X - 1$ として新たに定義された確率変数 Y の期待値と分散も求めよ。

ヒント！ 期待値 $E[X] = \sum_{i=1}^{6} x_i P_i$，分散 $V[X] = E[X^2] - E[X]^2$ の公式を使う。また，$Y = 6X - 1$ の期待値と分散は，公式 $E[aX+b] = aE[X] + b$，$V[aX+b] = a^2V[X]$ を用いる。

解答&解説

確率変数 $X = 1^2, 2^2, \cdots, 6^2$ の確率関数 P_i は，

$P_i = \frac{1}{6}$ $(i = 1, 2, \cdots, 6)$ より，X の期待値 $\mu = E[X]$，分散 $\sigma^2 = V[X]$，

および標準偏差 $\sigma = \sqrt{V[X]}$ は，

$$\mu = E[X] = \sum_{i=1}^{6} \underbrace{x_i}_{\text{確率変数}} \underbrace{P_i}_{\text{確率}} = 1^2 \cdot \frac{1}{6} + 2^2 \cdot \frac{1}{6} + \cdots\cdots + 6^2 \cdot \frac{1}{6}$$

$$= \frac{1}{6}\sum_{k=1}^{6} k^2 = \frac{1}{6} \cdot \frac{1}{6} \cdot 6(6+1)(2\cdot 6+1)$$

公式：$\sum_{k=1}^{n} k^2 = \frac{1}{6}n(n+1)(2n+1)$

$$= \frac{7 \cdot 13}{6} = \frac{91}{6}$$ ……(答)

$$\sigma^2 = V[X] = E[X^2] - E[X]^2 = (1^2)^2 \cdot \frac{1}{6} + (2^2)^2 \cdot \frac{1}{6} \cdots\cdots + (6^2)^2 \cdot \frac{1}{6} - \left(\frac{91}{6}\right)^2$$

$\left((1^2)^2 \cdot \frac{1}{6} + \cdots + (6^2)^2 \cdot \frac{1}{6} = \frac{1}{6}(1+16+81+256+625+1296) \right)$

$$= \frac{2275}{6} - \frac{8281}{36} = \frac{5369}{36}$$ ……(答)

$$\sigma = \sqrt{V[X]} = \sqrt{\frac{5369}{36}} = \frac{\sqrt{5369}}{6}$$ となる。……(答)

次に，$Y = 6X - 1$ の期待値と分散を求める。

$$E[Y] = E[6X - 1] = 6 \cdot E[X] - 1 = 6 \cdot \frac{91}{6} - 1 = 90$$ ……(答)

$$V[Y] = V[6X - 1] = 6^2 \cdot V[X] = 36 \cdot \frac{5369}{36} = 5369$$ となる。……(答)

演習問題 10　● 期待値，分散，標準偏差（Ⅱ）●

1 個のコインを 1 回投げて，表が出れば 2，裏が出れば 1 を確率変数 X はとるものとする。X の確率分布の期待値 $\mu = E[X]$，分散 $\sigma^2 = V[X]$，および標準偏差 $\sigma = \sqrt{V[X]}$ を求めよ。さらに，$Y = 8X - 4$ として新たに定義された確率変数 Y の期待値と分散も求めよ。

ヒント！ 前問同様，期待値と分散の公式を使おう。

解答＆解説

確率変数 $X = 1, 2$ の確率関数 P_i は，

$P_i =$ (ア) $(i = 1, 2)$ より，X の期待値 $\mu = E[X]$，分散 $\sigma^2 = V[X]$，

および標準偏差 $\sigma = \sqrt{V[X]}$ は，

$$\mu = E[X] = \sum_{i=1}^{2} \boxed{(イ)} = 1 \cdot \frac{1}{2} + 2 \cdot \frac{1}{2} = \frac{3}{2}$$ ……………………(答)

$$\sigma^2 = V[X] = \boxed{(ウ)} = 1^2 \cdot \frac{1}{2} + 2^2 \cdot \frac{1}{2} - \left(\frac{3}{2}\right)^2$$

$$= \frac{5}{2} - \frac{9}{4} = \frac{1}{4}$$ ……………………(答)

$\sigma = \sqrt{V[X]} = \sqrt{\frac{1}{4}} = \frac{1}{2}$ となる。……………………(答)

> 分散 $V[X] = \sum_{i=1}^{2} (x_i - \mu)^2 P_i$ の定義式を使って $V[X]$ を求めてみよう。
>
> $V[X] = \left(1 - \frac{3}{2}\right)^2 \cdot \frac{1}{2} + \left(2 - \frac{3}{2}\right)^2 \cdot \frac{1}{2}$
>
> $= \frac{1}{4} \cdot \frac{1}{2} + \frac{1}{4} \cdot \frac{1}{2} = \frac{1}{4}$ と，同じ結果が導かれるね。

次に，$Y = 8X - 4$ の期待値と分散を求める。

$$E[Y] = E[8X - 4] = \boxed{(エ)} = 8 \cdot \frac{3}{2} - 4 = 8$$ ……………………(答)

$V[Y] = V[8X - 4] = \boxed{(オ)} = 64 \cdot \frac{1}{4} = 16$ となる。……………………(答)

解答　(ア) $\frac{1}{2}$　(イ) $x_i P_i$　(ウ) $E[X^2] - E[X]^2$

(エ) $8E[X] - 4$　(オ) $8^2 \cdot V[X]$

演習問題 11　●二項分布 $B(n, p)$ の期待値と分散 (Ⅰ)●

(1) $k_nC_k = n \cdot {}_{n-1}C_{k-1}$ ……(＊) $(k = 1, 2, \cdots, n)$ を示せ。

(2) (＊) を利用して，二項分布 $B(n, p)$ の期待値と分散がそれぞれ，

$\mu = E[X] = np$，$\sigma^2 = V[X] = npq$ $(q = 1 - p)$ となることを示せ。

ヒント！ (1) 組合せの公式 ${}_nC_k = \frac{n!}{k!(n-k)!}$ を用いて，左辺を変形して右辺を導く。(2)(＊) の公式をうまく使って，期待値 $\mu = \sum_{k=0}^{n} k \cdot {}_nC_k \cdot p^k \cdot q^{n-k}$ を変形し，$\mu = np$ を導く。同様に，$\sigma^2 = \sum_{k=0}^{n} (k-\mu)^2 \cdot {}_nC_k \cdot p^k \cdot q^{n-k}$ からスタートして，$\sigma^2 = npq$ を導こう。

解答＆解説

(1) (＊) の左辺 $= k \cdot {}_nC_k = k \cdot \frac{n!}{k!(n-k)!}$

$$= n \cdot \frac{(n-1)!}{(k-1)!\{(n-1)-(k-1)\}!} = n \cdot {}_{n-1}C_{k-1} = (＊) の右辺$$

よって，$k \cdot {}_nC_k = n \cdot {}_{n-1}C_{k-1}$ …(＊) $(k = 1, 2, \cdots, n)$ は成り立つ。 …(終)

(2) 二項分布 $B(n, p)$ の期待値 $\mu = E[X] = np$ を示す。

(ⅰ) $\mu = \sum_{k=0}^{n} k \cdot$ (ア) ［確率関数 P_k］［$k=1$ スタートにしていい］

$$= \sum_{k=1}^{n} k \cdot {}_nC_k \cdot p^k \cdot q^{n-k}$$ ［公式 (＊) より］

$$= \sum_{k=1}^{n} \text{(イ)} \quad p^k \cdot q^{n-k}$$

$$= np \sum_{k=1}^{n} {}_{n-1}C_{k-1} \cdot p^{k-1} \cdot q^{n-k}$$

$$= np \sum_{k=0}^{n-1} {}_{n-1}C_k \cdot p^k \cdot q^{(n-1)-k} = np \cdot (p+q)^{n-1}$$

［$(q+p)^{n-1}$ ← 二項定理］　［$p+q = 1$ ← $q = 1-p$ より］

∴期待値 $\mu = np$ となる。………………………………(終)

(ⅱ) 二項分布 $B(n, p)$ の分散 $\sigma^2 = npq$ を示す。

$$\sigma^2 = \sum_{k=0}^{n} (k-\mu)^2 \cdot {}_nC_k \cdot p^k \cdot q^{n-k}$$ ［確率関数 P_k］

$$= \sum_{k=0}^{n} (k^2 - 2\mu k + \mu^2) \cdot {}_nC_k \cdot p^k \cdot q^{n-k}$$

$$\sigma^2 = \sum_{k=0}^{n} k^2 \cdot {}_nC_k \cdot p^k \cdot q^{n-k} - 2\mu \underbrace{\sum_{k=0}^{n} k \cdot {}_nC_k \cdot p^k \cdot q^{n-k}}_{\text{期待値 } \mu = np} + \mu^2 \underbrace{\sum_{k=0}^{n} {}_nC_k \cdot p^k \cdot q^{n-k}}_{(q+p)^n = 1^n}$$

$$= \sum_{k=1}^{n} \underbrace{k \cdot k \cdot {}_nC_k}_{\boxed{n \cdot {}_{n-1}C_{k-1}} \leftarrow \boxed{\text{公式 }(*)}} \cdot p^k \cdot q^{n-k} - 2\mu^2 + \mu^2$$

$\boxed{k=1 \text{ スタートにしていい}}$

$$= \sum_{k=1}^{n} k \boxed{\text{(イ)}} \cdot p^k \cdot q^{n-k} - \mu^2 = n \sum_{k=1}^{n} \{(k-1)+1\}\, {}_{n-1}C_{k-1}\, p^k \cdot q^{n-k} - \mu^2$$

$\boxed{\{(k-1)+1\} \text{ とおく！}}$

$$= n \cdot \left\{ \sum_{k=1}^{n} (k-1)\,{}_{n-1}C_{k-1}\, \underbrace{p^k}_{p \cdot p^{k-1}} \cdot q^{n-k} + \sum_{k=1}^{n} {}_{n-1}C_{k-1}\, \underbrace{p^k}_{p \cdot p^{k-1}} \cdot q^{n-k} \right\} - \mu^2$$

$$= np \cdot \sum_{k=1}^{n} (k-1)\,{}_{n-1}C_{k-1}\, p^{k-1} \cdot q^{n-k} + np \sum_{k=1}^{n} {}_{n-1}C_{k-1} \cdot p^{k-1} \cdot q^{n-k} - \mu^2$$

$$= np \cdot \underbrace{\sum_{k=0}^{n-1} k\,{}_{n-1}C_k\, p^k \cdot q^{(n-1)-k}}_{\boxed{k=0 \text{ スタートに変える！}}} + np \cdot \underbrace{\sum_{k=0}^{n-1} {}_{n-1}C_k\, p^k \cdot q^{(n-1)-k}}_{\boxed{k=0 \text{ スタートに変える！}}} - \mu^2$$

$\boxed{B(n-1,\,p) \text{ の期待値 } (n-1)p \text{ のこと}}$ $\boxed{(q+p)^{n-1} = 1^{n-1} = 1 \ (\text{二項定理})}$

$$= np \cdot \boxed{\text{(エ)}} + np \cdot \underbrace{(p+q)^{n-1}}_{\boxed{1}} - \underbrace{\mu^2}_{\boxed{(np)^2}} \quad \boxed{\mu = np \text{ より}}$$

$$= np^2(n-1) + np - n^2 p^2$$

$$= -np^2 + np = np\underbrace{(1-p)}_{\boxed{q}} = npq$$

∴ 分散 $\sigma^2 = npq$ となる。 ………………………………………………(終)

次に，別の証明法についても調べてみよう。

$$\mu = \sum_{k=0}^{n} k \cdot {}_nC_k \cdot p^k \cdot q^{n-k} = \sum_{k=0}^{n} {}_nC_k \cdot p^k \cdot q^{n-k} \cdot k \cdot \underline{1^{k-1}} \cdots\cdots ①$$

①の $\underline{1}$ を x で置き替えた式：

$$\underbrace{\sum_{k=0}^{n} {}_nC_k \cdot p^k \cdot q^{n-k}}_{\boxed{\text{定数}}} \cdot k\,\underline{x^{k-1}} \cdots ② \quad \text{を考え，これを } x \text{ で不定積分した式のうち，}$$

積分定数を除いたものを $f(x)$ とおくと，

$$f(x) = \sum_{k=0}^{n} {}_nC_k \cdot p^k \cdot q^{n-k} x^k \qquad \text{これを変形して，二項定理を用いると，}$$

$$f(x)=\sum_{k=0}^{n} {}_n\mathrm{C}_k\cdot(px)^k\cdot q^{n-k}=(px+q)^n$$ を得る。

以上の流れを逆に辿れば，

$$②=f'(x)=np(px+q)^{n-1}$$

$$①=\mu=f'(1)=np\underbrace{(p+q)}_{1}{}^{n-1}=np$$

・$\sum_{k=0}^{n} {}_n\mathrm{C}_k\cdot p^k\cdot q^{n-k}\cdot kx^{k-1}\ [=f'(x)]$ ………②
・$\mu=\sum_{k=0}^{n} {}_n\mathrm{C}_k\cdot p^k\cdot q^{n-k}\cdot k\cdot 1^{k-1}[=f'(1)]$ …①

より，$\mu=np$ が導かれる。

この方針による別証明を次に示す。

別解

(i) 二項分布 $B(n,\ p)$ の期待値 $\mu=E[X]=np$ を示す。

$$\mu=\sum_{k=0}^{n}k\cdot\boxed{(オ)\qquad}\quad ……①$$

$$=\sum_{k=0}^{n}{}_n\mathrm{C}_k\cdot p^k\cdot q^{n-k}\cdot k$$

（k を $k\cdot 1^{k-1}$ とみる，1 を x）

ここで，二項定理より，

$$(px+q)^n=\boxed{(カ)\qquad}$$

$$=\sum_{k=0}^{n}{}_n\mathrm{C}_k\cdot p^k\cdot q^{n-k}\cdot x^k$$

これを x の関数とみて $f(x)$ とおくと，

$$f(x)=(px+q)^n=\sum_{k=0}^{n}\underbrace{{}_n\mathrm{C}_k\cdot p^k\cdot q^{n-k}}_{定数}\cdot x^k\quad ……②$$

②の各辺を x で微分して，

$$f'(x)=np(px+q)^{n-1}=\sum_{k=0}^{n}{}_n\mathrm{C}_k\cdot p^k\cdot q^{n-k}\cdot kx^{k-1}\quad ……③$$

$x=1$ を③に代入すると，

$$f'(1)=np\underbrace{(p+q)}_{1(q=1-p\,より)}{}^{n-1}=\sum_{k=0}^{n}{}_n\mathrm{C}_k\cdot p^k\cdot q^{n-k}\cdot k$$

$$\therefore\ np=\sum_{k=0}^{n}k\,{}_n\mathrm{C}_k\cdot p^k\cdot q^{n-k}\quad ……④$$

①と④を比較して，$\mu=np$ が導かれる。 ……………………………(終)

(ii) 二項分布 $B(n,\ p)$ の分散 $\sigma^2=V[X]=npq$ を示す。

$$\sigma^2=E[X^2]-\underbrace{E[X]^2}_{\mu^2=(np)^2}=E[X^2]-n^2p^2\quad ……⑤$$

ここで，

$$E[X^2]=\sum_{k=0}^{n}\underset{\{k(k-1)+k\}}{\underline{k^2}}\cdot{}_nC_k\cdot p^k\cdot q^{n-k}=\sum_{k=0}^{n}\{k(k-1)+k\}\,{}_nC_k\cdot p^k\cdot q^{n-k}$$

$$=\sum_{k=0}^{n}k(k-1)\,{}_nC_k\cdot p^k\cdot q^{n-k}+\underbrace{\sum_{k=0}^{n}k\cdot{}_nC_k\cdot p^k\cdot q^{n-k}}_{\mu=np}$$

$$=\underbrace{\sum_{k=0}^{n}{}_nC_k\cdot p^k\cdot q^{n-k}k(k-1)}_{f''(1)}+np\quad\cdots\cdots⑥$$

（$k(k-1)$ は $k(k-1)\cdot 1^{k-2}$ とみる，1 は x）

ここで③の各辺をさらに x で微分すると，

$$f''(x)=\boxed{(キ)\qquad\qquad}=\sum_{k=0}^{n}{}_nC_k\cdot p^k\cdot q^{n-k}\cdot k(k-1)x^{k-2}\quad\cdots⑦$$

⑦に $x=1$ を代入して，

$$f''(1)=np^2(n-1)\underset{1}{\underline{(p+q)}}^{n-2}=\sum_{k=0}^{n}{}_nC_k\cdot p^k\cdot q^{n-k}\cdot k(k-1)$$

$$\therefore\ \sum_{k=0}^{n}{}_nC_k\cdot p^k\cdot q^{n-k}\cdot k(k-1)=\boxed{(ク)\qquad\qquad}\quad\cdots\cdots⑧$$

⑧を⑥に代入して，

$$E[X^2]=np^2(n-1)+np\quad\cdots\cdots⑨$$

⑨を⑤に代入して，

$$\sigma^2=np^2(\cancel{n}-1)+np-\cancel{n^2p^2}=np\underset{q}{\underline{(1-p)}}=npq$$

$\therefore\ \sigma^2=npq$　も導かれる。……………………………………(終)

…………………………………………………………………………………

解答　(ア) ${}_nC_k\cdot p^k\cdot q^{n-k}$　(イ) $n\cdot{}_{n-1}C_{k-1}$　(ウ) $n\cdot{}_{n-1}C_{k-1}$　(エ) $(n-1)p$

(オ) ${}_nC_k\cdot p^k\cdot q^{n-k}$　(カ) $\sum_{k=0}^{n}{}_nC_k(px)^k\cdot q^{n-k}$

(キ) $n(n-1)p^2(px+q)^{n-2}$　(ク) $np^2(n-1)$

演習問題 12　● 二項分布 $B(n,\ p)$ の期待値と分散 (Ⅱ) ●

正しく作られた **1** 個のサイコロを **5** 回振るという試行を考える。

(1) 出る目の数が **3** の倍数である回数を確率変数 X とおくとき，X の期待値と分散を求めよ。

(2) $Y=10X$ で新たな確率変数 Y を定めるとき，Y の期待値と分散を求めよ。

ヒント！ 確率変数 X は二項分布 $B\left(5,\ \frac{1}{3}\right)$ に従う。期待値 $\mu=np$，分散 $\sigma^2=npq$ の公式を用いる。また，$Y=10X$ について，期待値 $E[aX+b]=aE[X]+b$，分散 $V[aX+b]=a^2V[X]$ の公式を使う。

解答＆解説

サイコロを **5** 回振るという独立試行を考える。**1** 回サイコロを振って **3** の倍数が出る確率を p とおくと，

$$p=\frac{2}{6}=\frac{1}{3}\quad\left(q=1-p=\frac{2}{3}\right)$$ となる。

（2：3，6 の目）

(1) 確率変数 $X=k\ (k=0,\ 1,2,3,4,5)$ の確率関数 P_k は，

$$P_k={}_5\mathrm{C}_k\,p^k\cdot q^{5-k}={}_5\mathrm{C}_k\left(\frac{1}{3}\right)^k\left(\frac{2}{3}\right)^{5-k}$$

よって，X は，二項分布 $B\left(5,\ \frac{1}{3}\right)$（$5$：$n$，$\frac{1}{3}$：$p$）に従うので，$X$ の期待値 $\mu=E[X]$

と分散 $\sigma^2=V[X]$ は，$\mu=\underset{n}{5}\times\underset{p}{\frac{1}{3}}=\frac{5}{3}$，$\sigma^2=\underset{n}{5}\times\underset{p}{\frac{1}{3}}\times\underset{q}{\frac{2}{3}}=\frac{10}{9}$ となる。…(答)

(2) $Y=10X$ で定められる確率変数 Y の期待値 $\mu=E[Y]$ と分散 $\sigma^2=V[X]$ は，

$$\mu=E[Y]=E[10X]=10\cdot\underbrace{E[X]}_{\frac{5}{3}}=10\times\frac{5}{3}=\frac{50}{3}$$ ……………………(答)

$$\sigma^2=V[Y]=V[10X]=10^2\cdot\underbrace{V[X]}_{\frac{10}{9}}=100\times\frac{10}{9}=\frac{1000}{9}$$ ……………………(答)

演習問題 13　● 二項分布 $B(n, p)$ の期待値と分散(Ⅲ) ●

正しく作られた **1** 個のサイコロを **3** 回振るという試行を考える。偶数の目が出た場合 **20** ポイント，奇数の目が出た場合 **0** ポイントとする。試行終了後のポイントの和を確率変数 X とおくとき，X の期待値と分散を求めよ。

ヒント！ $X=0, 20, 40, 60$ より，$Y=\frac{X}{20}$ とおくと，Y は $B\left(3, \frac{1}{2}\right)$ に従う。

解答＆解説

サイコロを 1 回振って偶数の目が出る確率を p とおくと，

$p=\frac{3}{6}=\frac{1}{2}$ （3：2, 4, 6 の目）　$\left(q=1-p=\frac{1}{2}\right)$

確率変数 $X=0, 20, 40, 60$ ……①

の確率関数を P_k $(k=0, 1,2,3)$ とおくと，

> 偶数 (even) の目を e，奇数 (odd) の目を o で表すと，
> (o, o, o) が ${}_3C_0$ 通りで，$X=0$
> (o, o, e) が ${}_3C_1$ 通りで，$X=20$
> (o, e, e) が ${}_3C_2$ 通りで，$X=40$
> (e, e, e) が ${}_3C_3$ 通りで，$X=60$

$P_k={}_3C_k\, p^k\cdot q^{3-k}={}_3C_k\left(\frac{1}{2}\right)^k\left(\frac{1}{2}\right)^{3-k}$ ……② $\left[=\frac{{}_3C_k}{8}\right]$ となる。

ここで，$Y=\frac{X}{20}$ により新たな確率変数 Y を定めると，

$Y=0, 1, 2, 3$　よって，この Y の確率関数も②の P_k であるから，Y は二項分布 (ア)＿＿＿ に従う。よって，Y の期待値 $E[Y]$ と分散 $V[Y]$ は，

$E[Y]=3\times\frac{1}{2}=\frac{3}{2}$，　　$V[Y]=3\times\frac{1}{2}\times\frac{1}{2}=\frac{3}{4}$

よって，X の期待値 $=E[X]$ と分散 $\sigma^2=V[X]$ は，$X=20Y$ より，

$\mu=E[X]=E[20Y]=$ (イ)＿＿＿ $=20\times\frac{3}{2}=30$ ……………………(答)

$\sigma^2=V[X]=V[20Y]=$ (ウ)＿＿＿ $=400\times\frac{3}{4}=300$ ……………(答)

解答　(ア) $B\left(3, \frac{1}{2}\right)$　　(イ) $20E[Y]$　　(ウ) $20^2V[Y]$ （または，$400V[Y]$）

演習問題 14 ● モーメント母関数と期待値・分散 ●

離散型確率変数 X と変数 θ に対して，モーメント母関数 $M(\theta)$ を $M(\theta)=E[e^{\theta X}]$ で定義する。このモーメント母関数 $M(\theta)$ により，確率変数 X の期待値 $\mu=E[X]$ と分散 $\sigma^2=V[X]$ は，

(i) 期待値 $\mu=M'(0)$ (ii) 分散 $\sigma^2=M''(0)-M'(0)^2$

で表せることを示せ。

ヒント！ 確率変数 X の確率関数 P_i は，X の関数であり，θ の関数でないことに注意して，$M'(\theta)$，$M''(\theta)$ を求め，これに $\theta=0$ を代入する。

解答＆解説

(i) 期待値 $\mu=M'(0)$ を示す。

確率変数 X の実現値を $x_i\ (i=1,2,\cdots,n)$，X の確率関数を P_i とおくと，

（この P_i は X の関数であって，θ の関数ではない！）

$M(\theta)=E[e^{\theta X}]=\sum_{i=1}^{n}e^{\theta x_i}\cdot P_i$ ……①

①の両辺を θ で微分すると，

$M'(\theta)=\sum_{i=1}^{n}x_i\cdot e^{\theta x_i}\cdot P_i$ ……② ②に $\theta=0$ を代入すると，

$M'(0)=\sum_{i=1}^{n}x_i\cdot 1\cdot P_i=\sum_{i=1}^{n}x_iP_i=E[X]=\mu$

$\therefore\ \mu=E[X]=M'(0)$ ……③ となる。……………………………(終)

(ii) 分散 $\sigma^2=M''(0)-M'(0)^2$ を示す。

②の両辺をさらに θ で微分すると，

$M''(\theta)=\sum_{i=1}^{n}x_i^2\cdot e^{\theta x_i}\cdot P_i$ ……④ ④に $\theta=0$ を代入すると，

$M''(0)=\sum_{i=1}^{n}x_i^2P_i=E[X^2]$

$\therefore\ E[X^2]=M''(0)$ ……⑤

⑤と③を，公式 $\sigma^2=E[X^2]-E[X]^2=E[X^2]-\mu^2$ に代入すると，

$\sigma^2=V[X]=M''(0)-M'(0)^2$ が導かれる。……………………………(終)

④の両辺をさらに θ で微分して，$M'''(\theta)=\sum_{i=1}^{n}x_i^3\cdot e^{\theta x_i}\cdot P_i$

$\therefore\ M'''(0)=\sum_{i=1}^{n}x_i^3P_i=E[X^3]$ となる。$\therefore\ E[X^3]=M^{(3)}(0)$ 同様にして，

$E[X^n]=M^{(n)}(0)$ $(n=1,2,3,\cdots)$ となることが分かる。

演習問題 15 ● 二項分布 $B(n,\ p)$ の期待値と分散(Ⅳ) ●

演習問題 **14** の(ⅰ)期待値 $\mu = M'(0)$，(ⅱ)分散 $\sigma^2 = M''(0) - M'(0)^2$ の公式を用いて，二項分布 $B(n,\ p)$ の期待値 μ と分散 σ^2 がそれぞれ，$\mu = np$，$\sigma^2 = npq \quad (q = 1 - p)$ と表されることを示せ。

ヒント！ 二項分布のモーメント母関数 $M(\theta)$ を，$M(\theta) = \sum_{x=0}^{n} {}_nC_x (pe^\theta)^x \cdot q^{n-x} = (pe^\theta + q)^n$ と変形し，この形を用いて，$M'(0)$ と $M''(0)$ を求めよう。

解答＆解説

二項分布 $B(n,\ p)$ のモーメント母関数 $M(\theta)$ は，

$M(\theta) = E[e^{\theta X}] =$ (ア) ［　　　］ ← 確率変数 X の実現値を x とおいた

$= \sum_{x=0}^{n} {}_nC_x (pe^\theta)^x \cdot q^{n-x} =$ (イ) ［　　　］ ← 二項定理：$(a+b)^n = \sum_{x=0}^{n} {}_nC_x a^x b^{n-x}$

$\therefore M(\theta) = (pe^\theta + q)^n$ ……① となる。

(ⅰ) ①の両辺を θ で微分して，（合成関数の微分）

$$M'(\theta) = n(pe^\theta + q)^{n-1}(pe^\theta)' = npe^\theta(pe^\theta + q)^{n-1} \quad \cdots\cdots ②$$

よって，二項分布 $B(n,\ p)$ の期待値 $\mu = E[X]$ は，

$\mu =$ (ウ) ［　　　］ $= npe^0(pe^0 + q)^{n-1} = np(\underbrace{p+q}_{1})^{n-1} = np$ となる。 ……(終)

(ⅱ) ②をさらに θ で微分して，（$(f \cdot g)' = f'g + fg'$）

$$M''(\theta) = npe^\theta(pe^\theta + q)^{n-1} + npe^\theta \cdot (n-1)(pe^\theta + q)^{n-2} \cdot pe^\theta$$
$$= npe^\theta(pe^\theta + q)^{n-2}\{(pe^\theta + q) + (n-1)pe^\theta\}$$

$$\therefore M''(0) = np(\underbrace{p+q}_{1})^{n-2}\{(\underbrace{p+q}_{1}) + (n-1)p\}$$
$$= np\{1 + (n-1)p\}$$

よって，二項分布 $B(n,\ p)$ の分散 $\sigma^2 = V[X]$ は，

$\sigma^2 =$ (エ) ［　　　］ $= np\{1 + (n-1)p\} - n^2p^2 = np(\underbrace{1-p}_{q})$

$\therefore \sigma^2 = npq$ が成り立つ。 ……(終)

解答 (ア) $\sum_{x=0}^{n} e^{\theta x} \cdot {}_nC_x \cdot p^x \cdot q^{n-x}$ (イ) $(pe^\theta + q)^n$ (ウ) $M'(0)$ (エ) $M''(0) - M'(0)^2$

演習問題 16　●確率関数と分布関数のグラフ(Ⅰ)●

袋に白石が **3** 個，黒石が **3** 個入っている。正しく出来た **1** 枚のコインを **1** 回投げて，表が出たら白石を **1** 個，裏が出たら黒石を **1** 個取り出す。取り出した石は元に戻さない。この試行を繰り返して，一方の石がすべて取り出されたとき，袋に残された他方の石の個数を X とおく。
$(X=1,2,3)$

(1) X の確率関数 P_X と分布関数 $F(x)$ のグラフを描け。

(2) X の期待値 μ と分散 σ^2 を求めよ。

ヒント！ 例えば先に白石がすべて取り出されたとき，袋に黒石が X 個残ったとすれば，試行回数は，$3+(3-X)=6-X$ 回となる。この初めの $5-X$ 回で **2** 回白石が取り出され，黒石は $3-X$ 回取り出されると，最後の $6-X$ 回目に白石が取り出される。黒石が先にすべて取り出される場合も同様になる。

解答＆解説

(1) X の確率関数 $P_X(X=1,2,3)$ は，

$$P_X=2\cdot{}_{5-X}C_2\left(\frac{1}{2}\right)^2\left(\frac{1}{2}\right)^{3-X}\cdot\frac{1}{2}$$

- 2：先に白か黒のいずれか一方がすべて取り出される。
- ${}_{5-X}C_2\left(\frac{1}{2}\right)^2\left(\frac{1}{2}\right)^{3-X}$：初めの $5-X$ 回で，先になくなる石が **2** 回，他方の石は $3-X$ 回取り出される。
- $\frac{1}{2}$：最後の $6-X$ 回目に先になくなる石が取り出される。

$$=\frac{(5-X)!}{2!(3-X)!}\cdot\frac{1}{2^{5-X}}$$ よって，

$$P_1=\frac{4!}{2!2!}\cdot\frac{1}{2^4}=\frac{4\cdot3}{2\cdot1}\cdot\frac{1}{16}=\frac{3}{8},\quad P_2=\frac{3!}{2!1!}\cdot\frac{1}{2^3}=\frac{3}{8},\quad P_3=\frac{2!}{2!0!}\cdot\frac{1}{2^2}=\frac{1}{4}$$

(ⅰ) 確率関数 P_X

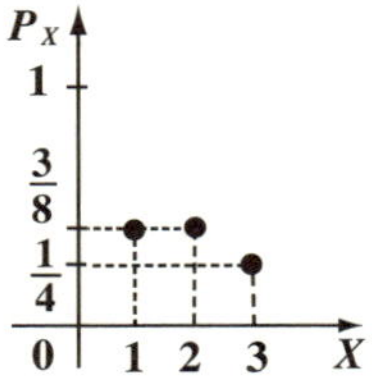

(ⅱ) 分布関数 $F(x)$

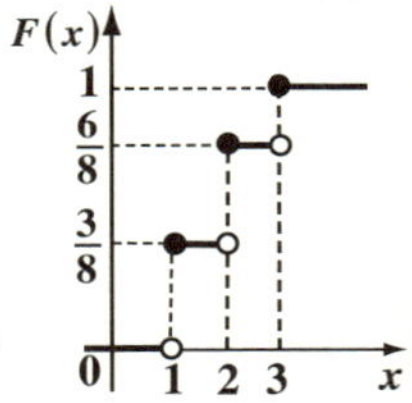

これより，確率関数 P_X と分布関数 $F(x)$ のグラフを，図(ⅰ)(ⅱ)に示す。(答)

(2) 確率変数 X の期待値 μ と分散 σ^2 を求める。

期待値 $\mu=E[X]=\sum_{X=1}^{3}X\cdot P_X=1\cdot\frac{3}{8}+2\cdot\frac{3}{8}+3\cdot\frac{2}{8}=\frac{15}{8}$ ……………(答)

分散 $\sigma^2=V[X]=E[X^2]-\mu^2=1^2\cdot\frac{3}{8}+2^2\cdot\frac{3}{8}+3^2\cdot\frac{2}{8}-\left(\frac{15}{8}\right)^2$

$$=\frac{3+12+18}{8}-\frac{225}{64}=\frac{39}{64}$$ ……………(答)

演習問題 17 ● 確率関数と分布関数のグラフ(Ⅱ) ●

歪んだコインが **1** 枚ある。このコインを **1** 回投げて表が出る確率を統計的に調べたところ，$\frac{1}{4}$ であった。このコインを **3** 回投げて，表が出る回数を確率変数 X とおく。$(X=0,1,2,3)$

(1) X の確率関数 P_X と分布関数 $F(x)$ のグラフを描け。

(2) 変数 X の期待値 μ と分散 σ^2 を求めよ。

ヒント！ (1) コインの裏が出る確率は，$1-\frac{1}{4}=\frac{3}{4}$ だね。
(2) 確率関数は，$P_X={}_3C_X\left(\frac{1}{4}\right)^X\left(\frac{3}{4}\right)^{3-X}$ より，X は二項分布 $B\left(3,\ \frac{1}{4}\right)$ に従う。

解答＆解説

(1) 確率関数 P_X

$(X=0,1,2,3)$ は，

$P_X={}_3C_X\left(\frac{1}{4}\right)^X\left(\frac{3}{4}\right)^{3-X}$ より，

$P_0={}_3C_0\left(\frac{1}{4}\right)^0\left(\frac{3}{4}\right)^3=$ (ア)，

$P_1={}_3C_1\left(\frac{1}{4}\right)^1\left(\frac{3}{4}\right)^2=$ (イ)，

$P_2={}_3C_2\left(\frac{1}{4}\right)^2\left(\frac{3}{4}\right)^1=$ (ウ)，　$P_3={}_3C_3\left(\frac{1}{4}\right)^3\left(\frac{3}{4}\right)^0=$ (エ)

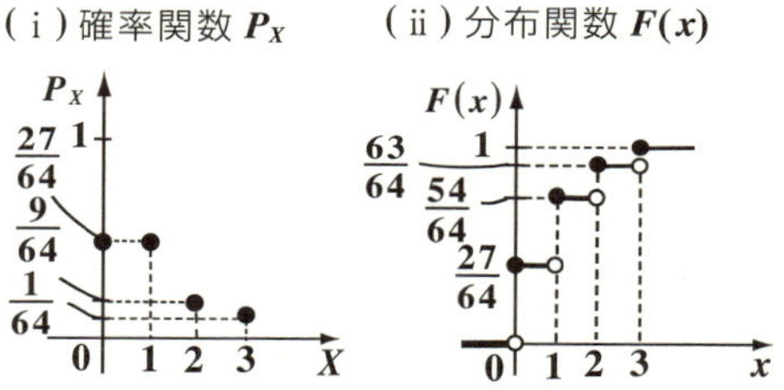

これより，確率関数 P_X と分布関数 $F(x)$ のグラフを，図(ⅰ)(ⅱ)に示す。

……(答)

(2) 確率変数 X の期待値 μ と分散 σ^2 を求める。

期待値 $\mu=E[X]=3\times$ (オ) $=\frac{3}{4}$ ……(答)

分散 $\sigma^2=V[X]=3\times\frac{1}{4}\times$ (カ) $=\frac{9}{16}$ …(答)

> 二項分布 $B(n,\ p)$ の
> ・期待値 $\mu=np$
> ・分散 $\sigma^2=npq\ (q=1-p)$

解答 (ア) $\frac{27}{64}$　(イ) $\frac{27}{64}$　(ウ) $\frac{9}{64}$　(エ) $\frac{1}{64}$

(オ) $\frac{1}{4}$　(カ) $\frac{3}{4}$

確率編（1変数確率密度）

§1. 確率密度

X を実数値をとる連続型の確率変数とすると，X が区間 $x \leqq X \leqq x+\triangle x$ の範囲の値をとる確率 $P(x \leqq X \leqq x+\triangle x)$ を，次式で定義する。

図1 確率密度関数

この面積が確率を表す。
$$P(x \leqq X \leqq x+\triangle x) = \int_x^{x+\triangle x} f(t)dt$$

$$P(x \leqq X \leqq x+\triangle x) = \int_x^{x+\triangle x} f(t)dt$$

この右辺に現れる関数 $f(x)(\geqq 0)$ を，X の **確率密度**，または **確率密度関数** と呼び，「確率変数 X は，確率密度 $f(x)$ の確率分布に従う」という。離散型確率分布と異なる点は，右辺が定積分で表されているため，下端の x と上端の $x+\triangle x$ が積分区間に含まれるか含まれないかは，確率に影響しないことである。すなわち，次式が成り立つ。

$$P(x \leqq X \leqq x+\triangle x) = P(x \leqq X < x+\triangle x) = P(x < X \leqq x+\triangle x)$$
$$= P(x < X < x+\triangle x)$$

確率変数 X のとり得る値の範囲が $-\infty < X < \infty$ のとき，$P(-\infty < X < \infty) = 1$ より，確率密度 $f(x)(\geqq 0)$ は次式をみたす。

$$\int_{-\infty}^{\infty} f(t)dt = 1 \quad (全確率) \quad \cdots\cdots ①'$$

さらに，離散型確率分布のときと同様に，X のとる値が x 以下である確率

$$F(x) = P(X \leqq x) = \int_{-\infty}^{x} f(t)dt$$

を **分布関数** と呼ぶ。

図2 確率密度 $f(t)$ と分布関数 $F(x)$
（ⅰ）確率密度 $f(t)$　　（ⅱ）分布関数 $F(x)$

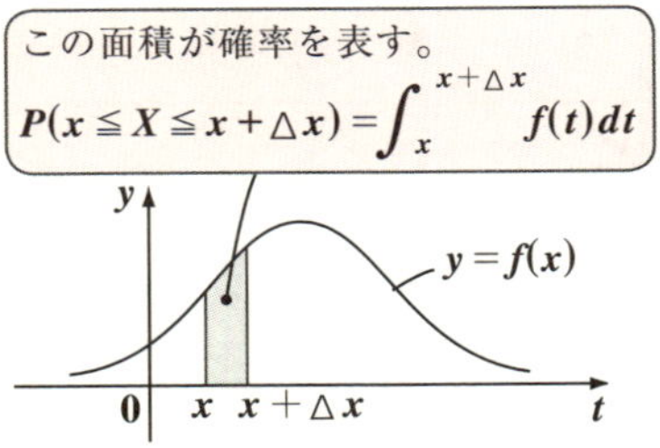

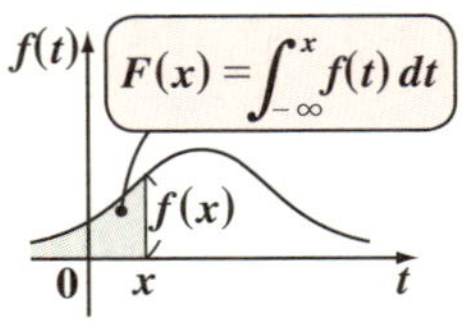

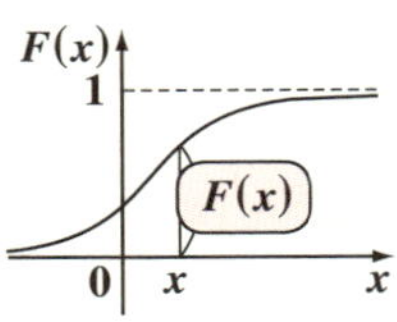

分布関数の性質を次に示す。

$$P(a \leqq X \leqq b) = \int_a^b f(t)dt = F(b) - F(a)\left(= [F(t)]_a^b\right)$$

この性質 $\int_a^b f(t)dt = [F(t)]_a^b = F(b) - F(a)$ より，分布関数 $F(x)$ は確率密度 $f(x)$ の原始関数の 1 つであり，

$\dfrac{dF(x)}{dx} = f(x)$ の関係がある。

確率密度 $f(x)$ の確率分布に従う連続型確率変数 X の**期待値** $\mu = E[X]$，**分散** $\sigma^2 = V[X]$，および**標準偏差** σ の定義を下に示す。

・期待値 $\mu = E[X] = \int_{-\infty}^{\infty} xf(x)dx$

・分散 $\sigma^2 = V[X] = \int_{-\infty}^{\infty} (x-\mu)^2 f(x)dx$

$= E[X^2] - \mu^2$

・標準偏差 $\sigma = \sqrt{V[X]}$

離散型確率分布の
・$\mu = E[X] = \sum_{i=1}^{n} x_i P_i$
・$\sigma^2 = V[X] = \sum_{i=1}^{n} (x_i - \mu)^2 P_i$
$= E[X^2] - \mu^2$
・$\sigma = \sqrt{V[X]}$ と対比して覚えよう！

$(X-\mu)^k$ $(k = 0, 1, 2, 3, \cdots)$ の期待値

$$E[(X-\mu)^k] = \begin{cases} \sum_{i=1}^{n} (x_i - \mu)^k P_i & \leftarrow \text{離散型} \\ \int_{-\infty}^{\infty} (x-\mu)^k f(x)dx & \leftarrow \text{連続型} \end{cases}$$

を，**μ のまわりの k 次のモーメント**という。分散 $\sigma^2 = V[X]$ は，μ のまわりの 2 次のモーメントである。また，x^k $(k = 0, 1, 2, 3, \cdots)$ の期待値

$$E[X^k] = \begin{cases} \sum_{i=1}^{n} x_i{}^k P_i & \leftarrow \text{離散型} \\ \int_{-\infty}^{\infty} x^k f(x)dx & \leftarrow \text{連続型} \end{cases}$$

は原点のまわりの k 次のモーメントである。期待値 $\mu = E[X]$ は，原点のまわりの 1 次のモーメントになる。

定積分の線形性を用いると，連続型確率分布についても，分散 $\sigma^2 = V[X]$ の公式：

$\sigma^2 = V[X] = E[X^2] - \mu^2$

が成り立つ。

$$\sigma^2 = \int_{-\infty}^{\infty} (x-\mu)^2 f(x)dx$$
$$= \int_{-\infty}^{\infty} (x^2 - 2\mu x + \mu^2) f(x)dx$$
$$= \underbrace{\int_{-\infty}^{\infty} x^2 f(x)dx}_{E[X^2]} - 2\mu \underbrace{\int_{-\infty}^{\infty} xf(x)dx}_{\mu = E[X]} + \mu^2 \underbrace{\int_{-\infty}^{\infty} f(x)dx}_{1}$$
$$= E[X^2] - 2\mu^2 + \mu^2 = E[X^2] - \mu^2$$ となる。

同様に，確率変数 X を使って，新たな確率変数 Y を，$Y = aX + b$（a, b：定数）で定義するとき，Y の期待値 $E[Y]$ と分散 $V[Y]$ は，定積分の線形性を用いて，次のように表せる。

(i) 期待値 $E[Y] = aE[X] + b$

(ii) 分散 $V[Y] = V[aX + b] = a^2V[X]$

(i) $E[Y] = \int_{-\infty}^{\infty}(ax+b)f(x)dx$

$= a\underbrace{\int_{-\infty}^{\infty}xf(x)dx}_{E[X]} + b\underbrace{\int_{-\infty}^{\infty}f(x)dx}_{1}$

$= aE[X] + b = a\mu + b$

(ii) $V[Y] = V[aX + b]$

$= \int_{-\infty}^{\infty}\{(ax+\cancel{b}) - (a\mu + \cancel{b})\}^2 f(x)dx$

$= a^2\underbrace{\int_{-\infty}^{\infty}(x-\mu)^2 f(x)dx}_{V[X]} = a^2V[X]$

X の関数 $\phi(X)$ の期待値 $E[\phi(X)]$ は，$E[\phi(X)] = \int_{-\infty}^{\infty}\phi(x)\cdot f(x)dx$ で定義される。X の期待値 $\mu = E[X]$ は，$\phi(X) = X$ の場合であり，X の分散 $\sigma^2 = V[X]$ は，$\phi(X) = (X-\mu)^2$ の場合となる。

ここで，$\phi(X) = 5X^2 + 3X$ のとき，この期待値は，

$$E[\phi(X)] = E[5X^2 + 3X] = \int_{-\infty}^{\infty}(5x^2+3x)f(x)dx$$
$$= 5\int_{-\infty}^{\infty}x^2f(x)dx + 3\int_{-\infty}^{\infty}xf(x)dx = 5E[X^2] + 3E[X]$$

$\therefore E[5X^2 + 3X] = 5E[X^2] + 3E[X]$ となって，E の分配法則が成り立っている。一般に，n 個の X の関数 $\phi_1(X)$, $\phi_2(X)$, …, $\phi_n(X)$ と，n 個の定数 a_1, a_2, …, a_n に対して，次の期待値 E の分配法則が成り立つ。

$$E[a_1\phi_1(X) + a_2\phi_2(X) + \cdots + a_n\phi_n(X)]$$
$$= a_1E[\phi_1(X)] + a_2E[\phi_2(X)] + \cdots + a_nE[\phi_n(X)]$$

§2. モーメント母関数と変数変換

$\phi(X) = e^{\theta X}$ の期待値 $E[e^{\theta X}]$ を，**モーメント母関数**または**積率母関数**と呼び，$M(\theta)$ で表す。確率密度 $f(x)$ をもつ連続型確率変数 X と，X とは無関係な変数 θ に対して，モーメント母関数 $M(\theta)$ は，

$M(\theta) = E[e^{\theta X}] = \int_{-\infty}^{\infty}e^{\theta x}\cdot f(x)dx$ となる。離散型の場合と同様に，連続型確率分布の期待値 μ，分散 σ^2 は，モーメント母関数 $M(\theta)$ により，

(i) 期待値 $\mu = E[X] = M'(0)$

(ii) 分散 $\sigma^2 = V[X] = M''(0) - M'(0)^2$ で求められる。

次に，連続型確率分布の場合，変数 X が新たな変数 Y に変換された後，

元の変数 X の確率密度がどのような確率密度に変化するのかを調べることが比較的容易にできる。ここで，確率変数 X の確率密度を $f_X(x)$，Y の確率密度を $f_Y(y)$，Z の確率密度を $f_Z(z)$ などと表すことにしよう。

確率変数 X の確率密度 $f_X(x)$ に対して，$Y=g(X)$ で新たな確率変数 Y を定めたとき，Y の確率密度 $f_Y(y)$ を求めてみる。

「X が $x \leqq X \leqq x+\Delta x$ の範囲にある確率と，これに対応して，
$Y=g(X)$ が $y \leqq Y \leqq y+\Delta y$ の範囲にある確率は等しい」ので，
$P(y \leqq Y \leqq y+\Delta y)=P(x \leqq X \leqq x+\Delta x)$ となる。すなわち，
$\int_y^{y+\Delta y} f_Y(y')dy'=\int_x^{x+\Delta x} f_X(x')dx'$ を $f_Y(y)$ はみたす。よって，
$\Delta x \fallingdotseq 0$，$\Delta y \fallingdotseq 0$ のとき，次の近似式が成り立つ。
$f_Y(y)\Delta y=f_X(x)\Delta x$ ← 積分変数からプライム "′" を取った！
さらに，$\Delta x \to 0$，$\Delta y \to 0$ の極限をとって，
$f_Y(y)dy=f_X(x)dx$ 　これより，$f_Y(y)=f_X(x)\dfrac{dx}{dy}$ ……(a) 　を得る。
X と $Y=g(X)$ が 1 対 1 対応の関数であれば，$x=g^{-1}(y)$……(b) 　より，
(b) を (a) に代入して，$f_Y(y)=f_X(g^{-1}(y))\cdot\dfrac{dx}{dy}$ ……(c) となる。

$Y=g(X)$ により，1 つの Y の値に 2 つ以上の X の値が対応する，つまり，$Y=g(X)$ の逆関数が多価関数になっている場合でも，上と同様に，「変数変換で確率は変化しない」ことを使って，Y の確率密度 $f_Y(y)$ を求めればよい。
(演習問題 **26**)

分散 $\sigma^2=V[X]$ は，期待値 μ からの確率変数 X のばらつき具合を表す。標準偏差 $\sigma=\sqrt{V[X]}$ を単位として，任意の分布に対して，次式が成り立つ。

$$P(|X-\mu| \geqq k\sigma) \leqq \frac{1}{k^2} \quad \cdots\cdots(*)$$

(k：正の定数)

これを**チェビシェフの不等式**と呼ぶ。

($*$) により，具体的に分布が分からなくても，μ と σ が既知のとき，μ の周辺の確率を大雑把にではあるが，評価することができる。(演習問題 **27**)

図 1 チェビシェフの不等式

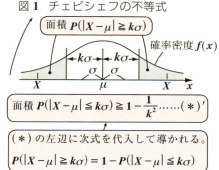

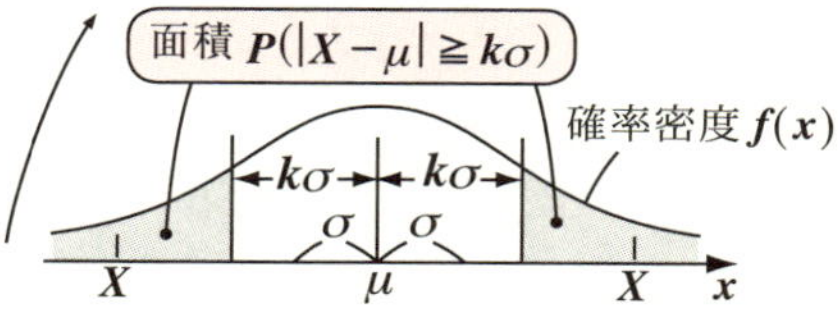

面積 $P(|X-\mu| \leqq k\sigma) \geqq 1-\dfrac{1}{k^2}$ ……($*$)′

($*$) の左辺に次式を代入して導かれる。
$P(|X-\mu| \geqq k\sigma)=1-P(|X-\mu| \leqq k\sigma)$

演習問題 18 ● 確率密度と分布関数 (Ⅰ) ●

確率密度 $f(x)=\begin{cases} a(\cos x+1) & (-\pi \leqq x \leqq \pi) \\ 0 & (x<-\pi,\ \pi<x) \end{cases}$ で与えられた確率分布の正の定数 a の値と，分布関数 $F(x)$ を求めよ。

ヒント！ 確率密度の必要条件から a の値を求める。確率分布 $F(x)$ は場合分けして求める。

解答＆解説

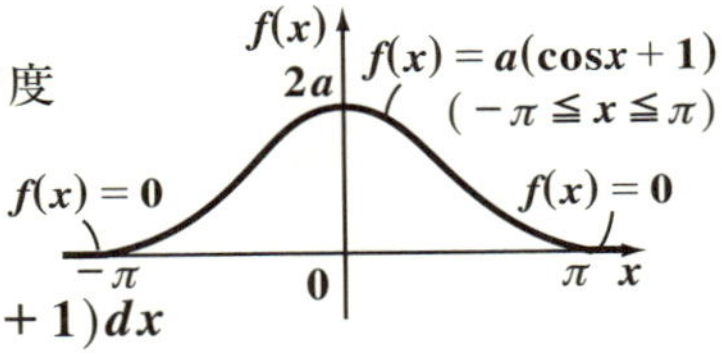

$f(x)=a(\cos x+1)\quad(-\pi \leqq x \leqq \pi)$ が確率密度であるための必要条件より，

$$\int_{-\infty}^{\infty} f(x)dx=\int_{-\pi}^{\pi} a(\cos x+1)dx=2a\int_0^{\pi}(\cos x+1)dx$$

偶関数

$$\int_{-\infty}^{-\pi} 0\,dx+\int_{-\pi}^{\pi} a(\cos x+1)dx+\int_{\pi}^{\infty} 0\,dx$$

$$=2a\left[\sin x+x\right]_0^{\pi}=2\pi a=1\ (\text{全確率})\quad \therefore\ a=\frac{1}{2\pi}\ \cdots\cdots(\text{答})$$

分布関数 $F(x)$ は 3 つに場合分けして求める。

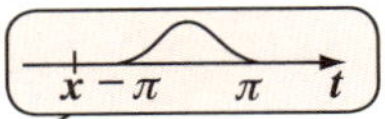

(ⅰ) $x<-\pi$ のとき，$F(x)=\int_{-\infty}^{x} f(t)dt=0$ （$f(t)=0$）

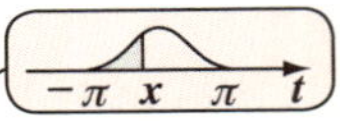

(ⅱ) $-\pi \leqq x \leqq \pi$ のとき，$F(x)=\int_{-\infty}^{-\pi} f(t)dt+\int_{-\pi}^{x} f(t)dt$ （$f(t)=0$，$f(t)=\frac{1}{2\pi}(\cos t+1)$）

$$=\frac{1}{2\pi}\left[\sin t+t\right]_{-\pi}^{x}=\frac{1}{2\pi}(\sin x+x+\pi)$$

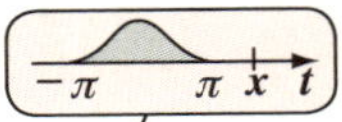

(ⅲ) $\pi<x$ のとき，$F(x)=\int_{-\infty}^{-\pi} f(t)dt+\int_{-\pi}^{\pi} f(t)dt+\int_{\pi}^{\infty} f(t)dt=1$ （0，1，0）

以上 (ⅰ)(ⅱ)(ⅲ) より，分布関数 $F(x)$ は

$$F(x)=\begin{cases} 0 & (x<-\pi) \\ \frac{1}{2\pi}(\sin x+x+\pi) & (-\pi \leqq x \leqq \pi) \\ 1 & (\pi<x) \end{cases}$$

……(答)

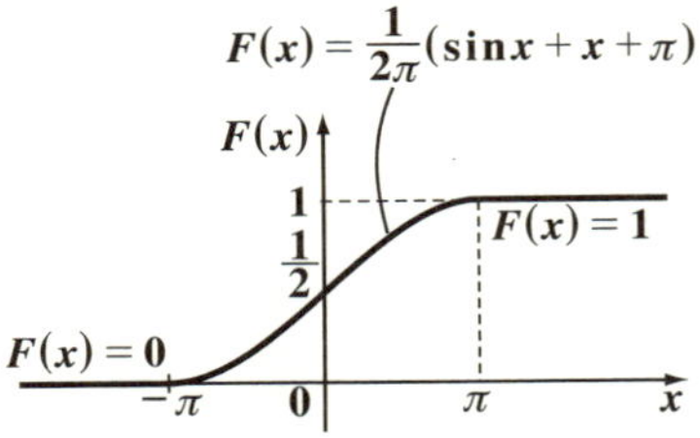

演習問題 19 ● 確率密度と分布関数(Ⅱ) ●

確率密度 $f(x)=\begin{cases}\frac{2}{9}x(a-x) & (0\leqq x\leqq a)\\ 0 & (x<0,\ a<x)\end{cases}$ で与えられた確率分布の正の定数 a の値と，分布関数 $F(x)$ を求めよ。

ヒント！ 前問同様に解こう。

解答＆解説

$f(x)=\frac{2}{9}x(a-x)\ (0\leqq x\leqq a)$ が確率密度であるための必要条件より，

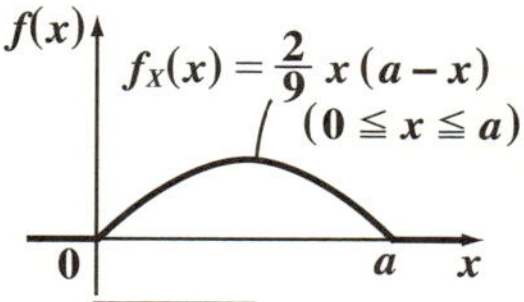

$$\int_{-\infty}^{\infty}f(x)dx=\int_0^a\frac{2}{9}x(a-x)dx=\frac{2}{9}\int_0^a(-x^2+ax)dx$$

$$=\frac{2}{9}\left[-\frac{1}{3}x^3+\frac{a}{2}x^2\right]_0^a=\frac{2}{9}\cdot\frac{a^3}{6}=\boxed{\frac{a^3}{27}=1}\ (\text{全確率})\quad\therefore\ a=\boxed{(ア)}\ \cdots\cdots\cdots\cdots(\text{答})$$

分布関数 $F(x)$ は 3 つに場合分けして求める。

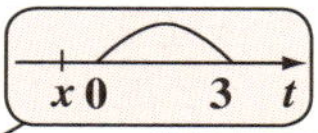

(ⅰ) $x<0$ のとき，$F(x)=\int_{-\infty}^{x}\underset{0}{f(t)}dt=\boxed{(イ)}$

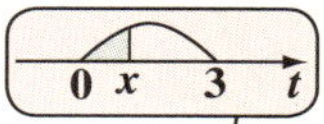

(ⅱ) $0\leqq x\leqq 3$ のとき，$F(x)=\int_{-\infty}^{0}\underset{0}{f(t)}dt+\int_0^x\underset{\frac{2}{9}t(3-t)}{f(t)}dt=\frac{2}{9}\left[-\frac{1}{3}t^3+\frac{3}{2}t^2\right]_0^x$

$$=\frac{2}{9}\left(-\frac{1}{3}x^3+\frac{3}{2}x^2\right)=\boxed{(ウ)}$$

(ⅲ) $3<x$ のとき，$F(x)=\int_{-\infty}^{0}\underset{0}{f(t)}dt+\underset{1}{\boxed{\int_0^3 f(t)dt}}+\int_3^x\underset{0}{f(t)}dt=\boxed{(エ)}$

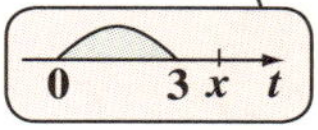

以上(ⅰ)(ⅱ)(ⅲ)より，分布関数 $F(x)$ は，

$$F(x)=\begin{cases}0 & (x<0)\\ -\frac{2}{27}x^3+\frac{1}{3}x^2 & (0\leqq x\leqq 3)\\ 1 & (3<x)\end{cases}$$

$\cdots\cdots$(答)

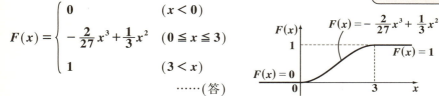

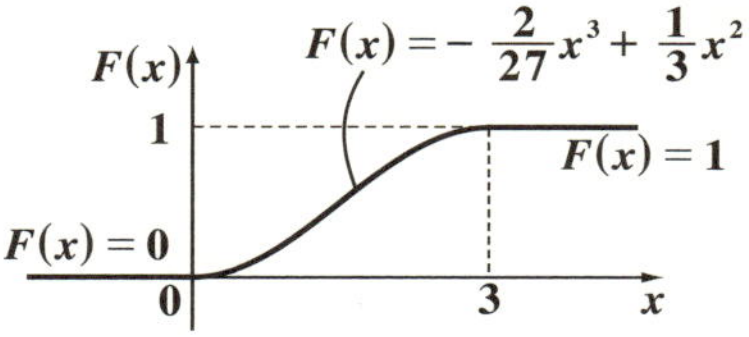

解答 (ア) 3　(イ) 0　(ウ) $-\frac{2}{27}x^3+\frac{1}{3}x^2$　(エ) 1

演習問題 20 ● 連続型確率分布の期待値と分散（Ⅰ）●

確率密度 $f(x)=\begin{cases}\dfrac{1}{2\pi}(\cos x+1) & (-\pi \leqq x \leqq \pi)\\ 0 & (x<-\pi,\ \pi<x)\end{cases}$ で与えられた確率分布の期待値 μ と分散 σ^2 を求めよ。

ヒント！ $\mu=E[X]=\int_{-\infty}^{\infty}xf(x)dx$ の定義式，$\sigma^2=E[X^2]-\mu^2$ の公式を使う。

解答＆解説

この確率分布の期待値 μ と分散 σ^2 を求める。

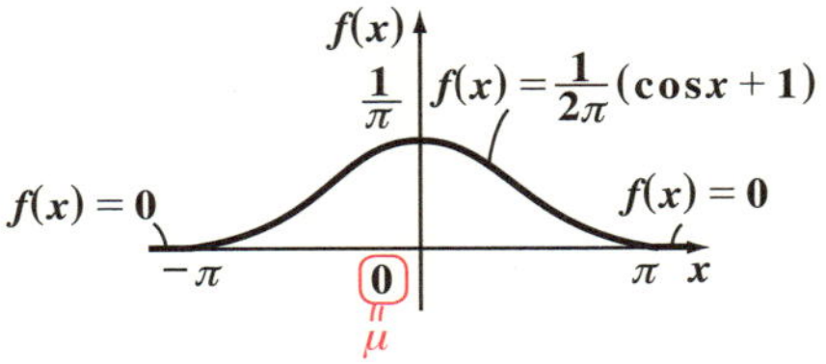

$$\mu=E[X]=\int_{-\infty}^{\infty}xf(x)dx$$
$$=\int_{-\pi}^{\pi}x\cdot\frac{1}{2\pi}(\cos x+1)dx$$
$$=\frac{1}{2\pi}\int_{-\pi}^{\pi}x\cdot(\cos x+1)dx=0 \quad\cdots\cdots(答)$$

（x：奇関数，$(\cos x+1)$：偶関数，$x\cdot(\cos x+1)$：奇関数）

平均 $\mu=0$ はグラフから当然の結果だね。

$$\sigma^2=E[X^2]-E[X]^2=\int_{-\infty}^{\infty}x^2f(x)dx-0^2$$
$$=\int_{-\pi}^{\pi}x^2\cdot\frac{1}{2\pi}(\cos x+1)dx=2\cdot\frac{1}{2\pi}\int_0^{\pi}x^2(\cos x+1)dx$$

（偶関数）

$f(x)$：偶関数のとき，
$\int_{-a}^{a}f(x)dx=2\int_0^a f(x)dx$

$$=\frac{1}{\pi}\cdot\int_0^{\pi}x^2(\sin x+x)'dx=\frac{1}{\pi}\left\{\left[x^2(\sin x+x)\right]_0^{\pi}-\int_0^{\pi}2x\cdot(\sin x+x)dx\right\}$$
$$=\frac{1}{\pi}\left\{\pi^2\cdot\pi-\int_0^{\pi}2x\left(-\cos x+\frac{1}{2}x^2\right)'dx\right\}$$
$$=\frac{1}{\pi}\left[\pi^3-\left\{\left[2x\left(-\cos x+\frac{1}{2}x^2\right)\right]_0^{\pi}-\int_0^{\pi}2\left(-\cos x+\frac{1}{2}x^2\right)dx\right\}\right]$$
$$=\frac{1}{\pi}\left\{\pi^3-2\pi\left(1+\frac{\pi^2}{2}\right)+2\left[-\sin x+\frac{1}{6}x^3\right]_0^{\pi}\right\}$$
$$=\frac{1}{\pi}\left(-2\pi+2\cdot\frac{1}{6}\pi^3\right)=\frac{1}{3}(\pi^2-6) \quad\cdots\cdots(答)$$

演習問題 21　● 連続型確率分布の期待値と分散 (Ⅱ) ●

確率密度 $f(x)=\begin{cases}\frac{2}{9}x(3-x) & (0\leqq x\leqq 3)\\ 0 & (x<0,\ 3<x)\end{cases}$ で与えられた確率分布の期待値 μ と分散 σ^2 を求めよ。

ヒント！ $\mu=E[X]$ の定義式，$\sigma^2=E[X^2]-\mu^2$ の公式を使おう。

解答＆解説

この確率分布の期待値 μ と分散 σ^2 を求める。

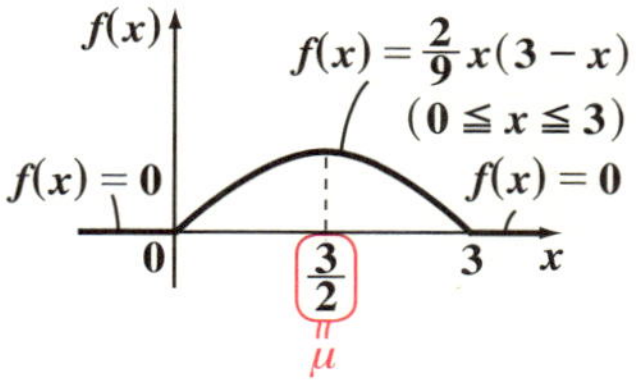

$\mu=E[X]=$ (ア)

$=\int_0^3 x\cdot$ (イ) dx

$=\frac{2}{9}\int_0^3(-x^3+3x^2)dx$

$=\frac{2}{9}\left[-\frac{1}{4}x^4+x^3\right]_0^3$

$=\frac{2}{9}\cdot\left(-\frac{81}{4}+27\right)=$ (ウ) ……………………………………(答)

$\sigma^2=E[X^2]-E[X]^2=$ (エ) $-\left(\frac{3}{2}\right)^2$

$=\int_0^3 x^2\cdot$ (オ) $dx-\frac{9}{4}=\frac{2}{9}\int_0^3(-x^4+3x^3)dx-\frac{9}{4}$

$=\frac{2}{9}\left[-\frac{1}{5}x^5+\frac{3}{4}x^4\right]_0^3-\frac{9}{4}=\frac{2}{9}\cdot\left(-\frac{243}{5}+\frac{243}{4}\right)-\frac{9}{4}$

$=\frac{2}{9}\cdot\frac{243}{20}-\frac{9}{4}=\frac{27}{10}-\frac{9}{4}$

$=$ (カ) ……………………………………(答)

解答　(ア) $\int_{-\infty}^{\infty}xf(x)dx$　(イ) $\frac{2}{9}x(3-x)$　(ウ) $\frac{3}{2}$

(エ) $\int_{-\infty}^{\infty}x^2f(x)dx$　(オ) $\frac{2}{9}x(3-x)$　(カ) $\frac{9}{20}$

演習問題 22	● モーメント母関数と期待値・分散 ●

確率密度 $f(x)$ をもつ連続型確率変数 X と変数 θ に対して，モーメント母関数 $M(\theta)=E[e^{\theta X}]=\int_{-\infty}^{\infty}e^{\theta x}f(x)dx$ と定義する。このモーメント母関数 $M(\theta)$ により，連続型確率変数 X の期待値 $\mu=E[X]$ と分散 $\sigma^2=V[X]$ は，

(i) 期待値 $\mu=M'(0)$　　　(ii) 分散 $\sigma^2=M''(0)-M'(0)^2$

で表せることを示せ。

ヒント！ まず，$M(\theta)$ を θ で微分して，$M'(\theta)=\frac{d}{d\theta}M(\theta)=\frac{d}{d\theta}\int_{-\infty}^{\infty}e^{\theta x}f(x)dx$ を計算する。この結果に $\theta=0$ を代入すると，$M'(0)=\mu$ が導かれる。

解答＆解説

(i) $\mu=M'(0)$ を示す。

連続型確率変数 X の確率密度を $f(x)$ とおくと，

$$M(\theta)=E[e^{\theta X}]=\int_{-\infty}^{\infty}e^{\theta x}f(x)dx \quad \cdots\cdots ①$$

①の両辺を θ で微分して，

$$M'(\theta)=\frac{d}{d\theta}M(\theta)=\frac{d}{d\theta}\int_{-\infty}^{\infty}e^{\theta x}f(x)dx$$

$$=\int_{-\infty}^{\infty}\underbrace{\left(\frac{d}{d\theta}e^{\theta x}\right)}_{xe^{\theta x}}\cdot f(x)dx$$

微分の線形性により，$e^{\theta x}f(x)dx$ の無限和 $\int_{-\infty}^{\infty}e^{\theta x}f(x)dx$ の各項を θ で微分した。

$$\therefore M'(\theta)=\int_{-\infty}^{\infty}xe^{\theta x}f(x)dx \quad \cdots\cdots ②$$

②に $\theta=0$ を代入して，

$$M'(0)=\int_{-\infty}^{\infty}x\underbrace{e^0}_{1}\cdot f(x)dx=\int_{-\infty}^{\infty}xf(x)dx=E[X]=\mu$$

$\therefore \mu=E[X]=M'(0)$ ……③を得る。……………………………(終)

(ⅱ) $\sigma^2 = M''(0) - M'(0)^2$ を示す。

②の両辺をさらに θ で微分すると，

$$M''(\theta) = \frac{d}{d\theta}M'(\theta) = \frac{d}{d\theta}\int_{-\infty}^{\infty} xe^{\theta x}f(x)dx$$

$$= \int_{-\infty}^{\infty} x\cdot\underbrace{\left(\frac{d}{d\theta}e^{\theta x}\right)}_{xe^{\theta x}}f(x)dx$$

$$= \int_{-\infty}^{\infty} x^2e^{\theta x}f(x)dx \quad \cdots\cdots④$$

④に $\theta = 0$ を代入して，

$$M''(0) = \int_{-\infty}^{\infty} x^2\underbrace{e^0}_{1}\cdot f(x)dx = \int_{-\infty}^{\infty} x^2f(x)dx = E[X^2]$$

$\therefore E[X^2] = M''(0)$ ……⑤

⑤と③を公式 $\sigma^2 = V[X] = E[X^2] - \mu^2$ に代入すると，

$\sigma^2 = V[X] = M''(0) - M'(0)^2$ が導かれる。 …………………………(終)

同様に，④の両辺を θ で微分して，$M^{(3)}(\theta) = \int_{-\infty}^{\infty} x^3e^{\theta x}f(x)dx$

$\therefore M^{(3)}(0) = \int_{-\infty}^{\infty} x^3f(x)dx = E[X^3]$ となる。以下同様にして，

$E[X^n] = M^{(n)}(0) \quad (n = 1, 2, \cdots)$ が成り立つ。

演習問題 23　● 指数分布の期待値と分散 ●

積率母関数 $M(\theta)$ による期待値 $\mu = M'(0)$ と分散 $\sigma^2 = M''(0) - M'(0)^2$ の公式を用いて，確率密度 $f(x) = \begin{cases} \lambda e^{-\lambda x} & (x \geqq 0) \\ 0 & (x < 0) \end{cases}$ で与えられる指数分布の期待値 $\mu = E[X]$ と分散 $\sigma^2 = V[X]$ が，それぞれ

$\mu = E[X] = \dfrac{1}{\lambda}$，$\sigma^2 = V[X] = \dfrac{1}{\lambda^2}$　となることを示せ。

ヒント！　指数分布の確率密度は，

$f(x) = \begin{cases} \lambda e^{-\lambda x} & (x \geqq 0) \\ 0 & (x < 0) \end{cases}$　より，$M(\theta) = E[e^{\theta X}] = \int_0^\infty e^{\theta x} \lambda e^{-\lambda x} dx$ だね。

解答＆解説

指数分布のモーメント母関数 $M(\theta)$ は，

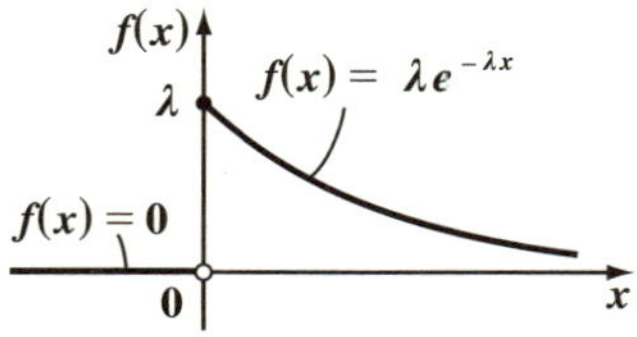

$$M(\theta) = E[e^{\theta X}] = \int_{-\infty}^{\infty} e^{\theta x} f(x) dx$$

$$= \boxed{(ア)\qquad} = \lambda \int_0^\infty e^{\theta x} \cdot e^{-\lambda x} dx$$

$$= \lambda \int_0^\infty e^{(\theta - \lambda)x} dx = \lim_{a \to \infty} \lambda \int_0^a e^{(\theta - \lambda)x} dx$$

$$= \lim_{a \to \infty} \lambda \left[\frac{1}{\theta - \lambda} e^{(\theta - \lambda)x} \right]_0^a$$

$$= \lim_{a \to \infty} \lambda \cdot \frac{1}{\theta - \lambda} \left\{ e^{(\theta - \lambda)a} - e^0 \right\}$$

（$e^{(\theta - \lambda)a} \to 0$）

ここで，$\theta - \lambda < 0$，すなわち $\theta < \lambda$ とする。すると，

（$\theta - \lambda \geqq 0$ とすると，この無限積分は収束しない！）

$$M(\theta) = \lambda \cdot \frac{1}{\theta - \lambda} \cdot (-1)$$

$$= \frac{\lambda}{\lambda - \theta}$$

$$\therefore M(\theta) = \lambda(\lambda - \theta)^{-1} \quad （ただし，\theta < \lambda）$$

（λ：定数，θ：変数）

(ⅰ) $M(\theta)=\lambda(\lambda-\theta)^{-1}$ を θ で微分して，

$$M'(\theta)=-\lambda(\lambda-\theta)^{-2}\cdot(\lambda-\theta)'=\lambda(\lambda-\theta)^{-2}$$ ← 合成関数の微分

これに $\theta=0$ を代入して，

$$M'(0)=\underline{\lambda\cdot\lambda^{-2}}=\frac{1}{\lambda}\ (=E[X])$$

$\lambda^{-1}=\frac{1}{\lambda}$

∴ 指数分布の期待値 $\mu=E[X]$ は，

$\mu=$ (イ) $=\frac{1}{\lambda}$ となる。……………………………………(終)

公式！

(ⅱ) $M'(\theta)=\lambda(\lambda-\theta)^{-2}$ をさらに θ で微分して，

$$M''(\theta)=-2\cdot\lambda(\lambda-\theta)^{-3}\cdot(\lambda-\theta)'$$ ← 合成関数の微分

$$=2\cdot\lambda(\lambda-\theta)^{-3}$$

これに $\theta=0$ を代入して，

$$M''(0)=2\cdot\underline{\lambda\cdot\lambda^{-3}}=\frac{2}{\lambda^2}$$

$\lambda^{-2}=\frac{1}{\lambda^2}$

∴ 指数分布の分散 $\sigma^2=V[X]$ は，

$\sigma^2=$ (ウ) $=\frac{2}{\lambda^2}-\left(\frac{1}{\lambda}\right)^2=\frac{1}{\lambda^2}$ となる。…………………………(終)

公式！

確率密度 $f(x)=\begin{cases}\lambda e^{-\lambda x} & (x\geqq 0)\\ 0 & (x<0)\end{cases}$ ……(a) は，一般の指数分布 $e(\nu,\ \kappa)$：

$f(x)=\begin{cases}\frac{1}{\kappa}e^{-\frac{x-\nu}{\kappa}} & (x\geqq\nu)\\ 0 & (x<\nu)\end{cases}$ ……(b) において，$\nu=0$，$\kappa=\frac{1}{\lambda}$ の場合より，

確率密度 (a) で与えられる指数分布は，$e\left(0,\ \frac{1}{\lambda}\right)$ となる。

確率密度 (b) で与えられる $e(\nu,\ \kappa)$ の期待値 μ と分散 σ^2 は，本問の解答と同様にして，$\mu=\nu+\kappa$，$\sigma^2=\kappa^2$ となる。

解答 (ア) $\int_0^\infty e^{\theta x}\cdot\lambda e^{-\lambda x}dx$　(イ) $M'(0)$　(ウ) $M''(0)-M'(0)^2$

演習問題 24 ● 連続型確率分布の変数変換 ●

確率変数 X が，確率密度 $f_X(x) = \begin{cases} -x+1 & \left(-\frac{1}{2} \leqq x \leqq \frac{1}{2}\right) \\ 0 & \left(x < -\frac{1}{2},\ \frac{1}{2} < x\right) \end{cases}$ で与えられる確率分布に従うものとする。ここで，$Y = 2X$ によって新たな確率変数 Y を定義するとき，Y の確率密度 $f_Y(y)$ を求めよ。

ヒント！ $f_Y(y) = f_X(g^{-1}(y)) \cdot \dfrac{dx}{dy}$ （P33 の (c) 式）の公式を使って，$f_Y(y)$ を求めよう。

解答＆解説

$f_X(x) = -x+1$ ……① $\left(-\frac{1}{2} \leqq x \leqq \frac{1}{2}\right)$

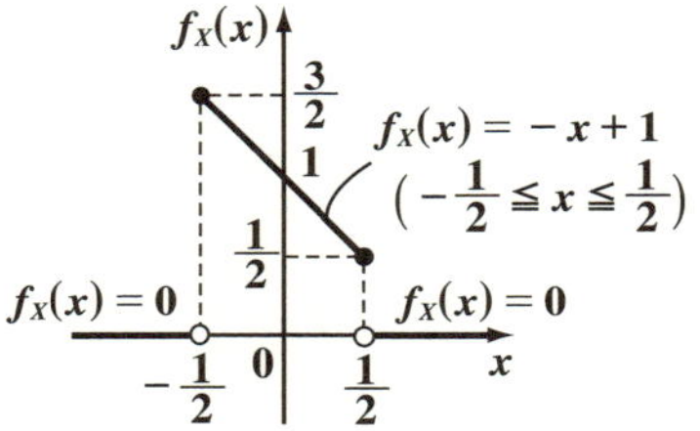

ここで，$y = 2x$ ……② とおくと，（$y = g(x)$）

$\begin{cases} x : -\frac{1}{2} \to \frac{1}{2} \text{ のとき，} \\ y : -1 \to 1 \text{ となる。} \end{cases}$

また②より，$x = \dfrac{y}{2}$ （$x = g^{-1}(y)$）　よって，$\dfrac{dx}{dy} = \dfrac{1}{2}$

以上より，新たに定義された確率変数 $Y = 2X$ の確率密度を $f_Y(y)$ とおくと，

$$f_Y(y) = f_X(x)\frac{dx}{dy} = f_X\left(\frac{y}{2}\right) \cdot \frac{dx}{dy}$$

（$\frac{y}{2}$ は $g^{-1}(y)$，$f_X\left(\frac{y}{2}\right)$ は ①より，$-g^{-1}(y)+1$，$\frac{dx}{dy}$ は $\left(\frac{y}{2}\right)' = \frac{1}{2}$）

$$= \left(-\frac{y}{2}+1\right) \cdot \frac{1}{2} = -\frac{1}{4}(y-2)$$

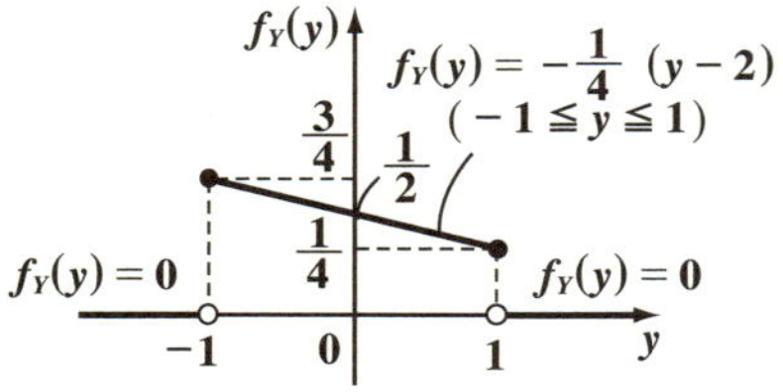

よって，求める確率密度 $f_Y(y)$ は，

$$f_Y(y) = \begin{cases} -\frac{1}{4}(y-2) & (-1 \leqq y \leqq 1) \\ 0 & (y < -1,\ 1 < y) \end{cases}$$

となる。…………………………（答）

別解

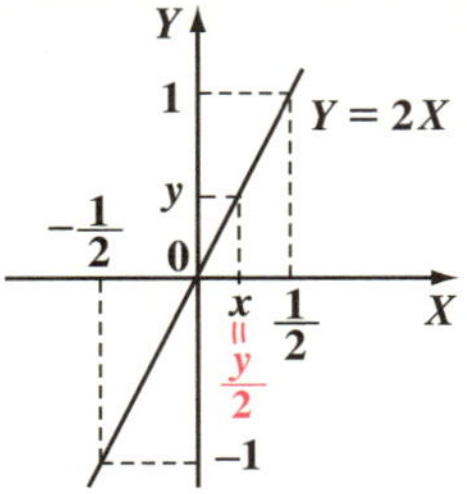

$f_X(x) = -x+1$ ……① $\left(-\frac{1}{2} \leqq x \leqq \frac{1}{2}\right)$

ここで，$y = 2x$ ……②とおくと，

$\begin{cases} x : -\frac{1}{2} \to \frac{1}{2} \text{ のとき，} \\ y : -1 \to 1 \text{ となる。} \end{cases}$

Y の分布関数 $F_Y(y)$ は，$-1 \leqq y$ のとき，

$$F_Y(y) = \int_{-\infty}^{y} f_Y(t)dt = \int_{-\infty}^{-1} \underset{0}{f_Y(t)}dt + \int_{-1}^{y} f_Y(t)dt = \int_{-1}^{y} f_Y(t)dt$$

$\therefore F_Y(y) = \int_{-1}^{y} f_Y(t)dt$ より，この両辺を y で微分すると，

$F_Y{}'(y) = f_Y(y)$ ……③

$F(x) = \int_a^x f(t)dt$ （x：変数，a：定数）のとき，
$F'(x) = \left\{\int_a^x f(t)dt\right\}' = f(x)$

②より，$x = \frac{y}{2}$ から，$-1 \leqq y \leqq 1$ をみたす y に対して，

Y が y 以下である確率と，X が $x = \frac{y}{2}$ 以下である確率は等しい。

$P(Y \leqq y) = F_Y(y) = \int_{-1}^{y} f_Y(t)dt$

$P\left(X \leqq \frac{y}{2}\right) = F_X\left(\frac{y}{2}\right) = \int_{-\frac{1}{2}}^{\frac{y}{2}} f_X(x)dx$

$$\therefore F_Y(y) = \int_{-\frac{1}{2}}^{\frac{y}{2}} f_X(x)dx = \int_{-\frac{1}{2}}^{\frac{y}{2}} (-x+1)dx$$

$$= \left[-\frac{1}{2}x^2 + x\right]_{-\frac{1}{2}}^{\frac{y}{2}} = -\frac{1}{2}\cdot\left(\frac{y}{2}\right)^2 + \frac{y}{2} - \left\{-\frac{1}{2}\left(-\frac{1}{2}\right)^2 - \frac{1}{2}\right\}$$

$$= -\frac{1}{8}y^2 + \frac{1}{2}y + \frac{5}{8}$$

$\therefore F_Y{}'(y) = -\frac{1}{4}y + \frac{1}{2} = -\frac{1}{4}(y-2)$ ……④

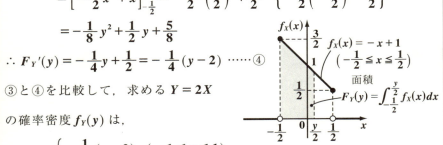

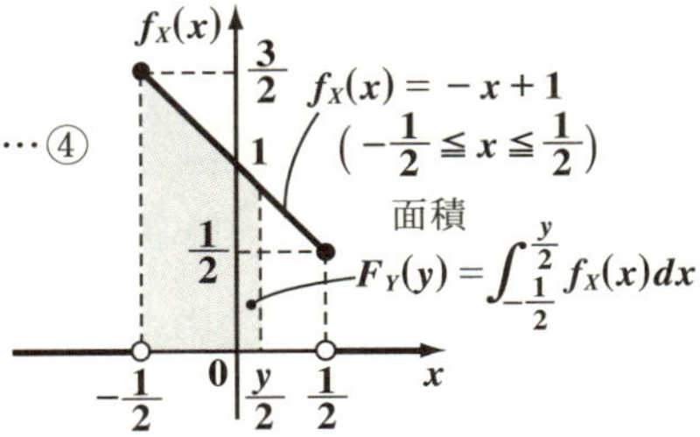

③と④を比較して，求める $Y = 2X$

の確率密度 $f_Y(y)$ は，

$$f_Y(y) = \begin{cases} -\frac{1}{4}(y-2) & (-1 \leqq y \leqq 1) \\ 0 & (y < -1,\ 1 < y) \end{cases}$$ ……………………………（答）

演習問題 25 ● ガンマ分布の変数変換 ●

確率変数 X が，確率密度 $f_X(x) = xe^{-x}$ $(x \geqq 0)$ で与えられるガンマ分布に従うものとする。ここで，$Y = \sqrt{X}$ によって新たな確率変数 Y を定義するとき，Y の確率密度 $f_Y(y)$ を求めよ。

ヒント！ 前問同様，$f_Y(y) = f_X(g^{-1}(y)) \cdot \dfrac{dx}{dy}$ の公式を用いる。

解答＆解説

$f_X(x) = xe^{-x}$ ……① $(x \geqq 0)$

ここで，$y = \sqrt{x}$ ……②とおくと，

$$\begin{cases} x : 0 \to \infty & \text{のとき，} \\ y : 0 \to \infty & \text{となる。} \end{cases}$$

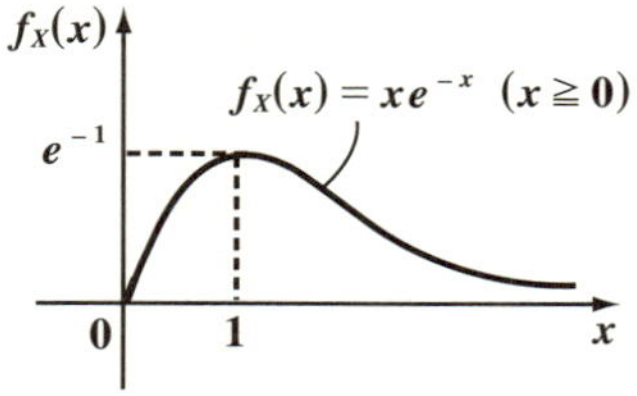

また②より，$x = y^2$ （$x = g^{-1}(y)$） よって，$\dfrac{dx}{dy} = 2y$

以上より，新たに定義された確率変数 $Y = \sqrt{X}$ の確率密度を $f_Y(y)$ とおくと，

$$f_Y(y) = f_X(x)\frac{dx}{dy} = f_X(\underbrace{y^2}_{g^{-1}(y)}) \cdot \frac{dx}{dy}$$

（$f_X(y^2) = y^2e^{-y^2}$，$\dfrac{dx}{dy} = (y^2)' = 2y$）

$$= y^2e^{-y^2} \cdot 2y = 2y^3 \cdot e^{-y^2}$$

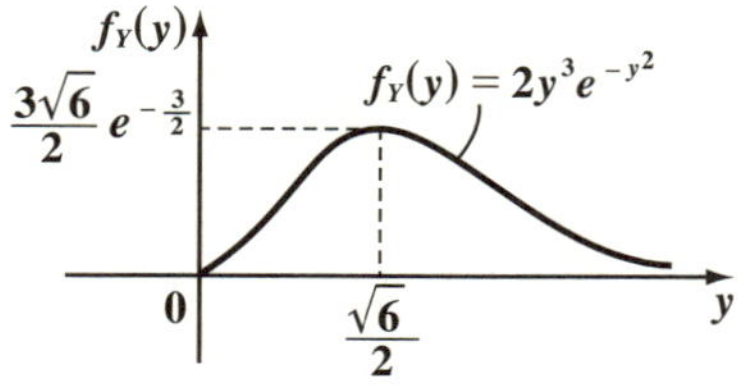

よって，求める確率密度 $f_Y(y)$ は，

$f_Y(y) = 2y^3 \cdot e^{-y^2}$ $(y \geqq 0)$ ……………………………………(答)

別解

$f_X(x) = xe^{-x}$ ……① $(x \geqq 0)$

$y = \sqrt{x}$ ……② とおくと，

$$\begin{cases} x : 0 \to \infty & \text{のとき，} \\ y : 0 \to \infty & \text{となる。} \end{cases}$$

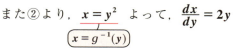

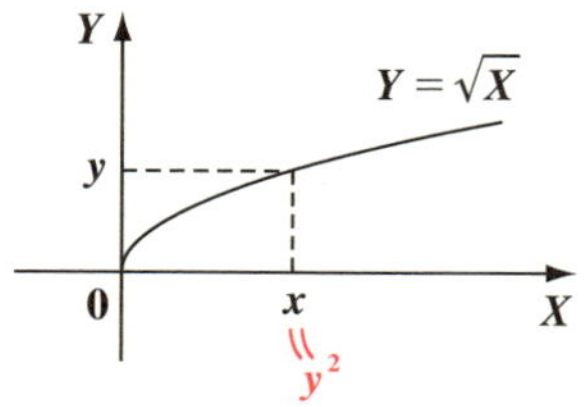

このとき，Y の分布関数 $F_Y(y)$ は，

$F_Y(y)=\int_0^y f_Y(t)dt$　この両辺を y で微分して，

$F_Y'(y)=f_Y(y)$ ……③

②より，$x=y^2$ だから，$y\geqq 0$ をみたす y に対して，

Y が y 以下である確率と，X が $x=y^2$ 以下である確率は等しい。

$P(Y\leqq y)=F_Y(y)=\int_0^y f_Y(t)dt$　　$P(X\leqq y^2)=F_X(y^2)=\int_0^{y^2} f_X(t)dt$

$\therefore\ F_Y(y)=\int_0^{y^2} f_X(t)dt$ ……④

公式

$$\frac{d}{dx}\int_a^{h(x)} f(t)dt=f(h(x))\cdot h'(x)\ \cdots\text{(a)}$$

(a：定数)

④の両辺を y で微分すると，

$$F_Y'(y)=f_X(y^2)\cdot(y^2)'$$
$$=y^2\cdot e^{-y^2}\cdot 2y$$

$\therefore\ F_Y'(y)=2y^3\cdot e^{-y^2}$ ……⑤

(∵) $F'(t)=f(t)$ のとき，

(a) の左辺 $=\dfrac{d}{dx}\left[F(t)\right]_a^{h(x)}$

$=\dfrac{d}{dx}\{F(h(x))-F(a)\}=F'(h(x))$　（$F(a)$：定数）

$=f(h(x))\cdot h'(x)=$ (a) の右辺

③と⑤を比較して，求める $Y=\sqrt{X}$ の確率密度 $f_Y(y)$ は，

$f_Y(y)=2y^3\cdot e^{-y^2}$ $(y\geqq 0)$ となる。……………………(答)

参考

ガンマ関数 $\Gamma(p)=\int_0^\infty x^{p-1}\cdot e^{-x}dx$ の性質：

$\Gamma(n+1)=n!$ $(n=0,\ 1,\ 2,\ \cdots)$ より，

$$\int_0^\infty f_X(x)dx=\int_0^\infty x^{2-1}\cdot e^{-x}dx$$
$$=\Gamma(2)=1!=1\text{(全確率)となる。}$$

ガンマ関数の性質については，演習問題 67 (P122) 参照

X の期待値 $\mu=E[X]$ は，

$$\mu=\int_0^\infty x\cdot f_X(x)dx=\int_0^\infty x^2e^{-x}dx=\int_0^\infty x^{3-1}\cdot e^{-x}dx$$
$$=\Gamma(3)=2!=2$$ となる。また，

$$E[X^2]=\int_0^\infty x^2\cdot f_X(x)dx=\int_0^\infty x^3\cdot e^{-x}dx=\int_0^\infty x^{4-1}\cdot e^{-x}dx$$
$$=\Gamma(4)=3!=6$$

よって，X の分散 $\sigma^2=V[X]$ は，

$\sigma^2=E[X^2]-\mu^2=6-2^2=2$ となる。

演習問題 26 ● コーシー分布の変数変換 ●

確率変数 X が，確率密度 $f_X(x)=\dfrac{1}{\pi(x^2+1)}$ $(-\infty<x<\infty)$ で与えられるコーシー分布に従うものとする。ここで，$Y=X^2$ によって新たな確率変数 Y を定義するとき，Y の確率密度 $f_Y(y)$ $(y>0)$ を求めよ。

ヒント！ $Y=X^2$ によって，1 つの Y の値に対して，$X=\pm\sqrt{Y}$ の 2 つの X の値が対応するので，

$P(y\leqq Y\leqq y+\Delta y)=P(x\leqq X\leqq x+\Delta x)+P(-x-\Delta x\leqq X\leqq -x)$ となる。

解答＆解説

$Y=X^2$ と変数変換を行うとき，

Y の確率密度 $f_Y(y)$ を求める。

1 つの Y の値に対応する X の値は，

$X=\pm\sqrt{Y}$ の 2 つがあるので，図 1 に

示すように，$x=\sqrt{y}$ ……① として，

図 1

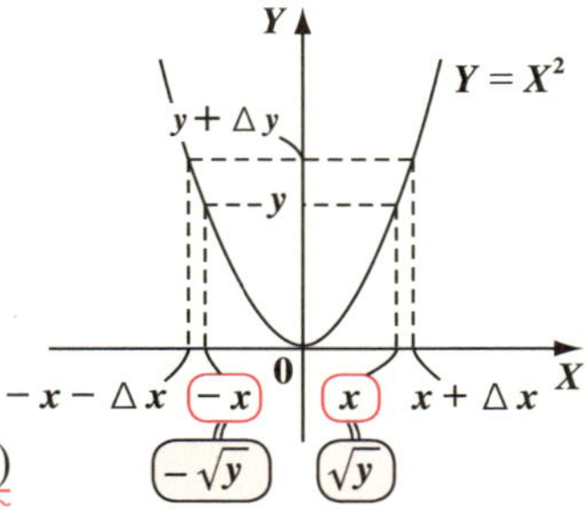

$P(y\leqq Y\leqq y+\Delta y)=P(x\leqq X\leqq x+\Delta x)$

$+P(-x-\Delta x\leqq X\leqq -x)$

（Y が区間 $[y,\ y+\Delta y]$ に入る確率）

（X が区間 $[x,\ x+\Delta x]$ または区間 $[-x-\Delta x,\ -x]$ に入る確率）

（この両者の確率は等しい）

$\displaystyle\int_y^{y+\Delta y}f_Y(y')dy'=\int_x^{x+\Delta x}f_X(x')dx'$

$\displaystyle+\int_{-x-\Delta x}^{-x}f_X(x')dx'$ ……②

（積分区間 $[y,\ y+\Delta y]$ の y と区別するため積分変数を y' で表した。）

（積分区間 $[x,\ x+\Delta x]$，$[-x-\Delta x,\ -x]$ の x と区別するため積分変数を x' で表した。）

図 2

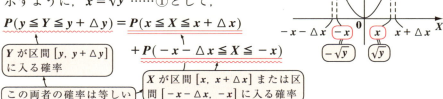

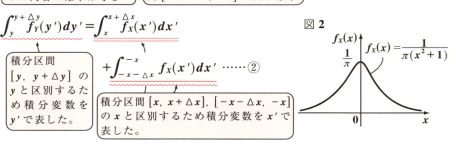

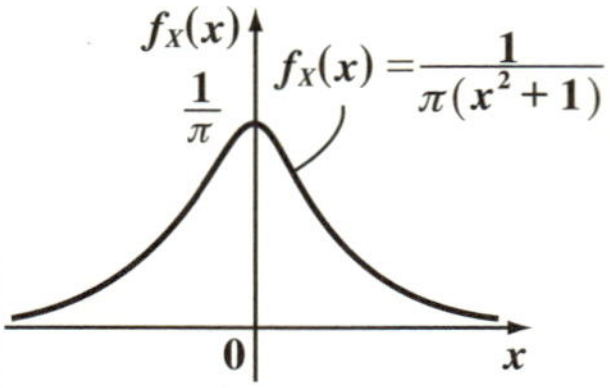

ここで，②の右辺第 2 項で，$x'=-t$ と変数変換すると，

$dx'=-dt$

$x':-x-\Delta x\to -x$ のとき，

$t:x+\Delta x\to x$ 　　よって，②の右辺第 2 項は，

$$\int_{-x-\Delta x}^{-x} f_X(x')dx' = \int_{x+\Delta x}^{x} f_X(-t)(-1)dt = \int_{x}^{x+\Delta x} f_X(-t)dt$$

$$= \int_{x}^{x+\Delta x} f_X(-x')dx' \quad \cdots\cdots ③$$ ← 最後は積分変数 t を x' に変えた

③を②に代入して，

$$\int_{y}^{y+\Delta y} f_Y(y')dy' = \int_{x}^{x+\Delta x} f_X(x')dx' + \int_{x}^{x+\Delta x} f_X(-x')dx'$$

$$= \int_{x}^{x+\Delta x} \{f_X(x') + f_X(-x')\}dx'$$

よって，$\Delta x \fallingdotseq 0$，$\Delta y \fallingdotseq 0$ のとき，次の近似式が成り立つ。

$$f_Y(y)\Delta y = \{f_X(x) + f_X(-x)\}\Delta x$$ ← 積分変数からプライム "′" を取った！

さらに，$\Delta x \to 0$，$\Delta y \to 0$ の極限をとると，

$f_Y(y)dy = \{f_X(x) + f_X(-x)\}dx$　　これより，

$$f_Y(y) = \{f_X(x) + f_X(-x)\}\frac{dx}{dy} \quad \cdots\cdots ③$$ が導かれる。

（各項の下に ⊕）

ここで，$y = x^2$ より，両辺を y で微分して，

$$1 = \frac{dx^2}{dx} \cdot \frac{dx}{dy} = 2x \cdot \frac{dx}{dy} \qquad \therefore \frac{dx}{dy} = \frac{1}{2x} = \frac{1}{2\sqrt{y}} \quad \cdots\cdots ④$$

④と $x = \sqrt{y}$ ……①を③に代入して，

$$f_Y(y) = \frac{1}{2\sqrt{y}}\{f_X(\sqrt{y}) + f_X(-\sqrt{y})\} \quad \cdots\cdots ⑤$$

← これはどの分布の確率密度 $f_X(x)$ についても，$Y = X^2$ と変数を X から Y に変換するときに成り立つ Y の確率密度を求める式だね。

$$= \frac{1}{2\sqrt{y}}\left[\frac{1}{\pi\{(\sqrt{y})^2 + 1\}} + \frac{1}{\pi\{(-\sqrt{y})^2 + 1\}}\right]$$

$f_X(x) = \dfrac{1}{\pi(x^2+1)}$ に $x = \sqrt{y}$ を代入

$f_X(x) = \dfrac{1}{\pi(x^2+1)}$ に $x = -\sqrt{y}$ を代入

$$= \frac{1}{2\sqrt{y}} \cdot \frac{2}{\pi(y+1)} = \frac{1}{\pi\sqrt{y}(y+1)}$$ $(y > 0)$ となる。……………………………(答)

演習問題 27　●チェビシェフの不等式●

期待値 $\mu = E[X]$，標準偏差 $\sigma = \sqrt{V[X]}$ をもつ任意の確率分布について，k を任意の正の定数とするとき，チェビシェフの不等式：

$P(|X-\mu| \geqq k\sigma) \leqq \dfrac{1}{k^2}$ ……$(*)$ が成り立つことを示せ。

ヒント！ 区間 $|x-\mu| \geqq k\sigma$ を I とおくと，分散 σ^2 の定義より，
$\sigma^2 = \int_{-\infty}^{\infty}(x-\mu)^2 f(x)dx \geqq \int_I (x-\mu)^2 f(x)dx \geqq \int_I (k\sigma)^2 f(x)dx$ だね。

解答＆解説

(i) X が連続型の確率変数のとき，

確率密度を $f(x)$ とおくと，分散

$\sigma^2 = V[X]$ について，

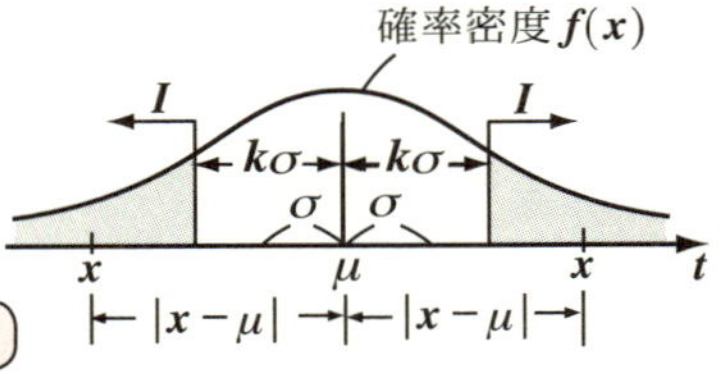

$$\sigma^2 = \int_{-\infty}^{\infty}(x-\mu)^2 f(x)dx$$ ← 分散 σ^2 の定義式

ここで，$I = \{x \mid |x-\mu| \geqq k\sigma\}$ とおくと，（区間 $|x-\mu| \geqq k\sigma$ のこと）

$f(x) \geqq 0$ より，

$$\sigma^2 = \int_{-\infty}^{\infty}(x-\mu)^2 f(x)dx \geqq \int_I (x-\mu)^2 f(x)dx \geqq \int_I k^2\sigma^2 f(x)dx$$

（$(x-\mu)^2$ は $(k\sigma)^2$ 以上（$\because$ I 上の x は $|x-\mu| \geqq k\sigma$ をみたす））

$\therefore \sigma^2 \geqq k^2\sigma^2 \int_I f(x)dx$　　この両辺を $k^2\sigma^2 (>0)$ で割って，

$\int_{|x-\mu| \geqq k\sigma} f(x)dx \leqq \dfrac{1}{k^2}$　$\therefore P(|X-\mu| \geqq k\sigma) \leqq \dfrac{1}{k^2}$ ……$(*)$ となる。…(終)

（$|x-\mu| \geqq k\sigma$ は I，$\int_{|x-\mu| \geqq k\sigma} f(x)dx$ は $P(|X-\mu| \geqq k\sigma)$ のこと）

(ii) X が離散型の確率変数のとき，上の $\int$ を Σ に置き換えて，

$$\sigma^2 = \sum_{i=1}^{n}(x_i-\mu)^2 P_i \geqq \sum_{|x_i-\mu| \geqq k\sigma}(x_i-\mu)^2 P_i \geqq \sum_{|x_i-\mu| \geqq k\sigma}(k\sigma)^2 P_i = k^2\sigma^2 \sum_{|x_i-\mu| \geqq k\sigma} P_i$$

$\therefore \sigma^2 \geqq k^2\sigma^2 \sum_{|x_i-\mu| \geqq k\sigma} P_i$ より，

$\sum_{|x_i-\mu| \geqq k\sigma} P_i \leqq \dfrac{1}{k^2}$　$\therefore P(|X-\mu| \geqq k\sigma) \leqq \dfrac{1}{k^2}$ ……$(*)$ は成り立つ。……(終)

（$\sum_{|x_i-\mu| \geqq k\sigma} P_i$ は $P(|X-\mu| \geqq k\sigma)$ のこと）

演習問題 28	● 2 重指数分布 ●

確率変数 X が，確率密度 $f(x)=ce^{-|x|}$ $(-\infty<x<\infty)$ で与えられる確率分布に従うものとする。このとき，以下の各問いに答えよ。

(1) c の値を求めよ。

(2) X の期待値 $\mu=E[X]$ と標準偏差 $\sigma=\sqrt{V[X]}$ の値を求めよ。

(3) X が $|x|\geqq 4$ の範囲にある確率は，$\frac{1}{8}$ を越えないことを示せ。

ヒント！ (1) $\int_{-\infty}^{\infty}f(x)dx=1$ (全確率) だね。(2) $\mu=\int_{-\infty}^{\infty}xf(x)dx$，$\sigma^2=E[X^2]-\mu^2$ を計算する。(3) $P(|x|\geqq 4)\leqq\frac{1}{8}$ を示す。チェビシェフの不等式において $k=2\sqrt{2}$ の場合を考える。

解答＆解説

(1) $f(x)=ce^{-|x|}$ $(-\infty<x<\infty)$ が確率密度であるための必要条件から，

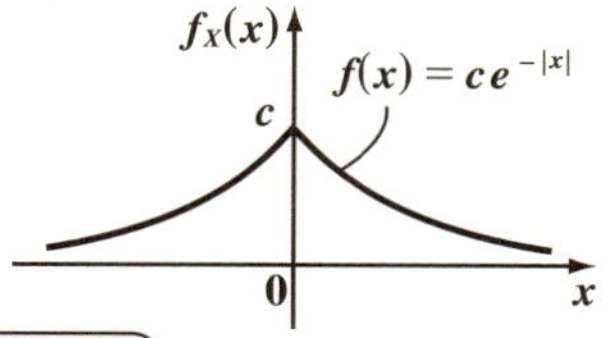

$$\int_{-\infty}^{\infty}f(x)dx=c\int_{-\infty}^{\infty}\underbrace{e^{-|x|}}_{\text{偶関数}}dx=2c\boxed{\int_0^{\infty}e^{-x}dx}$$

$\int_0^{\infty}x^{1-1}\cdot e^{-x}dx=\Gamma(1)=1$ ← 演習問題 67

$$=\lim_{p\to\infty}2c\int_0^p e^{-x}dx=\lim_{p\to\infty}2c\left[-e^{-x}\right]_0^p$$

$$=\lim_{p\to\infty}2c(\underbrace{-e^{-p}}_{0}+1)=\boxed{2c=1}\ (\text{全確率})\qquad \therefore\ c=\frac{1}{2}\ \cdots\cdots\cdots(\text{答})$$

(2) この確率分布の期待値 μ と標準偏差 σ を求める。

$$\mu=E[X]=\int_{-\infty}^{\infty}xf(x)dx=\int_{-\infty}^{\infty}\underbrace{\frac{1}{2}xe^{-|x|}}_{\text{奇関数}}dx=0\ \cdots\cdots\cdots\cdots\cdots\cdots\cdots\cdots(\text{答})$$

公式 $\Gamma(n+1)=n!$ $(n=0,\ 1,\ 2,\ \cdots)$

$$E[X^2]=\int_{-\infty}^{\infty}x^2f(x)dx=\int_{-\infty}^{\infty}\underbrace{\frac{1}{2}x^2e^{-|x|}}_{\text{偶関数}}dx=\frac{1}{2}\cdot 2\cdot\underbrace{\int_0^{\infty}x^{2}e^{-x}dx}_{\Gamma(3)=2!}=\Gamma(3)=2!$$

（x^2 の指数 2 に注：$3-1$，$\Gamma(3)=2!$ ← 演習問題 67）

$=2$ ……(答)

$\therefore\ \sigma^2=V[X]=E[X^2]-\mu^2=2-0^2=2$ より，$\sigma=\sqrt{V[X]}=\sqrt{2}$ …(答)

(3) チェビシェフの不等式 $P(|X-\mu|\geqq k\sigma)\leqq\frac{1}{k^2}$ に，$\mu=0$，$\sigma=\sqrt{2}$，$k=2\sqrt{2}$ を代入して，$P(|X|\geqq 4)\leqq\frac{1}{8}$

$\therefore$ X が $|x|\geqq 4$ の範囲にある確率は $\frac{1}{8}$ を越えない。…………………(終)

§1. 離散型2変数の確率分布

表1 x, y の同時確率

$x \backslash y$	1	2	3	計
1	$\frac{1}{12}$	$\frac{1}{4}$	$\frac{1}{6}$	$\frac{1}{2}$
2	$\frac{1}{12}$	$\frac{1}{4}$	$\frac{1}{6}$	$\frac{1}{2}$
計	$\frac{1}{6}$	$\frac{1}{2}$	$\frac{1}{3}$	1

例えば，1枚のコインと1個のサイコロを同時に1回投げる試行を考える。コインについて，表が出れば $X=1$，裏が出れば $X=2$ として確率変数 X を定め，サイコロについて1の目が出れば $Y=1$，偶数の目が出れば $Y=2$，それ以外の目が出れば $Y=3$ として確率変数 Y を定めると，$X=i, Y=j$ $(i=1, 2,\ j=1, 2, 3)$ となる確率 $P(X=i, Y=j)$ は表1のようになる。

このように，2つの離散型確率変数 $X=x_i$ $(i=1, 2, \cdots, m)$, $Y=y_j$ $(j=1, 2, \cdots, n)$ について，$(X, Y)=(x_i, y_j)$ となる確率を

$P_{ij}=P(X=x_i, Y=y_j)$ $(i=1, 2, \cdots, m,\ j=1, 2, \cdots, n)$ とおくとき，

この P_{ij} を，2つの確率変数 X, Y の**同時確率**と呼ぶ。このとき，関数

$$P_{XY}(x, y)=\begin{cases} P_{ij} & (x=x_i, y=y_j\text{ のとき})\ (i=1, \cdots, m,\ j=1, \cdots, n) \\ 0 & (\text{それ以外の } x, y \text{ のとき}) \end{cases}$$

を確率変数 X, Y の**同時確率関数**といい，「X, Y は**同時確率分布** $P_{XY}(x, y)$ に従う」という。

同時確率 P_{ij} $(i=1, 2, \cdots, m,\ j=1, 2, \cdots, n)$ は，次の性質をもつ。

(ⅰ) $0 \leqq P_{ij} \leqq 1$　　(ⅱ) $\sum_{j=1}^{n}\sum_{i=1}^{m} P_{ij}=1$ (全確率)

図1 P_{ij} のイメージ

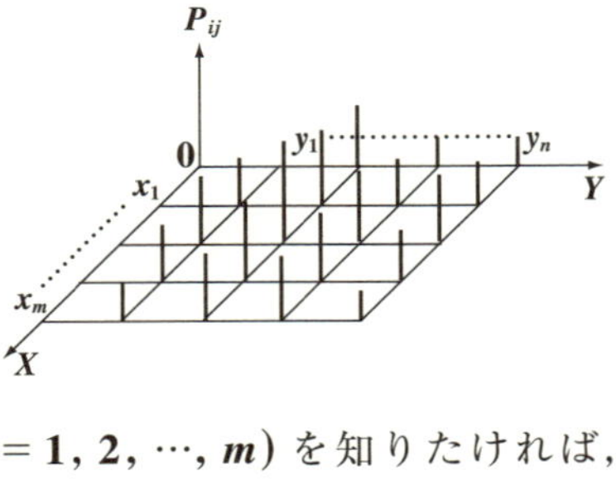

2つの離散型確率変数 X, Y の同時確率 P_{ij} のイメージを図1に示す。

さらに，$a \leqq X \leqq b$ かつ $c \leqq Y \leqq d$ となる確率は次のように表される。

$$P(a \leqq X \leqq b, c \leqq Y \leqq d)=\sum_{a \leqq x_i \leqq b}\ \sum_{c \leqq y_j \leqq d} P_{ij}$$

2変数 X, Y の同時確率 $P_{ij}=P_{XY}(x_i, y_j)$ に対して，x だけの確率分布 $P_i=P_X(x_i)(i=1, 2, \cdots, m)$ を知りたければ，

$$P_i = P_X(x_i) = \sum_{j=1}^{n} P_{ij} \quad (i = 1, 2, \cdots, m)$$

を計算すればよい。このイメージを図 2 に示す。この $P_i = P_X(x_i)$ $(i = 1, 2, \cdots, m)$ を X の**周辺確率分布**と呼ぶ。

同様に，**Y の周辺確率分布**

$$P_j = P_Y(y_j) = \sum_{i=1}^{m} P_{ij} \quad (j = 1, 2, \cdots, n)$$

のイメージを図 3 に示す。

図 2　X の周辺確率分布

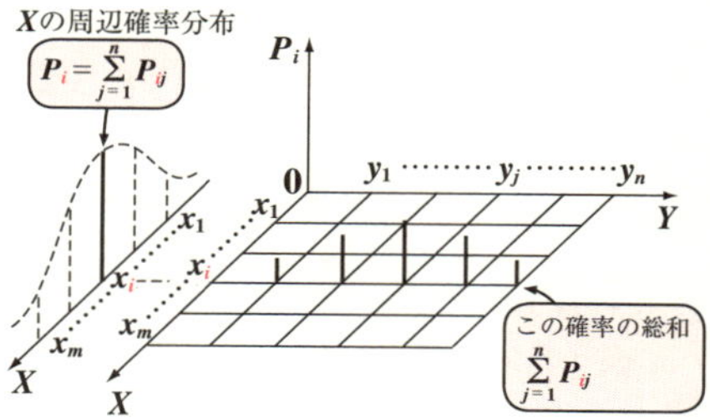

図 3　Y の周辺確率分布

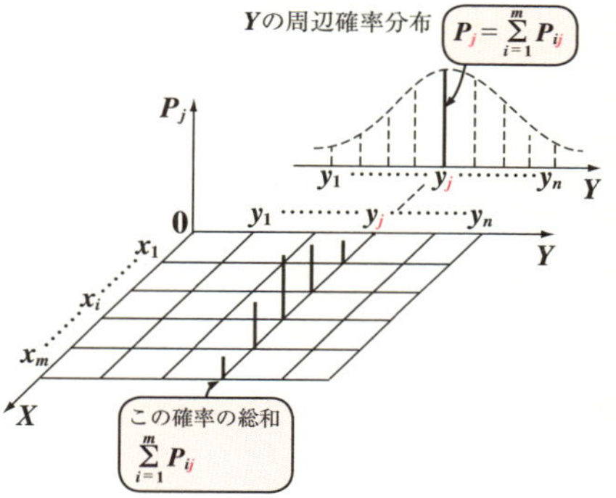

ここで，離散型 2 変数 X, Y の同時確率分布の**期待値** μ_X, μ_Y, **分散** σ_X^2, σ_Y^2, **共分散** σ_{XY}, そして**相関係数** ρ_{XY} の定義と公式を次に示す。

(Ⅰ) X の期待値 $\mu_X = E[X] = \sum_{i=1}^{m} x_i \cdot P_X(x_i) = \sum_{i=1}^{m} x_i \cdot \sum_{j=1}^{n} P_{ij} = \sum_{i=1}^{m}\sum_{j=1}^{n} x_i P_{ij}$

　　 Y の期待値 $\mu_Y = E[Y] = \sum_{j=1}^{n} y_j \cdot P_Y(y_j) = \sum_{j=1}^{n} y_j \cdot \sum_{i=1}^{m} P_{ij} = \sum_{j=1}^{n}\sum_{i=1}^{m} y_j P_{ij}$

(Ⅱ) X の分散 $\sigma_X^2 = V[X] = E[(X - \mu_X)^2] = \sum_{i=1}^{m} (x_i - \mu_X)^2 \cdot P_X(x_i)$

$= \sum_{i=1}^{m}\sum_{j=1}^{n} (x_i - \mu_X)^2 P_{ij} = E[X^2] - E[X]^2$ ← 分散の公式：$\sigma_X^2 = E[X^2] - \mu_X^2$

　　 Y の分散 $\sigma_Y^2 = V[Y] = E[(Y - \mu_Y)^2] = \sum_{j=1}^{n} (y_j - \mu_Y)^2 \cdot P_Y(y_j)$

$= \sum_{j=1}^{n}\sum_{i=1}^{m} (y_j - \mu_Y)^2 P_{ij} = E[Y^2] - E[Y]^2$ ← 分散の公式：$\sigma_Y^2 = E[Y^2] - \mu_Y^2$

(Ⅲ) X と Y の共分散 $\sigma_{XY} = C[X, Y] = E[(X - \mu_X)(Y - \mu_Y)]$

$= E[X \cdot Y] - E[X] \cdot E[Y]$ ← 共分散の公式：$\sigma_{XY} = E[XY] - \mu_X \mu_Y$

(Ⅳ) X と Y の相関係数 $\rho_{XY} = \dfrac{\sigma_{XY}}{\sigma_X \sigma_Y}$

2 つの離散型の確率変数 X と Y が従う同時確率分布 $P_{XY}(x, y)$ が，$P_{XY}(x, y) = P_X(x) \cdot P_Y(y)$ をみたすとき，**X と Y は独立である**という。

2つの離散型確率変数 X と Y が独立のとき，以下の公式が成り立つ。

(ⅰ) $E[XY]=E[X]\cdot E[Y]$　　(ⅱ) $\sigma_{XY}=C[X,Y]=0$

(ⅲ) $V[aX+bY+c]=a^2V[X]+b^2V[Y]$ （演習問題 35，36 参照）

n 個の独立な離散型の確率変数 $X_1, X_2, \cdots, X_n$ について，次の公式が成り立つ。（ただし $a_1, a_2, \cdots, a_n$ を定数とする。）

これは，変数が独立でなくても成り立つ

(1) $E[a_1X_1+a_2X_2+\cdots+a_nX_n]=a_1E[X_1]+a_2E[X_2]+\cdots+a_nE[X_n]$

(2) $V[a_1X_1+a_2X_2+\cdots+a_nX_n]={a_1}^2V[X_1]+{a_2}^2V[X_2]+\cdots+{a_n}^2V[X_n]$

§2. 連続型2変数の確率分布

連続型の2つの確率変数 X, Y について，$a\leqq X\leqq b$ かつ $c\leqq Y\leqq d$ となる確率 $P(a\leqq X\leqq b,\ c\leqq Y\leqq d)$ が，

$$P(a\leqq X\leqq b,\ c\leqq Y\leqq d)=\iint_A f_{XY}(x, y)\,dxdy$$

（ただし，$A=\{(x, y)\mid a\leqq x\leqq b,\ c\leqq y\leqq d\}$，$f_{XY}(x, y)\geqq 0$）

で表されるとき，$f_{XY}(x, y)$ を X, Y の**同時確率密度**，または**同時確率密度関数**という。このとき，「X, Y は**同時確率分布** $f_{XY}(x, y)$ に従う」という。

$Z=f_{XY}(x, y)$ とおくと，図1に示すように，領域 A において曲面 $Z=f_{XY}(x, y)$ と XY 平面とで挟まれた立体の体積 V が，確率 $P(a\leqq X\leqq b,\ c\leqq Y\leqq d)$ になる。

下に同時確率密度 $f_{XY}(x, y)$ の性質を示す。

図1 同時確率密度と確率

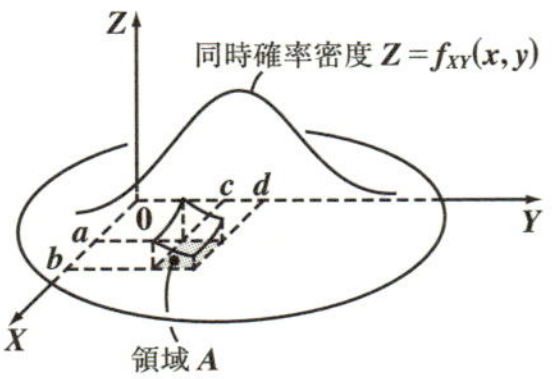

(ⅰ) $\displaystyle\int_{-\infty}^{\infty}\int_{-\infty}^{\infty} f_{XY}(x, y)\,dxdy=1$ （全確率）

連続型2変数 X, Y の同時確率密度 $f_{XY}(x, y)$ に対して，

$$f_X(x)=\int_{-\infty}^{\infty} f_{XY}(x, y)\,dy$$

を，**X の周辺確率密度関数**と呼ぶ。

このイメージを図2に示す。

図2 X の周辺確率密度関数 $f_X(x)$

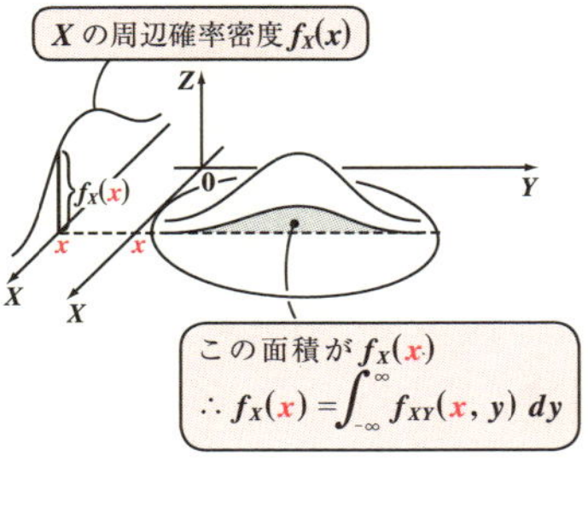

$\alpha \leqq X \leqq \beta$ となる確率を求めたいときは，

$$P(\alpha \leqq X \leqq \beta) = \int_{\alpha}^{\beta} f_X(x)\,dx$$

として計算できる。

同様に，**Yの周辺確率密度関数** $f_Y(y)$ は，次式で求める。

$$f_Y(y) = \int_{-\infty}^{\infty} f_{XY}(x,\ y)\,dx$$

このイメージを図3に示す。

図3　Yの周辺確率密度関数 $f_Y(y)$

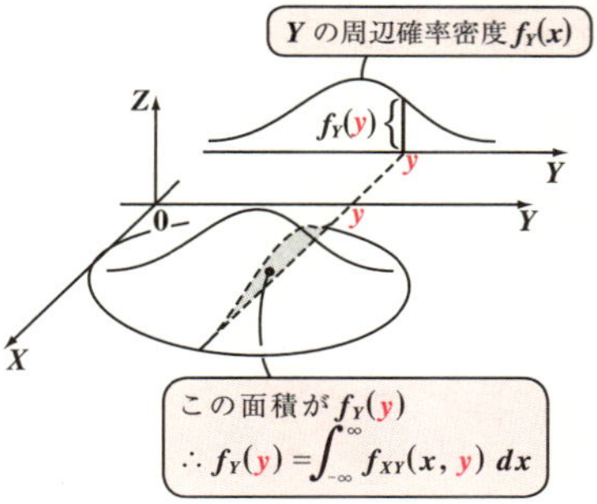

それでは，連続型2変数 X, Y の**期待値（平均）** μ_X，μ_Y，**分散** $\sigma_X{}^2$，$\sigma_Y{}^2$，**共分散** σ_{XY}，そして**相関係数** ρ_{XY} の定義と公式を，下に示す。離散型の場合（P51）の Σ が，すべて $\int$ に変わることに注意しよう。

（Ⅰ）
X の期待値 $\mu_x = E[X] = \int_{-\infty}^{\infty} x \cdot f_X(x)\,dx = \int_{-\infty}^{\infty}\int_{-\infty}^{\infty} x \cdot f_{XY}(x,\ y)\,dxdy$

Y の期待値 $\mu_y = E[Y] = \int_{-\infty}^{\infty} y \cdot f_Y(y)\,dy = \int_{-\infty}^{\infty}\int_{-\infty}^{\infty} y \cdot f_{XY}(x,\ y)\,dxdy$

（Ⅱ）
X の分散 $\sigma_X{}^2 = V[X] = E[(X-\mu_X)^2] = \int_{-\infty}^{\infty} (x-\mu_X)^2 f_X(x)\,dx$

$= \int_{-\infty}^{\infty}\int_{-\infty}^{\infty} (x-\mu_X)^2 f_{XY}(x,\ y)\,dxdy = E[X^2] - E[X]^2$ ← 公式

Y の分散 $\sigma_Y{}^2 = V[Y] = E[(Y-\mu_Y)^2] = \int_{-\infty}^{\infty} (y-\mu_Y)^2 f_Y(y)\,dy$

$= \int_{-\infty}^{\infty}\int_{-\infty}^{\infty} (y-\mu_Y)^2 f_{XY}(x,\ y)\,dxdy = E[Y^2] - E[Y]^2$ ← 公式

（Ⅲ）X と Y の共分散 $\sigma_{XY} = C[X,\ Y] = E[(X-\mu_X)(Y-\mu_Y)]$

$= \int_{-\infty}^{\infty}\int_{-\infty}^{\infty} (x-\mu_X)(y-\mu_Y) f_{XY}(x,\ y)\,dxdy$

$= E[XY] - E[X] \cdot E[Y]$ ← 公式

（Ⅳ）X と Y の相関係数 $\rho_{XY} = \dfrac{\sigma_{XY}}{\sigma_X \sigma_Y}$

離散型2変数の確率分布で示した X と Y の独立の定義（P51）と公式，そして n 個の独立な変数 $X_1, X_2, \cdots, X_n$ の和の期待値と分散の公式（P52）はすべて連続型の変数の場合でも成り立つ。

演習問題 29 ● 同時確率分布 (Ⅰ) ●

サイコロを 2 回振る試行において，偶数の目が出る回数を X，5 の目の出る回数を Y とおくとき，X と Y の同時確率分布表を書け。

ヒント！ 1 回の試行で，偶数の目が出る確率は $\frac{1}{2}$，5 の目が出る確率は $\frac{1}{6}$，偶数と 5 の目以外の目 (1 か 3) が出る確率は $\frac{1}{3}$ となる。

解答＆解説

X と Y の取り得る値は，$X=0,\,1,\,2,\ Y=0,\,1,\,2$ となる。

$X=x_i,\ Y=y_j$ となる同時確率を $P(X=x_i, Y=y_j)\ \ (i=1,2,3,\ j=1,2,3)$ とおくと，サイコロを 2 回振るので，

$P(X=1, Y=2)=0$ ，$P(X=2, Y=1)=0$ ，$P(X=2, Y=2)=0$ となる。

これ以外の同時確率を求める。

$P(X=0, Y=0)=\left(\frac{1}{3}\right)^2=\frac{1}{9}=\frac{4}{36}$ （2 回共 1 か 3 の目）

$P(X=0, Y=1)={}_2C_1\left(\frac{1}{6}\right)^1\cdot\left(\frac{1}{3}\right)^1=\frac{1}{9}=\frac{4}{36}$ （2 回中 1 回は 5 の目，残りは 1 か 3 の目）

$P(X=0, Y=2)=\left(\frac{1}{6}\right)^2=\frac{1}{36}$ （2 回共 5 の目）

$P(X=1, Y=0)={}_2C_1\left(\frac{1}{2}\right)^1\cdot\left(\frac{1}{3}\right)^1=\frac{1}{3}=\frac{12}{36}$ （2 回中 1 回は偶数，残りは 1 か 3 の目）

$P(X=1, Y=1)={}_2C_1\left(\frac{1}{2}\right)^1\cdot\left(\frac{1}{6}\right)^1=\frac{1}{6}=\frac{6}{36}$ （2 回中 1 回は偶数，残りは 5 の目）

$P(X=2, Y=0)=\left(\frac{1}{2}\right)^2=\frac{1}{4}=\frac{9}{36}$ （2 回共偶数の目）

以上より，求める同時確率分布表を右に示す。(ただし，分母を 36 に揃えて示した。)

X, Y の同時確率分布表

X \ Y	0	1	2	計
0	$\frac{4}{36}$	$\frac{4}{36}$	$\frac{1}{36}$	$\frac{9}{36}$
1	$\frac{12}{36}$	$\frac{6}{36}$	0	$\frac{18}{36}$
2	$\frac{9}{36}$	0	0	$\frac{9}{36}$
計	$\frac{25}{36}$	$\frac{10}{36}$	$\frac{1}{36}$	1

X の周辺確率分布 $P_X(x_i)$

Y の周辺確率分布 $P_Y(y_j)$

$X=2,\ Y=2$ のとき，同時確率 $P_{XY}(2,2)=0$ に対して，X と Y の周辺確率分布はそれぞれ，
$P_X(2)=\frac{1}{4},\ P_Y(2)=\frac{1}{36}$
$\therefore\ P_{XY}(2,2)\neq P_X(2)\cdot P_Y(2)$ より，X と Y は独立ではない。

演習問題 30　● 同時確率分布（Ⅱ）●

袋の中に番号 **1**，**2**，**3** の球がそれぞれ **3** 個，**4** 個，**1** 個入っている。この中から無作為に **1** 個を取り出し，その番号を X とする。次に取り出した球を袋に戻さずに，さらに **1** 個取り出し，その番号を Y とする。このとき，X と Y の同時確率分布表を書け。

ヒント！ 前問同様，$x=x_i,\ y=y_j$ のときの同時確率 $P_{XY}(x_i,y_j)=P(x=x_i,y=y_j)$ $(i=1,2,3,\ j=1,2,3)$ を求めよう。

解答＆解説

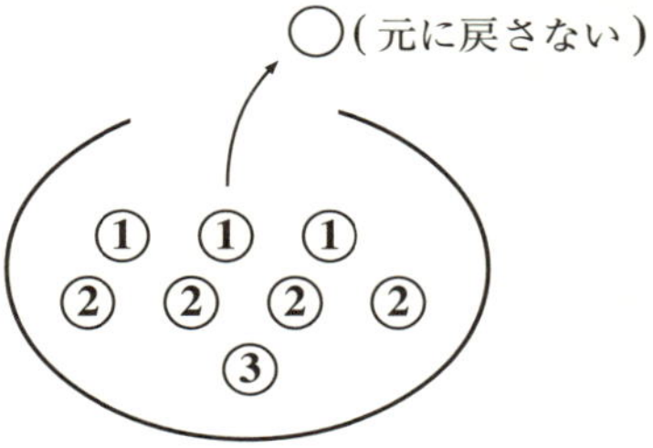

$X=x_i,\ Y=y_j$ となる同時確率

$P(X=x_i,Y=y_j)\quad(i=1,2,3,\ j=1,2,3)$

を求めると，

$P(X=1,Y=1)=\dfrac{3}{8}\times\dfrac{2}{7}=\dfrac{6}{56}$

$P(X=1,Y=2)=$ (ア)［　　］ $=\dfrac{12}{56}$　　$P(X=1,Y=3)=\dfrac{3}{8}\times\dfrac{1}{7}=\dfrac{3}{56}$

$P(X=2,Y=1)=\dfrac{4}{8}\times\dfrac{3}{7}=\dfrac{12}{56}$　　$P(X=2,Y=2)=\dfrac{4}{8}\times\dfrac{3}{7}=\dfrac{12}{56}$

$P(X=2,Y=3)=$ (イ)［　　］ $=\dfrac{4}{56}$　　$P(X=3,Y=1)=$ (ウ)［　　］ $=\dfrac{3}{56}$

$P(X=3,Y=2)=\dfrac{1}{8}\times\dfrac{4}{7}=\dfrac{4}{56}$　　$P(X=3,Y=3)=$ (エ)［　　］ $=0$

以上より，求める同時確率分布表を右に示す。

X,Y の同時確率分布表

X ＼ Y	1	2	3	計
1	$\frac{6}{56}$	$\frac{12}{56}$	$\frac{3}{56}$	$\frac{21}{56}$
2	$\frac{12}{56}$	$\frac{12}{56}$	$\frac{4}{56}$	$\frac{28}{56}$
3	$\frac{3}{56}$	$\frac{4}{56}$	0	$\frac{7}{56}$
計	$\frac{21}{56}$	$\frac{28}{56}$	$\frac{7}{56}$	1

X の周辺確率分布 $P_X(x_i)$

Y の周辺確率分布 $P_Y(y_j)$

> $X=3,\ Y=3$ のとき，同時確率 $P_{XY}(3,3)=0$ に対して，X と Y の周辺確率分布はそれぞれ，
> $P_X(3)=\dfrac{7}{56},\ P_Y(3)=\dfrac{7}{56}$
> $\therefore\ P_{XY}(3,3)\fallingdotseq P_X(3)\cdot P_Y(3)$
> より，X と Y は独立ではない。

解答　(ア) $\dfrac{3}{8}\times\dfrac{4}{7}$　(イ) $\dfrac{4}{8}\times\dfrac{1}{7}$　(ウ) $\dfrac{1}{8}\times\dfrac{3}{7}$　(エ) $\dfrac{1}{8}\times\dfrac{0}{7}$

演習問題 31 ● 離散型確率変数の相関係数(Ⅰ)●

右に示す X, Y の同時確率分布表について, X, Y の期待値 $\mu_X = E[X]$, $\mu_Y = E[Y]$, 分散 $\sigma_X{}^2 = V[X]$, $\sigma_Y{}^2 = V[Y]$, 共分散 $\sigma_{XY} = C[X, Y]$, および相関係数 ρ_{XY} を求めよ。

X, Y の同時確率分布表

X \ Y	1	2	3	計
1	$\frac{1}{12}$	$\frac{3}{12}$	$\frac{2}{12}$	$\frac{1}{2}$
2	$\frac{3}{12}$	$\frac{1}{12}$	$\frac{2}{12}$	$\frac{1}{2}$
計	$\frac{1}{3}$	$\frac{1}{3}$	$\frac{1}{3}$	1

ヒント! $\mu_X = E[X] = \sum_{i=1}^{2} x_i P_X(x_i)$, $\mu_Y = E[Y] = \sum_{j=1}^{3} y_j P_Y(y_j)$, $\sigma_X{}^2 = V[X] = E[X^2] - \mu_X{}^2$, $\sigma_Y{}^2 = V[Y] = E[Y^2] - \mu_Y{}^2$, $\sigma_{XY} = C[X, Y] = E[XY] - \mu_X\mu_Y$, $\rho_{XY} = \frac{\sigma_{XY}}{\sigma_X\sigma_Y}$ の各公式を使う。

解答&解説

・X の期待値 $\mu_X = E[X] = 1 \times \frac{1}{2} + 2 \times \frac{1}{2} = \frac{3}{2}$ ……………………(答)

・Y の期待値 $\mu_Y = E[Y] = 1 \times \frac{1}{3} + 2 \times \frac{1}{3} + 3 \times \frac{1}{3} = 2$ ……………………(答)

・X の分散 $\sigma_X{}^2 = V[X] = E[X^2] - \mu_X{}^2 = 1^2 \times \frac{1}{2} + 2^2 \times \frac{1}{2} - \left(\frac{3}{2}\right)^2$

$$= \frac{5}{2} - \frac{9}{4} = \frac{1}{4}$$ ……………………(答)

・Y の分散 $\sigma_Y{}^2 = V[Y] = E[Y^2] - \mu_Y{}^2 = 1^2 \times \frac{1}{3} + 2^2 \times \frac{1}{3} + 3^2 \times \frac{1}{3} - 2^2$

$$= \frac{14}{3} - 4 = \frac{2}{3}$$ ……………………(答)

・X と Y の共分散 $\sigma_{XY} = C[X, Y] = E[XY] - \mu_X \cdot \mu_Y$

$$= 1 \times 1 \times \frac{1}{12} + 1 \times 2 \times \frac{3}{12} + 1 \times 3 \times \frac{2}{12} + 2 \times 1 \times \frac{3}{12} + 2 \times 2 \times \frac{1}{12} + 2 \times 3 \times \frac{2}{12}$$

$$- \frac{3}{2} \times 2 = \frac{35}{12} - 3 = -\frac{1}{12}$$ ……………………(答)

・X と Y の相関係数 $\rho_{XY} = \frac{\sigma_{XY}}{\sigma_X\sigma_Y} = -\frac{1}{12} \cdot \sqrt{\frac{4}{1}} \cdot \sqrt{\frac{3}{2}} = -\frac{\sqrt{6}}{12}$ ……………………(答)

演習問題 32 ● 離散型確率変数の相関係数 (Ⅱ) ●

右に演習問題 **29** で求めた X と Y の同時確率分布を示す。この X, Y の期待値 $\mu_X = E[X]$, $\mu_Y = E[Y]$, 分散 $\sigma_X{}^2 = V[X]$, $\sigma_Y{}^2 = V[Y]$, 共分散 $\sigma_{XY} = C[X, Y]$, および相関係数 ρ_{XY} を求めよ。

X, Y の同時確率分布表

X \ Y	0	1	2	計
0	$\frac{4}{36}$	$\frac{4}{36}$	$\frac{1}{36}$	$\frac{9}{36}$
1	$\frac{12}{36}$	$\frac{6}{36}$	0	$\frac{18}{36}$
2	$\frac{9}{36}$	0	0	$\frac{9}{36}$
計	$\frac{25}{36}$	$\frac{10}{36}$	$\frac{1}{36}$	1

ヒント! μ_X, μ_Y, $\sigma_X{}^2$, $\sigma_Y{}^2$, σ_{XY}, ρ_{XY} の各定義式，公式を使う。

解答&解説

・Xの期待値$\mu_X = E[X] = 0\times\frac{9}{36} + 1\times\frac{18}{36} + 2\times\frac{9}{36} = \frac{1}{2} + \frac{1}{2} = 1$ ……………(答)

サイコロを 2 回振って偶数の目が出る回数 X の平均より，当然 1と予想される。

・Yの期待値$\mu_Y = E[Y] = 0\times\frac{25}{36} + 1\times\frac{10}{36} + 2\times\frac{1}{36} = \frac{1}{3}$ ……………(答)

・Xの分散$\sigma_X{}^2 = V[X] =$ (ア) $= 0^2\times\frac{9}{36} + 1^2\times\frac{18}{36} + 2^2\times\frac{9}{36} - 1^2 = \frac{1}{2}$ ……(答)

・Yの分散$\sigma_Y{}^2 = V[Y] =$ (イ) $= 0^2\times\frac{25}{36} + 1^2\times\frac{10}{36} + 2^2\times\frac{1}{36} - \left(\frac{1}{3}\right)^2 = \frac{5}{18}$ …(答)

・XとYの共分散$\sigma_{XY} = C[X, Y] =$ (ウ) $= 0\times0\times\frac{4}{36} + 0\times1\times\frac{4}{36} + 0\times2\times\frac{1}{36}$

$+1\times0\times\frac{12}{36} + 1\times1\times\frac{6}{36} + 1\times2\times0 + 2\times0\times\frac{9}{36} + 2\times1\times0$

$+2\times2\times0 - 1\times\frac{1}{3}$

$= \frac{1}{6} - \frac{1}{3} = -\frac{1}{6}$ ……………………………(答)

・XとYの相関係数$\rho_{XY} =$ (エ) $= \left(-\frac{1}{6}\right)\times\sqrt{2}\times\sqrt{\frac{18}{5}} = -\frac{1}{\sqrt{5}} = -\frac{\sqrt{5}}{5}$ …(答)

解答 (ア) $E[X^2] - \mu_X{}^2$　(イ) $E[Y^2] - \mu_Y{}^2$　(ウ) $E[XY] - \mu_X\mu_Y$　(エ) $\frac{\sigma_{XY}}{\sigma_X\sigma_Y}$

演習問題 33	● 確率変数の独立（Ⅰ）●

右に示す同時確率分布表について，

p, q, r, s の間に成り立つ関係式を

求めよ。また，確率変数 X と Y が独立で

あるとき，p, q, r, s の値を求めよ。

X, Y の同時確率分布表

X＼Y	1	2	3	4
1	p	q	r	s
2	q	r	s	p
3	r	s	p	q
4	s	p	q	r

ヒント！ X の周辺確率分布は，$P_i = P_X(i) = p + q + r + s$ $(i = 1, 2, 3, 4)$ と

なって，これを $\sum_{i=1}^{4} P_i = 1$（全確率）に代入する。Y の周辺確率分布を $P_j = P_Y(j)$

$(j = 1, 2, 3, 4)$ とおくと，X と Y が独立である条件は，$P_{XY}(i, j) = P_X(i) \cdot P_Y(j)$

$(i = 1, 2, 3, 4,\ j = 1, 2, 3, 4)$ だね。

解答＆解説

右の X と Y の同時確率分布表より，

X の周辺確率分布は，

$P_i = P_X(i) = p + q + r + s$ となる。

$\qquad (i = 1, 2, 3, 4)$

$\therefore \sum_{i=1}^{4} P_i = 1$（全確率）より，

$\sum_{i=1}^{4} P_i = \sum_{i=1}^{4} \underbrace{(p + q + r + s)}_{定数} = \boxed{4(p + q + r + s) = 1}$

X＼Y	1	2	3	4	計
1	p	q	r	s	$p+q+r+s$
2	q	r	s	p	$p+q+r+s$
3	r	s	p	q	$p+q+r+s$
4	s	p	q	r	$p+q+r+s$
計	$p+q+r+s$	$p+q+r+s$	$p+q+r+s$	$p+q+r+s$	1

よって，求める p, q, r, s の関係式は，$p + q + r + s = \dfrac{1}{4}$ … ①となる。 … (答)

同様に Y の周辺確率分布も，

$P_j = P_Y(j) = p + q + r + s = \dfrac{1}{4}$ ……②となる。$(j = 1, 2, 3, 4)$

ここで，確率変数 X, Y が独立のとき，$X = i$, $Y = j$ となる確率を $P_{XY}(i, j)$ と

おくと，$\underbrace{P_{XY}(i, j)}_{\substack{p\ か\ q\ か\ r\ か\ s \\ のいずれか}} = \underbrace{P_X(i)}_{\frac{1}{4}} \cdot \underbrace{P_Y(j)}_{\frac{1}{4}}$ …… ③ が成り立つ。

X, Y の同時確率分布表より，$P_{XY}(i, j) = p$, または q, または r, または s … ④

①，②より，$P_X(i) \cdot P_Y(j) = \dfrac{1}{4} \times \dfrac{1}{4} = \dfrac{1}{16}$（一定）…… ⑤

③，④，⑤ より，$p = \dfrac{1}{16}$，$q = \dfrac{1}{16}$，$r = \dfrac{1}{16}$，$s = \dfrac{1}{16}$ となる。 …………(答)

演習問題 34　　●　確率変数の独立（Ⅱ）　●

右に示す同時確率分布表につい
て，p，q の間に成り立つ関係式
を求めよ。また，確率変数 X と
Y が独立であるかどうか調べよ。
ここで，
$X = i$，$Y = j$ となる同時確率は，
$P_{XY}(i, j) = p^i \cdot q^j$
$(i = 1, 2, 3, \cdots, j = 1, 2, 3, \cdots)$
であり，p，q は $0 < p < 1$，$0 < q < 1$ をみたす定数とする。

X, Y の同時確率分布表

X＼Y	1	2	3	$\cdots$	j	$\cdots$
1	pq	pq^2	pq^3	$\cdots$	pq^j	$\cdots$
2	p^2q	p^2q^2	p^2q^3	$\cdots$	p^2q^j	$\cdots$
3	p^3q	p^3q^2	p^3q^3	$\cdots$	p^3q^j	$\cdots$
$\vdots$	$\vdots$	$\vdots$	$\vdots$	$\cdots$	$\vdots$	
i	p^iq	p^iq^2	p^iq^3		p^iq^j	$\cdots$
$\vdots$	$\vdots$	$\vdots$	$\vdots$		$\vdots$	

ヒント！　X の周辺確率分布 $P_X(i) = p^iq + p^iq^2 + p^iq^3 + \cdots$ $(i = 1, 2, 3, \cdots)$ は
初項 p^iq，公比 q の無限等比級数となる。$0 < q < 1$ より，この級数は収束する。

解答＆解説

X の周辺確率分布は，

$$P_i = P_X(i) = p^iq + p^iq^2 + p^iq^3 + \cdots = p^iq \cdot \underbrace{(1 + q + q^2 + \cdots)}_{\sum_{n=1}^{\infty} 1 \cdot q^{n-1} = \frac{1}{1-q} \ (\because 0 < q < 1)} = \frac{p^iq}{1-q} \quad \cdots ①$$

$$\therefore \sum_{i=1}^{\infty} P_i = \sum_{i=1}^{\infty} \frac{p^iq}{1-q} = \underbrace{\frac{q}{1-q}}_{\text{定数}} \underbrace{\sum_{i=1}^{\infty} p^i}_{\frac{p}{1-p} \ (0 < p < 1 \text{ より})} = \boxed{\frac{pq}{(1-p)(1-q)} = 1} \quad (\text{全確率})$$

$$\therefore \frac{pq}{(1-p)(1-q)} = 1 \text{ より，} \ \cancel{pq} = 1 - p - q + \cancel{pq} \quad \therefore p + q = 1 \cdots ② \quad \cdots\cdots(答)$$

② より，$1 - q = p \cdots ②'$　②' を ① に代入して，

X の周辺確率分布 $P_i = P_X(i) = \dfrac{p^iq}{p} = p^{i-1} \cdot q \ \cdots\cdots ③$

Y の周辺確率分布は，同様に，

$$P_j = P_Y(j) = pq^j + p^2q^j + p^3q^j + \cdots = \frac{pq^j}{\boxed{1-p}} = pq^{j-1} \ \cdots\cdots ④$$

$$\underset{q \ (②より)}{}$$

③ と ④ より，$P_X(i) \cdot P_Y(j) = p^{i-1} \cdot q \cdot pq^{j-1} = p^iq^j = P_{XY}(i, j)$

よって，$P_{XY}(i, j) = P_X(i) \cdot P_Y(j)$ が成り立つので，X と Y は独立である。$\cdots\cdots(答)$

演習問題 35　●期待値と分散の性質（Ⅰ）●

確率関数$P_{ij}=P(X=x_i, Y=y_j)$ $(i=1, 2, \cdots, m, j=1, 2, \cdots, n)$で与えられる確率分布に従う離散型の確率変数 X，Y について，次式が成り立つことを確かめよ。

(1) $E[aX+bY+c]=aE[X]+bE[Y]+c$

(2) $E[X+Y]=E[X]+E[Y]$

(3) $V[aX+bY+c]=a^2V[X]+2ab\cdot C[X, Y]+b^2V[Y]$　(a,b,c: 定数)

ヒント！ (1)(3) 期待値と分散の定義に従って式を変形する。

解答＆解説

(1) $E[aX+bY+c]=\sum_{i=1}^{m}\sum_{j=1}^{n}(ax_i+by_j+c)P_{ij}$

$=\sum_{i=1}^{m}\sum_{j=1}^{n}(ax_iP_{ij}+by_jP_{ij}+cP_{ij})$　（a, b, c：定数）

$=a\sum_{i=1}^{m}\sum_{j=1}^{n}x_iP_{ij}+b\sum_{i=1}^{m}\sum_{j=1}^{n}y_jP_{ij}+c\sum_{i=1}^{m}\sum_{j=1}^{n}P_{ij}$

（$\sum_{i=1}^{m}\sum_{j=1}^{n}x_iP_{ij}=E[X]=\mu_X$，$\sum_{j=1}^{n}\sum_{i=1}^{m}y_jP_{ij}=E[Y]=\mu_Y$，$\sum_{i=1}^{m}\sum_{j=1}^{n}P_{ij}=1$）

$=aE[X]+bE[Y]+c$ …… ①　となる。　（$E[X]=\mu_X$，$E[Y]=\mu_Y$）……………（終）

(2) ①に $a=1$，$b=1$，$c=0$を代入して，

$E[X+Y]=E[X]+E[Y]$　となる。 ………………………………………（終）

(3) $Z=aX+bY+c$ とおくと，Z の分散 $V[Z]$ は，$\mu_Z=E[Z]$ として，

$V[Z]=E[(Z-\mu_Z)^2]$ …… ②　（$V[Z]=V[aX+bY+c]$）　ここで ①より，

$\mu_Z=E[aX+bY+c]=a\mu_X+b\mu_Y+c$ …… ③　③を②に代入して，

$V[Z]=E[(Z-\mu_Z)^2]=E[\{(aX+bY+c)-(a\mu_X+b\mu_Y+c)\}^2]$

$=E[\{a(X-\mu_X)+b(Y-\mu_Y)\}^2]$

$=E[a^2(X-\mu_X)^2+2ab(X-\mu_X)(Y-\mu_Y)+b^2(Y-\mu_Y)^2]$

$=a^2E[(X-\mu_X)^2]+2abE[(X-\mu_X)(Y-\mu_Y)]+b^2E[(Y-\mu_Y)^2]$

（$E[(X-\mu_X)^2]=V[X]=\sigma_X{}^2$，$E[(X-\mu_X)(Y-\mu_Y)]=C[X, Y]=\sigma_{XY}$，$E[(Y-\mu_Y)^2]=V[Y]=\sigma_Y{}^2$）

$=a^2V[X]+2abC[X, Y]+b^2V[Y]$ ……………………（終）

演習問題 36 ● 確率変数 X と Y の独立 ●

2 つの離散型の確率変数 X, Y が従う確率分布の確率関数 $P_{XY}(x,\ y)$ が，$P_{XY}(x,\ y)=P_X(x)\cdot P_Y(y)$ をみたすとき，X と Y は独立であるという。X と Y が独立のとき，次式が成り立つことを示せ。

(1) $E[XY]=E[X]\cdot E[Y]$　　(2) $\sigma_{XY}=C[X,\ Y]=0$

(3) $V[aX+bY+c]=a^2V[X]+b^2V[Y]$

ヒント！ 前問と同様に，期待値と分散の定義に従って導く。

解答＆解説

X と Y が独立のとき，$P_{XY}(x,\ y)=P_X(x)\cdot P_Y(y)$ より，

(1) $E[XY]=\sum_{i=1}^{m}\sum_{j=1}^{n}x_i\ y_j\underline{P_{ij}}=\sum_{i=1}^{m}\sum_{j=1}^{n}x_i\ y_j\underline{P_{XY}(x_i,\ y_j)}$

（$P_{ij}=P_{XY}(x_i,\ y_j)$）（$P_{XY}(x_i,\ y_j)=P_X(x_i)\cdot P_Y(y_j)$）

$=\sum_{i=1}^{m}\sum_{j=1}^{n}x_iP_X(x_i)\cdot y_jP_Y(y_j)$

$=\{$ (ア) $\}\cdot\{$ (イ) $\}$

$\therefore\ E[XY]=\underline{E[X]}\cdot\underline{E[Y]}$ となる。 …………………………(終)

（μ_X）（μ_Y）

(2) X と Y の共分散 $\sigma_{XY}=C[X,\ Y]$ は，

$\sigma_{XY}=C[X,\ Y]=\underline{E[XY]}-$ (ウ) ← 公式 (P51)

（$E[XY]=\mu_X\cdot\mu_Y$ ((1) より)）

$=\mu_X\cdot\mu_Y-\mu_X\cdot\mu_Y=0$ となる。 …………………………(終)

(3) $V[aX+bY+c]=$ (エ) ← 公式 (演習問題 35(3))

$=a^2V[X]+b^2V[Y]$ となる。 …………………………(終)

解答 (ア) $\sum_{i=1}^{m}x_iP_X(x_i)$　(イ) $\sum_{j=1}^{n}y_jP_Y(y_j)$　(ウ) $\mu_X\cdot\mu_Y$ (または, $E[X]\cdot E[Y]$)

(エ) $a^2V[X]+2abC[X,\ Y]+b^2V[Y]$

演習問題 37　● 独立な確率変数の期待値と分散 (Ⅰ) ●

2 つの独立な確率変数 T と U の期待値と分散はそれぞれ，$E[T]=4$，$V[T]=2$，$E[U]=-2$，$V[U]=1$ である。

(1) 確率変数 X を $X=3T+2U+1$ で定義するとき，X の期待値 μ_X と分散 $\sigma_X{}^2$ を求めよ。

(2) n 個の独立な確率変数 $X_1, X_2, \cdots, X_n$ がいずれも (1) の期待値 μ_X と分散 $\sigma_X{}^2$ をもつ確率分布に従う。確率変数 $\overline{X}$ を $\overline{X}=\dfrac{X_1+X_2+\cdots+X_n}{n}$ で定義するとき，$\overline{X}$ の期待値 $\mu_{\overline{X}}$ と分散 $\sigma_{\overline{X}}{}^2$ を求めよ。

ヒント！ $E[aT+bU+c]=aE[T]+bE[U]+c$ が成り立ち，また T と U が独立より，$V[aT+bU+c]=a^2V[T]+b^2V[U]$ が成り立つ。

解答＆解説

(1) 独立な 2 つの確率変数 T と U の期待値と分散が

$E[T]=4$，$E[U]=-2$，$V[T]=2$，$V[U]=1$ より，

$X=3T+2U+1$ の期待値 μ_X と分散 $\sigma_X{}^2$ は，

$$\mu_X=E[X]=E[3T+2U+1]$$

$$=3\underbrace{E[T]}_{4}+2\underbrace{E[U]}_{-2}+1=12-4+1=9 \quad \cdots\cdots(\text{答})$$

公式：$E[aT+bU+c]$
$=aE[T]+bE[U]+c$

$$\sigma_X{}^2=V[X]=V[3T+2U+1]$$

$$=3^2\cdot\underbrace{V[T]}_{2}+2^2\cdot\underbrace{V[U]}_{1}=18+4=22 \quad \cdots\cdots(\text{答})$$

T と U が独立のとき，
$V[aT+bU+c]=a^2V[T]+b^2V[U]$

(2) 独立な確率変数 $X_1, X_2, \cdots, X_n$ は (1) の期待値 μ_X と分散 $\sigma_X{}^2$ をもつので，

$E[X_1]=\cdots=E[X_n]=\mu_X=9$，$V[X_1]=\cdots=V[X_n]=\sigma_X{}^2=22$

よって，$\overline{X}=\dfrac{X_1+X_2+\cdots+X_n}{n}$ の期待値 $\mu_{\overline{X}}$ と分散 $\sigma_{\overline{X}}{}^2$ は，

$$\mu_{\overline{X}}=E[\overline{X}]=\frac{1}{n}(\underbrace{E[X_1]}_{\mu_X}+\cdots+\underbrace{E[X_n]}_{\mu_X})=\frac{1}{n}\cdot n\mu_X=\mu_X=9 \quad \cdots\cdots(\text{答})$$

$$\sigma_{\overline{X}}{}^2=V[\overline{X}]=\frac{1}{n^2}(\underbrace{V[X_1]}_{\sigma_X{}^2}+\cdots+\underbrace{V[X_n]}_{\sigma_X{}^2})=\frac{1}{n^2}\cdot n\sigma_X{}^2=\frac{\sigma_X{}^2}{n}=\frac{22}{n} \quad \cdots\cdots(\text{答})$$

演習問題 38　● 独立な確率変数の期待値と分散 (Ⅱ) ●

2 つの独立な確率変数 T と U の期待値と分散はそれぞれ，$E[T]=-3$，$V[T]=1$，$E[U]=2$，$V[U]=5$ である。

(1) 確率変数 X を $X=-T+3U-4$ で定義するとき，X の期待値 μ_X と分散 $\sigma_X{}^2$ を求めよ。

(2) n 個の独立な確率変数 $X_1, X_2, \cdots, X_n$ がいずれも (1) の期待値 μ_X と分散 $\sigma_X{}^2$ をもつ確率分布に従う。確率変数 $\overline{X}$ を $\overline{X}=\dfrac{X_1+X_2+\cdots+X_n}{n}$ で定義するとき，$\overline{X}$ の期待値 $\mu_{\overline{X}}$ と分散 $\sigma_{\overline{X}}{}^2$ を求めよ。

ヒント！ 前問同様，期待値と分散の公式を使う。

解答＆解説

(1) 独立な 2 つの確率変数 T と U の期待値と分散が

$E[T]=-3$，$E[U]=2$，$V[T]=1$，$V[U]=5$ より，

$X=-T+3U-4$ の期待値 μ_X と分散 $\sigma_X{}^2$ は，

$\mu_X=E[X]=E[-T+3U-4]=$ (ア)

$=-(-3)+3\cdot2-4=5$ ……………………………(答)

$\sigma_X{}^2=V[X]=V[-T+3U-4]=$ (イ) $=1+9\cdot5=46$

……(答)

(2) 独立な確率変数 $X_1, X_2, \cdots, X_n$ は (1) の期待値 μ_X と分散 $\sigma_X{}^2$ をもつので，

$E[X_1]=\cdots=E[X_n]=\mu_X=5$，$V[X_1]=\cdots=V[X_n]=\sigma_X{}^2=46$

よって，$\overline{X}=\dfrac{X_1+X_2+\cdots+X_n}{n}$ の期待値 $\mu_{\overline{X}}$ と分散 $\sigma_{\overline{X}}{}^2$ は，

$\mu_{\overline{X}}=E[\overline{X}]=\dfrac{1}{n}(\underbrace{E[X_1]}_{\mu_X}+\cdots+\underbrace{E[X_n]}_{\mu_X})=$ (ウ) $=5$ ………(答)

$\sigma_{\overline{X}}{}^2=V[\overline{X}]=\dfrac{1}{n^2}(\underbrace{V[X_1]}_{\sigma_X{}^2}+\cdots+\underbrace{V[X_n]}_{\sigma_X{}^2})=$ (エ) $=\dfrac{46}{n}$ ……(答)

解答　(ア) $-E[T]+3E[U]-4$　(イ) $(-1)^2V[T]+3^2V[U]$

(ウ) $\dfrac{1}{n}\cdot n\mu_X=\mu_X$　(エ) $\dfrac{1}{n^2}\cdot n\sigma_X{}^2=\dfrac{\sigma_X{}^2}{n}$

演習問題 39　● 連続型確率変数の相関係数 ●

連続型の **2** つの確率変数 X，Y が，同時確率密度

$$f_{XY}(x,\ y) = \begin{cases} a(x+y) & (0 \leqq x \leqq 1\ ,\ 0 \leqq y \leqq 1 \text{ のとき}) \\ 0 & (\text{それ以外のとき}) \end{cases} \qquad (\text{ただし，} a\text{：定数})$$

で与えられる同時確率分布に従うものとする。このとき，a の値，
X の期待値 $\mu_x = E[X]$，Y の期待値 $\mu_y = E[Y]$，X の分散 $\sigma_X{}^2 = V[X]$，
Y の分散 $\sigma_Y{}^2 = V[Y]$，X と Y の共分散 $\sigma_{XY} = C[X,\ Y]$，
そして X と Y の相関係数 ρ_{XY} を求めよ。

ヒント！ 分散と共分散は定義式と公式を使って求めよう。

解答＆解説

X の周辺確率密度は，$0 \leqq x \leqq 1$ のとき，

$$f_X(x) = \int_{-\infty}^{\infty} a(x+y)dy$$

$$= \underbrace{\int_{-\infty}^{0} 0\,dy}_{0} + \int_0^1 a(x+y)dy + \underbrace{\int_1^{\infty} 0\,dy}_{0}$$

$$= a\int_0^1 (x+y)dy$$

（x：定数扱い）

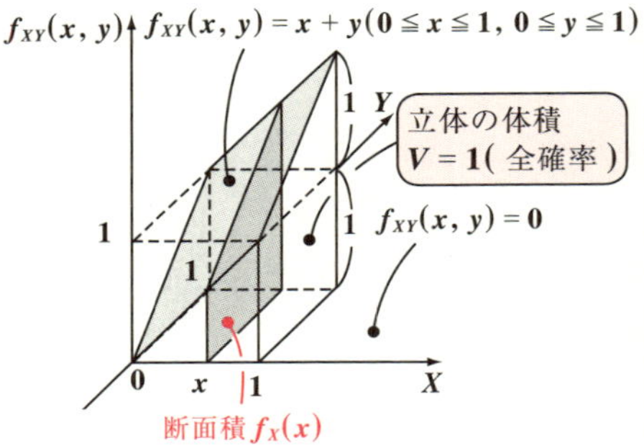

$$= a\left[xy + \frac{1}{2}y^2\right]_0^1 = a\left(x + \frac{1}{2}\right)$$

$$\therefore \int_0^1 f_X(x)dx = a\int_0^1\left(x + \frac{1}{2}\right)dx$$

$$= a\left[\frac{1}{2}x^2 + \frac{1}{2}x\right]_0^1 = a\left(\frac{1}{2} + \frac{1}{2}\right) = \boxed{a = 1} \quad (\text{全確率})$$

$\therefore a = 1$ となる。 ……………………………………………………… (答)

よって，

$$f_{XY}(x,\ y) = \begin{cases} x+y & (0 \leqq x \leqq 1\ ,\ 0 \leqq y \leqq 1 \text{ のとき}) \\ 0 & (\text{それ以外のとき}) \end{cases}$$

$$f_X(x) = \begin{cases} x + \frac{1}{2} & (0 \leqq x \leqq 1\ ) \\ 0 & (x < 0\ ,\ \ 1 < x) \end{cases}$$

同様にして，

$$f_Y(y)=\begin{cases} y+\dfrac{1}{2} & (0 \leqq y \leqq 1) \\ 0 & (y<0\ ,\ 1<y) \end{cases}$$

・X の期待値を求める。

$$\mu_x=E[X]=\int_{-\infty}^{\infty} x\, f_X(x)\, dx=\int_0^1 x\left(x+\frac{1}{2}\right) dx$$

$$=\int_0^1\left(x^2+\frac{1}{2}x\right) dx=\left[\frac{1}{3}x^3+\frac{1}{4}x^2\right]_0^1=\frac{1}{3}+\frac{1}{4}=\frac{7}{12} \quad \cdots\cdots\cdots\cdots(答)$$

・Y の期待値も同様に，

$$\mu_y=E[Y]=\int_{-\infty}^{\infty} y\, f_Y(y)\, dy=\int_0^1 y\left(y+\frac{1}{2}\right) dy=\frac{7}{12} \quad \cdots\cdots\cdots\cdots(答)$$

・X の分散を求める。

分散の公式
$\sigma_X{}^2=E[X^2]-\mu_X{}^2$
$\sigma_Y{}^2=E[Y^2]-\mu_Y{}^2$

$$\sigma_X{}^2=\int_{-\infty}^{\infty} x^2 f_X(x)\, dx-\mu_X{}^2$$

$$=\int_0^1 x^2\left(x+\frac{1}{2}\right) dx-\left(\frac{7}{12}\right)^2$$

$$=\int_0^1\left(x^3+\frac{1}{2}x^2\right) dx-\left(\frac{7}{12}\right)^2=\left[\frac{1}{4}x^4+\frac{1}{6}x^3\right]_0^1-\left(\frac{7}{12}\right)^2$$

$$=\left(\frac{1}{4}+\frac{1}{6}\right)-\left(\frac{7}{12}\right)^2=\frac{5}{12}-\frac{49}{12^2}=\frac{60-49}{144}=\frac{11}{144} \quad \cdots\cdots\cdots\cdots(答)$$

・Y の分散は同様に，

$$\sigma_Y{}^2=\int_{-\infty}^{\infty} y^2 f_Y(y)\, dy-\mu_Y{}^2=\int_0^1 y^2\left(y+\frac{1}{2}\right) dy-\left(\frac{7}{12}\right)^2=\frac{11}{144} \quad \cdots\cdots(答)$$

・X と Y の共分散は，

共分散の公式
$\sigma_{XY}=E[XY]-\mu_X\mu_Y$

$$\sigma_{XY}=C[X,Y]=E[XY]-\mu_x\mu_y$$

$$=\int_{-\infty}^{\infty}\int_{-\infty}^{\infty} xyf_{XY}(x,y)\, dxdy-\left(\frac{7}{12}\right)^2=\int_0^1\int_0^1 xy(x+y)\, dxdy-\left(\frac{7}{12}\right)^2$$

$$=\int_0^1\left\{\int_0^1 (x^2y+xy^2)\, dy\right\}dx-\left(\frac{7}{12}\right)^2$$

（x^2, x：定数扱い）

$$=\int_0^1\left[\frac{1}{2}x^2y^2+\frac{1}{3}xy^3\right]_0^1 dx-\left(\frac{7}{12}\right)^2=\int_0^1\left(\frac{1}{2}x^2+\frac{1}{3}x\right) dx-\left(\frac{7}{12}\right)^2$$

（$\frac{1}{2}x^2$, $\frac{1}{3}x$：定数扱い）

$$=\left[\frac{1}{6}x^3+\frac{1}{6}x^2\right]_0^1-\left(\frac{7}{12}\right)^2=\frac{1}{3}-\left(\frac{7}{12}\right)^2=\frac{48-49}{144}=-\frac{1}{144} \quad \cdots(答)$$

・X と Y の相関関係 $\rho_{XY}=\dfrac{\sigma_{XY}}{\sigma_X\sigma_Y}=\left(-\dfrac{1}{144}\right)\cdot\sqrt{\dfrac{144}{11}}\cdot\sqrt{\dfrac{144}{11}}=-\dfrac{1}{11}$ $\cdots$(答)

演習問題 40　● ガウス積分（Ⅰ）●

$\displaystyle\int_{-\infty}^{\infty} e^{-x^2}\,dx = \sqrt{\pi}$ を導け。

ヒント！ x と y を極座標表示して，$x = r\cos\theta$，$y = r\sin\theta$ $(0 < r < \infty,\ 0 \leqq \theta < 2\pi)$ と変数変換して，r と θ の重積分に持ち込むといい。

解答＆解説

次の重積分 I を考える。

$$I = \int_{-\infty}^{\infty}\int_{-\infty}^{\infty} e^{-x^2-y^2}dxdy \quad \text{これを変形して，}$$

$$I = \int_{-\infty}^{\infty}\int_{-\infty}^{\infty} e^{-x^2}\cdot e^{-y^2}dxdy = \int_{-\infty}^{\infty} e^{-x^2}dx \cdot \underbrace{\int_{-\infty}^{\infty} e^{-y^2}dy}_{\int_{-\infty}^{\infty} e^{-x^2}dx}$$

$I = \left(\displaystyle\int_{-\infty}^{\infty} e^{-x^2}dx\right)^2$ より，

$$\int_{-\infty}^{\infty} e^{-x^2}dx = \sqrt{I} \quad \cdots\cdots ①$$

ここで，重積分 $I = \displaystyle\int_{-\infty}^{\infty}\int_{-\infty}^{\infty} e^{-x^2-y^2}dxdy$ について，

$x = r\cos\theta,\ y = r\sin\theta$ とおくと，$x : -\infty \to \infty$，$y : -\infty \to \infty$ より，

$r : 0 \to \infty$，$\theta : 0 \to 2\pi$ となる。また，ヤコビアン J は，

$$J = \begin{vmatrix} \dfrac{\partial x}{\partial r} & \dfrac{\partial x}{\partial \theta} \\ \dfrac{\partial y}{\partial r} & \dfrac{\partial y}{\partial \theta} \end{vmatrix} = \begin{vmatrix} \cos\theta & -r\sin\theta \\ \sin\theta & r\cos\theta \end{vmatrix} = r(\cos^2\theta + \sin^2\theta) = r$$

$$I = \int_{-\infty}^{\infty}\int_{-\infty}^{\infty} e^{-(\overbrace{x^2+y^2}^{r^2})}\underbrace{dxdy}_{|J|drd\theta} = \int_0^{2\pi}\int_0^{\infty} e^{-r^2}\underbrace{r}_{|J|}\,drd\theta$$

$$= \int_0^{2\pi} d\theta \cdot \int_0^{\infty} re^{-r^2}dr = [\theta]_0^{2\pi}\cdot\left[-\frac{1}{2}e^{-r^2}\right]_0^{\infty}$$

$$= 2\pi\cdot\left(0 + \frac{1}{2}\right) = \pi \quad \cdots\cdots ②$$

②を①に代入して，$\displaystyle\int_{-\infty}^{\infty} e^{-x^2}dx = \sqrt{\pi}$ となる。 ……………………… (終)

演習問題 41　● ガウス積分 (Ⅱ) ●

$\int_{-\infty}^{\infty} e^{-ax^2} dx = \sqrt{\frac{\pi}{a}}$ $(a > 0)$ を演習問題 **40** の公式を用いて導け。

ヒント! e^{-ax^2} は x の偶関数より，$\int_{-\infty}^{\infty} e^{-ax^2} dx = 2 \cdot \int_0^{\infty} e^{-ax^2} dx$ となる。この右辺の積分について，$\sqrt{a}\,x = t$ と変数変換する。

解答＆解説

$$\int_{-\infty}^{\infty} e^{-ax^2} dx = 2 \cdot \boxed{(ア)\qquad} \cdots\cdots ①$$ となる。

ここで，右辺の定積分について，

$\sqrt{a}\,x = t$ とおくと，

$\begin{cases} x : 0 \to \infty & \text{のとき，} \\ t : 0 \to \infty & \text{となる。} \end{cases}$

また，$\sqrt{a}\,dx = \boxed{(イ)}$ より，$dx = \frac{1}{\sqrt{a}} dt$

$$\therefore \int_0^{\infty} e^{-ax^2} dx = \int_0^{\infty} e^{-t^2} \frac{1}{\sqrt{a}} dt = \frac{1}{\sqrt{a}} \int_0^{\infty} e^{-t^2} dt \cdots\cdots ②$$

$\left(\int_0^{\infty} e^{-t^2} dt = \frac{1}{2} \cdot \sqrt{\pi} \right.$ （演習問題 **40** より））

ここで，演習問題**40** より，

$$\int_{-\infty}^{\infty} e^{-x^2} dx = 2 \cdot \boxed{(ウ)\qquad} = \sqrt{\pi} \qquad \therefore \int_0^{\infty} e^{-x^2} dx = \frac{\sqrt{\pi}}{2} \cdots\cdots ③$$

③を②に代入して，

$$\int_0^{\infty} e^{-ax^2} dx = \frac{1}{\sqrt{a}} \cdot \frac{\sqrt{\pi}}{2} = \frac{1}{2} \cdot \sqrt{\frac{\pi}{a}} \cdots\cdots ④$$

④を①に代入して，$\int_{-\infty}^{\infty} e^{-ax^2} dx = 2 \cdot \frac{1}{2} \sqrt{\frac{\pi}{a}} = \sqrt{\frac{\pi}{a}}$ となる。 ………(終)

解答 (ア) $\int_0^{\infty} e^{-ax^2} dx$　(イ) dt　(ウ) $\int_0^{\infty} e^{-x^2} dx$ $\left(\text{または，} \int_0^{\infty} e^{-t^2} dt \right)$

演習問題 42 ● 同時確率密度と周辺確率密度（Ⅰ）●

xy平面全体で定義された次のような同時確率密度$f_{XY}(x, y)$がある。

$$f_{XY}(x, y) = ce^{-x^2-2xy-4y^2} \cdots\cdots ① \qquad (c：実数定数)$$

(1) 定数cの値を求めよ。

(2) Xの周辺確率密度関数$f_X(x)$と，Yの周辺確率密度関数$f_Y(y)$を求めよ。

（ただし，積分公式$\int_{-\infty}^{\infty} e^{-a(x-b)^2}dx = \sqrt{\frac{\pi}{a}}$を用いてもよい。）

ヒント！ $\int_{-\infty}^{\infty} e^{-a(x-b)^2}dx$について，$x-b=z$とおくと，$x：-\infty \to \infty$のとき，$z：-\infty \to \infty$　$dx = dz$より，$\int_{-\infty}^{\infty} e^{-a(x-b)^2}dx = \int_{-\infty}^{\infty} e^{-az^2}dz = \sqrt{\frac{\pi}{a}}$（演習問題41を利用した。）となるんだね。(1)では，$\int_{-\infty}^{\infty}\int_{-\infty}^{\infty} f_{XY}(x, y)\,dxdy = 1$（全確率）より，$c$の値を求める。(2)は，公式$f_X(x) = \int_{-\infty}^{\infty} f_{XY}(x, y)dy$，$f_Y(y) = \int_{-\infty}^{\infty} f_{XY}(x, y)\,dx$を利用しよう。

解答&解説

(1) ①の指数部：$-x^2-2xy-4y^2 = -\underbrace{(x+y)^2}_{u^2} - \underbrace{3y^2}_{v^2とおく}$より，

$$\begin{cases} x+y=u \\ \sqrt{3}y=v \end{cases} とおくと，\begin{cases} x = u - \frac{1}{\sqrt{3}}v \\ y = \frac{1}{\sqrt{3}}v \end{cases} となる。$$

$y=\frac{1}{\sqrt{3}}v$
$x = u - y = u - \frac{1}{\sqrt{3}}v$

よって，$e^{-x^2-2xy-4y^2} = e^{-u^2-v^2}$と変換できる。この変換のヤコビアン$J$は，

$$J = \begin{vmatrix} \frac{\partial x}{\partial u} & \frac{\partial x}{\partial v} \\ \frac{\partial y}{\partial u} & \frac{\partial y}{\partial v} \end{vmatrix} = \begin{vmatrix} 1 & -\frac{1}{\sqrt{3}} \\ 0 & \frac{1}{\sqrt{3}} \end{vmatrix} = \frac{1}{\sqrt{3}} \quad となる。$$

よって，①を2重無限積分すると，$x：-\infty \to \infty$，$y：-\infty \to \infty$のとき，$u：-\infty \to \infty$，$v：-\infty \to \infty$より，

$$\int_{-\infty}^{\infty}\int_{-\infty}^{\infty} f_{XY}(x,y)dxdy = c\int_{-\infty}^{\infty}\int_{-\infty}^{\infty} e^{-x^2-2xy-4y^2}dxdy$$

$$= c\int_{-\infty}^{\infty}\int_{-\infty}^{\infty} e^{-u^2-v^2}\underbrace{|J|}_{\frac{1}{\sqrt{3}}}dudv = \frac{c}{\sqrt{3}}\underbrace{\int_{-\infty}^{\infty} e^{-u^2}du}_{\sqrt{\frac{\pi}{1}}}\underbrace{\int_{-\infty}^{\infty} e^{-v^2}dv}_{\sqrt{\frac{\pi}{1}}}$$

$$= \frac{c}{\sqrt{3}}\cdot\sqrt{\pi}\cdot\sqrt{\pi} = \boxed{\frac{\pi}{\sqrt{3}}c = 1}$$ (全確率)

公式 : $\int_{-\infty}^{\infty} e^{-ax^2}dx = \sqrt{\frac{\pi}{a}}$

よって，求める定数 c は，$c = \frac{\sqrt{3}}{\pi}$ ………… ②である。……………………(答)

(2) ②を①に代入して，$f_{XY}(x,y) = \frac{\sqrt{3}}{\pi}e^{-x^2-2xy-4y^2}$ となる。

(i) X の周辺確率密度関数 $f_X(x)$ を求めると，

$$f_X(x) = \int_{-\infty}^{\infty} f_{XY}(x,y)dy = \frac{\sqrt{3}}{\pi}\int_{-\infty}^{\infty}\underbrace{e^{-x^2-2xy-4y^2}}_{e^{-4\left(y^2+\frac{1}{2}x\cdot y+\frac{1}{16}x^2\right)-x^2+\frac{1}{4}x^2}}dy$$

$$= \frac{\sqrt{3}}{\pi}\int_{-\infty}^{\infty}\underbrace{e^{-\frac{3}{4}x^2}}_{\text{定数扱い}}\cdot e^{-4\left(y+\underbrace{\frac{1}{4}x}_{\text{定数扱い}}\right)^2}dy$$

$$= \frac{\sqrt{3}}{\pi}e^{-\frac{3}{4}x^2}\underbrace{\int_{-\infty}^{\infty} e^{-4\left\{y-\left(-\frac{1}{4}x\right)\right\}^2}dy}_{\sqrt{\frac{\pi}{4}}=\frac{\sqrt{\pi}}{2}}$$

公式 : $\int_{-\infty}^{\infty} e^{-a(x-b)^2}dx = \sqrt{\frac{\pi}{a}}$

$$= \frac{\sqrt{3}}{2\sqrt{\pi}}e^{-\frac{3}{4}x^2}$$ ………………………………………………(答)

(ii) Y の周辺確率密度関数 $f_Y(y)$ を求めると，

$$f_Y(y) = \int_{-\infty}^{\infty} f_{XY}(x,y)dx = \frac{\sqrt{3}}{\pi}\int_{-\infty}^{\infty} e^{-(x+\underbrace{y}_{\text{定数扱い}})^2}\cdot\underbrace{e^{-3y^2}}_{\text{定数扱い}}dx$$

$$= \frac{\sqrt{3}}{\pi}e^{-3y^2}\underbrace{\int_{-\infty}^{\infty} e^{-1\cdot\{x-(-y)\}^2}dx}_{\sqrt{\frac{\pi}{1}}} = \sqrt{\frac{3}{\pi}}e^{-3y^2}$$ ……………………(答)

公式 : $\int_{-\infty}^{\infty} e^{-a(x-b)^2}dx = \sqrt{\frac{\pi}{a}}$

演習問題 43 ● 同時確率密度と周辺確率密度(Ⅱ) ●

xy平面全体で定義された次のような同時確率密度$f_{XY}(x,\ y)$がある。

$$f_{XY}(x,\ y) = ce^{-x^2+4xy-8y^2} \quad \cdots\cdots ① \qquad (c:\text{実数定数})$$

(1)定数cの値を求めよ。

(2)Xの周辺確率密度関数$f_X(x)$と, Yの周辺確率密度関数$f_Y(y)$を求めよ。

(ただし, 積分公式$\displaystyle\int_{-\infty}^{\infty} e^{-a(x-b)^2}dx = \sqrt{\frac{\pi}{a}}$を用いてもよい。)

ヒント! 演習問題42と同様に(1)は, $\displaystyle\int_{-\infty}^{\infty}\int_{-\infty}^{\infty} f_{XY}(x,\ y)\,dxdy = 1$から$c$を求め, (2)は, それぞれの周辺確率密度関数$f_X(x)$, $f_Y(y)$の公式を使って求めればいい。

解答&解説

(1) ①の指数部：$-x^2+4xy-8y^2 = -\underbrace{(x-2y)^2}_{u^2}-\underbrace{4y^2}_{v^2}$ より, (u^2, v^2とおく)

$\begin{cases} x-2y=u \\ 2y=v \end{cases}$ とおくと, $\begin{cases} x=u+\boxed{(ア)} \\ y=\dfrac{1}{2}v \end{cases}$ となる。

よって, $e^{-x^2+4xy-8y^2} = e^{-u^2-v^2}$と変換できる。この交換のヤコビアン$J$は,

$$J = \begin{vmatrix} \dfrac{\partial x}{\partial u} & \dfrac{\partial x}{\partial v} \\ \dfrac{\partial y}{\partial u} & \dfrac{\partial y}{\partial v} \end{vmatrix} = \begin{vmatrix} 1 & \boxed{(イ)} \\ 0 & \boxed{(ウ)} \end{vmatrix} = \frac{1}{2}$$ となる。

よって, ①を2重無限積分すると, $x:-\infty\to\infty$, $y:-\infty\to\infty$のとき,
$u:-\infty\to\infty$, $v:-\infty\to\infty$より,

$$\int_{-\infty}^{\infty}\int_{-\infty}^{\infty} f_{XY}(x,\ y)\,dx\,dy = c\int_{-\infty}^{\infty}\int_{-\infty}^{\infty} e^{-x^2+4xy-8y^2}dx\,dy$$

$$= c\int_{-\infty}^{\infty}\int_{-\infty}^{\infty} e^{-u^2-v^2}\underbrace{|J|}_{\frac{1}{2}}du\,dv = \frac{c}{2}\underbrace{\int_{-\infty}^{\infty} e^{-u^2}du}_{\sqrt{\frac{\pi}{1}}}\ \underbrace{\int_{-\infty}^{\infty} e^{-v^2}dv}_{\sqrt{\frac{\pi}{1}}}$$

$\therefore \int_{-\infty}^{\infty}\int_{-\infty}^{\infty} f_{XY}(x, y)\,dxdy = \dfrac{\pi c}{\boxed{(エ)}} = 1$ (全確率)

よって，求める定数 c は，$c = \dfrac{\boxed{(エ)}}{\pi}$ …… ②である。 ……………………(答)

(2) ②を①に代入して，$f_{XY}(x, y) = \dfrac{\boxed{(エ)}}{\pi} e^{-x^2+4xy-8y^2}$ となる。

(ⅰ) X の周辺確率密度関数 $f_X(x)$ を求めると，

$$f_X(X) = \int_{-\infty}^{\infty} f_{XY}(x, y)\,dy = \frac{\boxed{(エ)}}{\pi}\int_{-\infty}^{\infty} e^{-x^2+4xy-8y^2}\,dy$$

$e^{-x^2+4xy-8y^2} = e^{-8\left(y^2-\frac{x}{2}y+\frac{x^2}{16}\right)-x^2+\frac{1}{2}x^2}$

$$= \frac{\boxed{(エ)}}{\pi}\int_{-\infty}^{\infty} e^{-\frac{1}{2}x^2}\cdot e^{-8\left(y-\frac{x}{4}\right)^2}\,dy$$

（$e^{-\frac{1}{2}x^2}$：定数扱い，$\frac{x}{4}$：定数扱い）

$$= \frac{\boxed{(エ)}}{\pi}\, e^{-\frac{x^2}{2}}\int_{-\infty}^{\infty} e^{-8\left(y-\frac{x}{4}\right)^2}\,dy$$

$\int_{-\infty}^{\infty} e^{-8\left(y-\frac{x}{4}\right)^2}\,dy = \sqrt{\dfrac{\pi}{8}} = \dfrac{\sqrt{\pi}}{2\sqrt{2}}$

公式：$\int_{-\infty}^{\infty} e^{-a(x-b)^2}\,dx = \sqrt{\dfrac{\pi}{a}}$

$$= \frac{\boxed{(エ)}}{\pi}\,\frac{\sqrt{\pi}}{2\sqrt{2}}\, e^{-\frac{x^2}{2}} = \frac{1}{\sqrt{\boxed{(オ)}}}\, e^{-\frac{x^2}{2}}$$ ……………………(答)

(ⅱ) Y の周辺確率密度関数 $f_Y(y)$ を求めると，

$$f_Y(y) = \int_{-\infty}^{\infty} f_{XY}(x, y)\,dx = \frac{\boxed{(エ)}}{\pi}\int_{-\infty}^{\infty} e^{-(x-2y)^2}\cdot e^{-4y^2}\,dx$$

（$2y$：定数扱い，e^{-4y^2}：定数扱い）

$$= \frac{\boxed{(エ)}}{\pi}\, e^{-4y^2}\int_{-\infty}^{\infty} e^{-1\cdot(x-2y)^2}\,dx$$

$\int_{-\infty}^{\infty} e^{-1\cdot(x-2y)^2}\,dx = \sqrt{\dfrac{\pi}{1}}$

$$= \frac{2}{\sqrt{\boxed{(カ)}}}\, e^{-4y^2}$$ ……………………(答)

解答　(ア) ν　(イ) 1　(ウ) $\dfrac{1}{2}$　(エ) 2　(オ) 2π　(カ) π

演習問題 44　●2変数の和の確率密度(Ⅰ)●

連続型の2つの確率変数X, Yの同時確率密度を$f_{XY}(x, y)$とおく。
ここで, $X+Y=T$, $Y=U$によって, XとYを新たな確率変数T, Uに変換することにする。このとき, 次の各問いに答えよ。

(1) T, Uの同時確率密度$f_{TU}(t, u)$は,

$f_{TU}(t, u)=f_{XY}(t-u, u)$　で与えられることを示せ。

(2) $T=X+Y$の周辺確率密度関数$f_T(t)$は,

$f_T(t)=\int_{-\infty}^{\infty} f_{XY}(t-u, u)\,du$　となることを示せ。

(3) 特にXとYが独立のとき, $T=X+Y$の周辺確率密度関数$f_T(t)$は

$f_T(t)=\int_{-\infty}^{\infty} f_X(t-u)\cdot f_Y(u)\,du$　と表せることを示せ。

ヒント! (1) 変数変換したとしても, 確率は変わらないことから, $f_{TU}(t, u)\,dtdu=f_{XY}(x, y)\,dxdy$ となる。(2) (1) の結果を使う。
(3) X と Y が独立の条件 $f_{XY}(x, y)=f_X(x)\cdot f_Y(y)$ を用いる。

解答&解説

(1) $T=X+Y$, $U=Y$ と変数変換したとき, 新たな確率変数 T, U の同時確率密度 $f_{TU}(t, u)$ を求める。

x, y が, $x \to x+\Delta x$, $y \to y+\Delta y$ と変化したとき,
t, u が, $t \to t+\Delta t$, $u \to u+\Delta u$ と変化したとする。
この変化において, 確率は変化しないので,

$$\int_t^{t+\Delta t}\int_u^{u+\Delta u} f_{TU}(t, u)\,dtdu=\int_x^{x+\Delta x}\int_y^{y+\Delta y} f_{XY}(x, y)\,dxdy$$ となる。

これより, $\Delta x \to 0$, $\Delta y \to 0$, $\Delta t \to 0$, $\Delta u \to 0$ の極限を考えると,

$f_{TU}(t, u)\,dtdu=f_{XY}(x, y)\,dxdy$ ……① となる。

ここで, $dxdy$ と $dtdu$ の間には次の関係がある。

$$dxdy=|J|\,dtdu \quad \left(\text{ただし, ヤコビアン } J=\begin{vmatrix} \frac{\partial x}{\partial t} & \frac{\partial x}{\partial u} \\ \frac{\partial y}{\partial t} & \frac{\partial y}{\partial u} \end{vmatrix}\right)$$

$x=t-u$, $y=u$ より, ヤコビアン J は,

$$J = \begin{vmatrix} \frac{\partial x}{\partial t} & \frac{\partial x}{\partial u} \\ \frac{\partial y}{\partial t} & \frac{\partial y}{\partial u} \end{vmatrix} = \begin{vmatrix} 1 & -1 \\ 0 & 1 \end{vmatrix} = 1 \times 1 - (-1) \times 0 = 1$$

$\therefore dxdy = |J|dtdu$ より，$dxdy = dtdu$ ……② ①と②を比較して，

（$|J| = |1| = 1$）

$f_{TU}(t, u) = f_{XY}(x, y)$ ……③ となる。（$x = t-u$，$y = u$）

$x = t - u$, $y = u$ を③の右辺に代入して，T, U の同時確率密度 $f_{TU}(t, u)$ は，

$f_{TU}(t, u) = f_{XY}(t - u, u)$ ……④ となる。……………………………(終)

(2) $T = X + Y$ の周辺確率密度関数 $f_T(t)$ は，

$$f_T(t) = \int_{-\infty}^{\infty} f_{TU}(t, u)du = \int_{-\infty}^{\infty} f_{XY}(t - u, u)du \quad (④より)$$

$$\therefore \ f_T(t) = \int_{-\infty}^{\infty} f_{XY}(t - u, u)du \ \cdots\cdots ⑤$$ となる。……………………(終)

(3) さらに，X と Y が独立のとき，

$f_{XY}(x, y) = f_X(x) \cdot f_Y(y)$

これに，$x = t - u$，$y = u$ を代入して，

$f_{XY}(t - u, u) = f_X(t - u) \cdot f_Y(u)$ ……⑥

⑥を⑤に代入して，求める $T = X + Y$ の周辺確率密度関数 $f_T(t)$ は，

$$f_T(t) = \int_{-\infty}^{\infty} f_X(t - u) \cdot f_Y(u)du$$ となる。

………(終)

積分変数を u から y に置き換えて，X と Y が独立であるときの $T = X + Y$ の周辺確率密度 $f_T(t)$ は，

$$f_T(t) = \int_{-\infty}^{\infty} f_X(t - y) \cdot f_Y(y)dy$$

とも表せる。この右辺を**たたみ込み積分**，または**コンボリューション積分**，または**合成積**と呼ぶ。

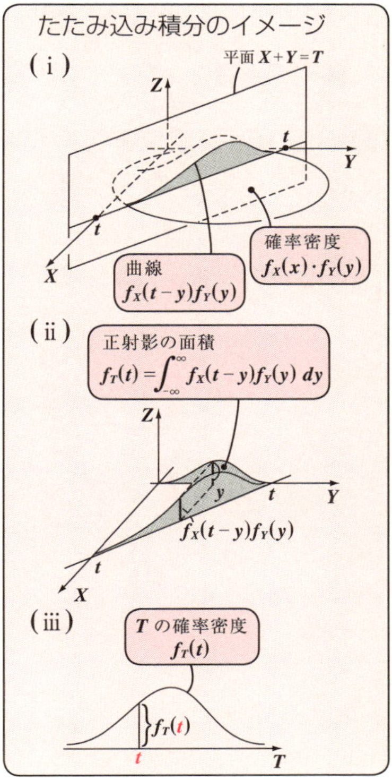

演習問題 45	● 2 変数の和の確率密度 (Ⅱ) ●

連続型の 2 つの確率変数 X, Y が, 同時確率密度

$f_{XY}(x,\ y) = ae^{-b(x^2+y^2)}$ 　　(a, b : 正の定数)

で与えられる同時確率分布に従うものとする。このとき, 次の問いに答えよ。

(1) a を b で表せ。

(2) X と Y が独立であることを確かめよ。

(3) $b = \frac{1}{2}$ のとき, $T = X + Y$ の周辺確率密度関数 $f_T(t)$ を求めよ。

ヒント！ (1) X の周辺確率密度関数 $f_X(x)$ の $-\infty$ から ∞ までの積分が 1 (全確率) であることを利用する。(2) X と Y の独立の条件 $f_{XY}(x,\ y) = f_X(x) \cdot f_Y(y)$ をみたすことを示す。(3) $T = X + Y$ のとき, T の周辺確率密度関数 $f_T(t)$ は, $f_T(t) = \int_{-\infty}^{\infty} f_{XY}(t-u,\ u)\, du$ となる。今回は X と Y が独立より, $f_T(t) = \int_{-\infty}^{\infty} f_X(t-u) \cdot f_Y(u)\, du$ のたたみ込み積分の公式も使える。

解答＆解説

(1) X, Y の同時確率密度を変形して,

$$f_{XY}(x,\ y) = ae^{-bx^2} \cdot e^{-by^2}$$

よって, X の周辺確率密度関数 $f_X(x)$ は,

$$f_X(x) = \int_{-\infty}^{\infty} f_{XY}(x,\ y)\, dy$$

$$= \int_{-\infty}^{\infty} \underline{ae^{-bx^2}} \cdot e^{-by^2}\, dy$$

定数扱い

$$= ae^{-bx^2} \int_{-\infty}^{\infty} e^{-by^2}\, dy$$

$$= ae^{-bx^2} \cdot \sqrt{\frac{\pi}{b}}$$

$$= a \cdot \sqrt{\frac{\pi}{b}} \cdot e^{-bx^2} \quad \cdots\cdots①$$

ガウス積分

$\int_{-\infty}^{\infty} e^{-ax^2} dx = \sqrt{\frac{\pi}{a}}$ 　(P67)

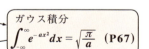

$$\therefore \int_{-\infty}^{\infty} f_X(x)dx = \int_{-\infty}^{\infty} \underline{a\sqrt{\frac{\pi}{b}}}\ e^{-bx^2}dx$$

（定数）

$$= a\sqrt{\frac{\pi}{b}}\int_{-\infty}^{\infty} e^{-bx^2}dx = a\sqrt{\frac{\pi}{b}}\cdot\sqrt{\frac{\pi}{b}}$$

（ガウス積分 $\int_{-\infty}^{\infty} e^{-ax^2}dx = \sqrt{\frac{\pi}{a}}$）

$$= \frac{a}{b}\pi = 1$$

（$\int_{-\infty}^{\infty} f_X(x)dx = 1$（全確率）より）

$\therefore a = \frac{b}{\pi}$ ……② となる。 ……………………………………………(答)

(2) Y の周辺確率密度関数 $f_Y(y)$ は，

$$f_Y(y) = \int_{-\infty}^{\infty} f_{XY}(x, y)dx = \int_{-\infty}^{\infty} \underline{ae^{-by^2}}\cdot e^{-bx^2}dx$$

（定数扱い）

$$= ae^{-by^2}\int_{-\infty}^{\infty} e^{-bx^2}dx = ae^{-by^2}\cdot\sqrt{\frac{\pi}{b}}$$

（$\sqrt{\frac{\pi}{b}}$（ガウス積分））

$$= a\cdot\sqrt{\frac{\pi}{b}}\cdot e^{-by^2} \quad \cdots\cdots ③$$

①と③より，

$$f_X(x)\cdot f_Y(y) = a\sqrt{\frac{\pi}{b}}\cdot e^{-bx^2}\cdot a\sqrt{\frac{\pi}{b}}\cdot e^{-by^2}$$

（$\frac{1}{a}$（②より））

$$= a^2\cdot\frac{\pi}{b}e^{-b(x^2+y^2)} = a^2\cdot\frac{1}{a}e^{-b(x^2+y^2)} \quad (\because ②より)$$

$$= a\,e^{-b(x^2+y^2)} = f_{XY}(x, y)$$

$\therefore f_{XY}(x, y) = f_X(x)\cdot f_Y(y)$ が成り立つので，X と Y は独立である。……(終)

(3) $b = \frac{1}{2}$ のとき，②より，$a = \frac{b}{\pi} = \frac{1}{2\pi}$

$$\therefore f_{XY}(x, y) = a\,e^{-b(x^2+y^2)} = \frac{1}{2\pi}e^{-\frac{x^2+y^2}{2}}$$

X の周辺確率密度関数 $f_X(x)$ は，①から

$$f_X(x) = a\sqrt{\frac{\pi}{b}}e^{-bx^2} = \frac{1}{2\pi}\cdot\sqrt{2\pi}\,e^{-\frac{1}{2}x^2}$$

$$= \frac{1}{\sqrt{2\pi}}e^{-\frac{1}{2}x^2} \quad \cdots\cdots ①'$$

Y の周辺確率密度関数 $f_Y(y)$ は，③から

$$f_Y(y) = a\sqrt{\frac{\pi}{b}}e^{-by^2} = \frac{1}{\sqrt{2\pi}}e^{-\frac{1}{2}y^2} \quad \cdots\cdots ③'$$

- $a = \frac{1}{2\pi}$, $b = \frac{1}{2}$
- $f_Y(y) = a\sqrt{\frac{\pi}{b}}e^{-by^2}$ ……③
- $f_X(x) = \frac{1}{\sqrt{2\pi}}e^{-\frac{1}{2}x^2}$ ……①′

ここで $X+Y=T$，$Y=U$ と変数変換すると，X と Y が独立より，$T=X+Y$ の周辺確率密度関数 $f_T(t)$ は，

$$f_T(t) = \int_{-\infty}^{\infty} f_X(t-u)\cdot f_Y(u)du$$ となる。 ← 演習問題 44(P72)

よって，①′，③′より，

$$f_T(t) = \int_{-\infty}^{\infty} \frac{1}{\sqrt{2\pi}}e^{-\frac{1}{2}(t-u)^2}\cdot\frac{1}{\sqrt{2\pi}}e^{-\frac{1}{2}u^2}du$$

$$= \frac{1}{2\pi}\int_{-\infty}^{\infty} e^{-\frac{1}{2}\{(t-u)^2+u^2\}}du = \frac{1}{2\pi}\int_{-\infty}^{\infty} e^{-\frac{1}{2}(2u^2-2tu+t^2)}du$$

$$= \frac{1}{2\pi}\int_{-\infty}^{\infty} e^{-\left(u^2-tu+\frac{1}{2}t^2\right)}du = \frac{1}{2\pi}\int_{-\infty}^{\infty} e^{-\left\{\left(u^2-tu+\frac{1}{4}t^2\right)-\frac{1}{4}t^2+\frac{1}{2}t^2\right\}}du$$

$$= \frac{1}{2\pi}\int_{-\infty}^{\infty} e^{-\left(u-\frac{1}{2}t\right)^2-\frac{1}{4}t^2}du = \frac{1}{2\pi}e^{-\frac{1}{4}t^2}\int_{-\infty}^{\infty} e^{-\left(u-\frac{1}{2}t\right)^2}du \quad \cdots\cdots ④$$

I とおく

ここで，$I = \int_{-\infty}^{\infty} e^{-\left(u-\frac{1}{2}t\right)^2}du$ とおく。

$u - \frac{1}{2}t = v$ とおくと，$du = dv$

$u: -\infty \to \infty$ のとき，$v: -\infty \to \infty$

$$\therefore I = \int_{-\infty}^{\infty} e^{-v^2}dv = \sqrt{\pi} \quad \cdots\cdots ⑤$$ となる。

公式：$\int_{-\infty}^{\infty} e^{-a(x-b)^2}dx = \sqrt{\frac{\pi}{a}}$ から，$I = \sqrt{\frac{\pi}{1}} = \sqrt{\pi}$ と求めてもいい。

⑤を④に代入して，求める $T=X+Y$ の周辺確率密度関数 $f_T(t)$ は，

$$f_T(t) = \frac{1}{2\pi}e^{-\frac{1}{4}t^2}\cdot\sqrt{\pi} = \frac{1}{2\sqrt{\pi}}e^{-\frac{1}{4}t^2}$$ となる。……………………………(答)

一般に，$T=X+Y$ の周辺確率密度関数 $f_T(t)$ は，X と Y が独立か否かによらず，

$f_T(t) = \int_{-\infty}^{\infty} f_{XY}(t-u,\ u)du$ …(a) となる。(演習問題 44(P72))

本問では $f_{XY}(x,\ y) = \frac{1}{2\pi}e^{-\frac{1}{2}(x^2+y^2)}$ より，(a)を使うと，

$f_T(t) = \int_{-\infty}^{\infty} \frac{1}{2\pi}e^{-\frac{1}{2}\{(t-u)^2+u^2\}}du$ となって，同様に，$f_T(t) = \frac{1}{2\sqrt{\pi}}e^{-\frac{1}{4}t^2}$ を得る。

演習問題 46　● 2 変数の和の確率密度 (Ⅲ) ●

連続型の 2 つの確率変数 X，Y が，同時確率密度

$f_{XY}(x, y) = ae^{-bx-cy}$　$(x \geqq 0,\ y \geqq 0)$ （a，b，c：正の定数）

で与えられる同時確率分布に従うものとする。このとき，次の問いに答えよ。

(1) a を b と c で表せ。

(2) X と Y が独立であることを確かめよ。

(3) $b = c = 1$ のとき，$T = X + Y$ の周辺確率密度関数 $f_T(t)$ を求めよ。

ヒント！ (1) X の周辺確率密度関数 $f_X(x)$ に対して，$\int_0^{\infty} f_X(x)\,dx = 1$ を用いる。(2) $f_{XY}(x, y) = f_X(x)\cdot f_Y(y)$ が成り立つことを示す。(3) $T = X + Y$ の周辺確率密度 $f_T(t) = \int_0^t f_{XY}(t-u, u)du$ を使う。X と Y が独立より，$f_T(t) = \int_0^t f_X(t-u)\cdot f_Y(u)\,du$ を用いてもよい。

解答＆解説

(1) X，Y の同時確率密度を変形して，

$$f_{XY}(x, y) = ae^{-bx}\cdot e^{-cy} \quad (x \geqq 0,\ y \geqq 0)$$

よって，X の周辺確率密度関数 $f_X(x)$ は，

$$f_X(x) = \int_0^{\infty} f_{XY}(x, y)dy = \int_0^{\infty} \underline{ae^{-bx}}\cdot e^{-cy}\,dy$$

（定数扱い）

$$= ae^{-bx}\int_0^{\infty} e^{-cy}dy = \lim_{p\to\infty} ae^{-bx}\left[-\frac{1}{c}e^{-cy}\right]_0^p$$

（$\because c > 0$，$e^{-cp} \to 0$）

$$= \lim_{p\to\infty} ae^{-bx}\left(-\frac{1}{c}e^{-cp} + \frac{1}{c}\right) = \frac{a}{c}e^{-bx} \quad \cdots\cdots① \quad (x \geqq 0)$$

$$\therefore \int_0^{\infty} f_X(x)dx = \int_0^{\infty}\frac{a}{c}e^{-bx}dx = \frac{a}{c}\int_0^{\infty} e^{-bx}dx$$

（$\because b > 0$，$e^{-bp} \to 0$）

$$= \lim_{p\to\infty}\frac{a}{c}\left[-\frac{1}{b}e^{-bx}\right]_0^p = \lim_{p\to\infty}\frac{a}{c}\left(-\frac{1}{b}e^{-bp} + \frac{1}{b}\right)$$

＝ (ア)

$\therefore a = bc$ ……②　となる。……………………………………………(答)

(2) Y の周辺確率密度関数 $f_Y(y)$ は，同様に

$f_X(x)=\frac{a}{c}e^{-bx}$ ……①

$$f_Y(y)=\int_0^\infty f_{XY}(x,\ y)dx=\int_0^\infty ae^{-bx}\cdot e^{-cy}dx$$

定数扱い

$$=ae^{-cy}\int_0^\infty e^{-bx}dx=\boxed{(イ)\qquad\qquad}$$

$$=\lim_{p\to\infty}ae^{-cy}\left(-\frac{1}{b}e^{-bp}+\frac{1}{b}\right)=\frac{a}{b}e^{-cy}\ \cdots\cdots③\quad(y\geqq 0)$$

①と③より，

$$f_X(x)\cdot f_Y(y)=\frac{a}{c}e^{-bx}\cdot\frac{a}{b}e^{-cy}=\frac{a^2}{bc}e^{-bx-cy}=ae^{-bx-cy}=f_{XY}(x,\ y)$$

bc ＝ a（②より），ae^{-bx-cy} ＝ $f_{XY}(x,\ y)$

∴ (ウ) ［　　　　］が成り立つので，X と Y は独立である。…(終)

(3) $b=c=1$ のとき，②より，$a=1$

$f_{XY}(x,\ y)=ae^{-bx-cy}$ $(x\geqq 0,\ y\geqq 0)$

$$\therefore f_{XY}(x,\ y)=e^{-x-y}\qquad(x\geqq 0,\ y\geqq 0)$$

ここで，(エ) ［　　　　］と変数変換すると，

$x\geqq 0$ より，$x=t-y=t-u\geqq 0$　　∴ $u\leqq t$ ……④

また，$y\geqq 0$ より，$u\geqq 0$ ……⑤

④，⑤より，$0\leqq u\leqq t$ となる。

$T=X+Y$ の周辺確率密度関数 $f_T(t)$ は，

$$f_T(t)=\int_0^t f_{XY}(t-u,\ u)du=\int_0^t e^{-(t-u)-u}du$$

$$=\int_0^t e^{-t}du=e^{-t}\int_0^t du=e^{-t}[u]_0^t$$

$=te^{-t}$ $(t\geqq 0)$ となる。 ……………………………………………(答)

X と Y が独立より，$f_T(t)=\int_0^t f_X(t-u)\cdot f_Y(u)du$ となる。$(t\geqq 0)$
$a=b=c=1$ を，$f_X(x)=\frac{a}{c}e^{-bx}$…①と $f_Y(y)=\frac{a}{b}e^{-cy}$…③に代入して，
$f_X(x)=e^{-x}$，$f_Y(y)=e^{-y}$ となる。
∴ $f_T(t)=\int_0^t f_X(t-u)\cdot f_Y(u)du=\int_0^t e^{-(t-u)}\cdot e^{-u}du=e^{-t}\int_0^t du=te^{-t}$ を得る。

解答　(ア) $\frac{a}{bc}=1$　(イ) $\lim_{p\to\infty}ae^{-cy}\left[-\frac{1}{b}e^{-bx}\right]_0^p$　(ウ) $f_{XY}(x,\ y)=f_X(x)\cdot f_Y(y)$
(エ) $X+Y=T,\ Y=U$

演習問題 47 ● 期待値と分散の性質（Ⅱ）●

連続型2変数 X, Y の同時確率密度 $f_{XY}(x, y)$ について，X と Y の関数 $g(X, Y)$ の期待値 $E[g(X, Y)]$ を，$E[g(X, Y)] = \int_{-\infty}^{\infty}\int_{-\infty}^{\infty} g(x, y)f_{XY}(x, y)dxdy$ で定義する。このとき，次式を証明せよ。（a, b, c は定数とする。）

（ⅰ）$E[aX + bY + c] = aE[X] + bE[Y] + c$

（ⅱ）$V[aX + bY + c] = a^2V[X] + 2abC[X, Y] + b^2V[Y]$

ヒント！ (1) $aX+bY+c$ の期待値の定義に従って導く。(2) $Z=aX+bY+c$ とおき，μ_Z を Z の期待値とすると，分散 $V[Z] = E[(Z-\mu_Z)^2]$ になる。

解答＆解説

(1) $aX + bY + c$ の期待値を求める。

$$E[aX + bY + c] = \int_{-\infty}^{\infty}\int_{-\infty}^{\infty} (\underset{\text{定数}}{a}x + \underset{\text{定数}}{b}y + c)\boxed{(ア)\qquad} dxdy$$

$$= a\int_{-\infty}^{\infty}\int_{-\infty}^{\infty} xf_{XY}(x, y)\,dxdy + b\int_{-\infty}^{\infty}\int_{-\infty}^{\infty} yf_{XY}(x, y)\,dxdy + c\underbrace{\int_{-\infty}^{\infty}\int_{-\infty}^{\infty} f_{XY}(x, y)\,dxdy}_{1}$$

$$= a\int_{-\infty}^{\infty} x\boxed{(イ)\qquad}dx + b\int_{-\infty}^{\infty} y\boxed{(ウ)\qquad}dy + c$$

$$= a\int_{-\infty}^{\infty} xf_X(x)dx + b\int_{-\infty}^{\infty} yf_Y(y)dy + c = aE[X] + bE[Y] + c$$ となる。…(終)

(2) $aX + bY + c$ の分散を求める。$\mu_X = E[X]$，$\mu_Y = E[Y]$ とおくと，

$$V[aX + bY + c] = E[\{(aX + bY + c) - (\boxed{(エ)\qquad})\}^2]$$

$$= E[\{a(X-\mu_X) + b(Y-\mu_Y)\}^2]$$

$$= E[a^2(X-\mu_X)^2 + 2ab(X-\mu_X)(Y-\mu_Y) + b^2(Y-\mu_Y)^2]$$

$$= a^2E[(X-\mu_X)^2] + 2ab\boxed{(オ)\qquad} + b^2E[(Y-\mu_Y)^2]$$

$$= a^2V[X] + 2abC[X, Y] + b^2V[Y]$$ となる。……(終)

さらに，X と Y が独立のとき，$\sigma_{XY} = C[X, Y] = 0$ より，$V[aX + bY + c] = a^2V[X] + b^2V[Y]$ となる。

解答 (ア) $f_{XY}(x, y)$　(イ) $\left(\int_{-\infty}^{\infty} f_{XY}(x, y)dy\right)$　(ウ) $\left(\int_{-\infty}^{\infty} f_{XY}(x, y)dx\right)$

(エ) $a\mu_X + b\mu_Y + c$　(オ) $E[(X-\mu_X)(Y-\mu_Y)]$

講義 4 確率編 ポアソン分布と正規分布

§1. ポアソン分布（離散型）

　ある試行を 1 回行って，ある事象 A の起こる確率を p，起こらない確率を $q(=1-p)$ とおくと，この試行を n 回行って，そのうち x 回だけ事象 A の起こる確率は，${}_nC_x p^x q^{n-x}$ となる。そして，確率変数 X を $X=x$ $(x=0,1,2,\cdots,n)$ とおくことによって，二項分布の確率関数 $P_B(x)$ が，

$$P_B(x) = {}_nC_x \cdot p^x \cdot q^{n-x} \quad (x=0,1,\cdots,n) \text{ と定義された。}$$

この二項分布の期待値 μ と分散 σ^2 は，

$$\mu = E_B[X] = np,\ \sigma^2 = E_B[X^2] - \mu^2 = npq \quad \text{と求められた。}$$

そして，この二項分布 $B(n,p):P_B(x)$ に対して，

期待値 $\underbrace{\mu}_{\text{一定}} = \underbrace{n}_{\infty}\ \underbrace{p}_{0}$ を一定に保って，$n \to \infty,\ p \to 0$ としていくと，

ポアソン分布 $P_P(x) = e^{-\mu} \cdot \dfrac{\mu^x}{x!}\quad (x=0,1,\cdots)$（$\mu$：定数）になる。

（この μ が，ポアソン分布の期待値でもあり，分散にもなる。）

これは，$p \to 0$ だから，事象 A が稀にしか起こらない確率分布を表す。そして，ポアソン分布 $P_P(x) = e^{-\mu} \cdot \dfrac{\mu^x}{x!}$ は，定数 μ が与えられれば分布の形が決まるので，$P_o(\mu)$ とも表す。

　ポアソン分布のモーメント母関数 $M_P(\theta)$ は，

$$M_P(\theta) = e^{-\mu} \cdot e^{\mu e^{\theta}} \quad \text{となる。}$$

二項分布のモーメント母関数 $M_B(\theta) = E[e^{\theta X}] = \sum_{x=0}^{n} e^{\theta x} \cdot \underbrace{{}_nC_x p^x q^{n-x}}_{P_B(x)}$

$= \sum_{x=0}^{n} {}_nC_x (pe^{\theta})^x q^{n-x} = (pe^{\theta} + q)^n$ において，$\mu = np$ を一定に保って，$n \to \infty,\ p \to 0$ としていくとポアソン分布のモーメント母関数

$$M_P(\theta) = e^{-\mu} \cdot e^{\mu e^{\theta}} = \sum_{x=0}^{n} e^{\theta x} \cdot \underbrace{e^{-\mu} \cdot \dfrac{\mu^x}{x!}}_{P_P(x)}$$

が導かれる。（演習問題 50(P88)）

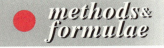

ポアソン分布 $P_o(\mu)$：$P_P(x) = e^{-\mu} \cdot \dfrac{\mu^x}{x!}$ の期待値 $E_P[X]$，及び分散 $V_P[X]$ は，

$$E_P[X] = \mu$$

$$V_P[X] = E_P[X^2] - E_P[X]^2 = \mu$$

となる。（演習問題 **51**(**P89**)）

以上を，下にまとめて示す。

二項分布 $B(n, p)$（離散型）

・確率関数

$$P_B(x) = {}_n\mathrm{C}_x\, p^x q^{n-x} \quad (x = 0, 1, 2, \cdots, n)$$

・モーメント母関数

$$M_B(\theta) = (pe^\theta + q)^n$$

・期待値と分散

$$E_B[X] = np\ (= \mu)$$

$$V_B[X] = npq$$

$\mu = np$（一定）　$n \to \infty$　$p \to 0$　→

ポアソン分布 $P_o(\mu)$（離散型）

・確率関数

$$P_P(x) = e^{-\mu} \cdot \frac{\mu^x}{x!} \quad (x = 0, 1, 2, \cdots)$$

・モーメント母関数

$$M_P(\theta) = e^{-\mu} \cdot e^{\mu e^\theta}$$

・期待値と分散

$$E_P[X] = \mu$$

$$V_P[X] = \mu$$

§2. 正規分布（連続型）

二項分布 $B(n, p)$ において，例えば $p = \dfrac{1}{3}$ と固定してから，$n = 5, 10, 50, 100$ と変化させたときのグラフを，図 **1** に示す。

図 **1**　二項分布 $B(n, p)$

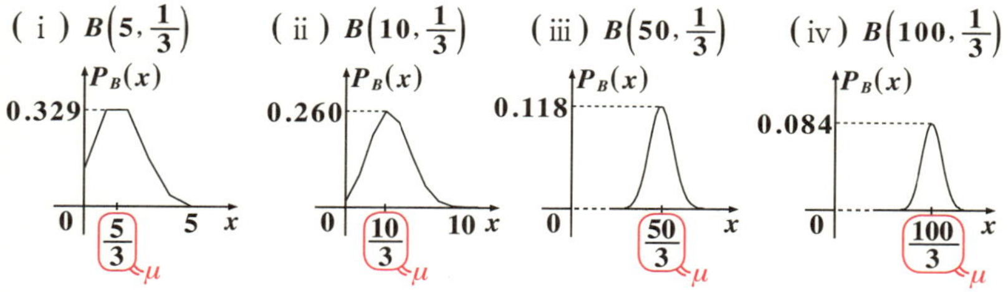

（$x = 0, 1, 2, \cdots\cdots$ に対応する各点を実線で結んだもの）

図 **1** から，n を $50, 100$ と大きくしていくにつれて，キレイなすり鉢型の確率分布に近づいていくのが分かる。ここで，n を $100, 1000, 10000$ などと十分大きくしていく場合，それを $n \gg 1$ で表す。図 **1** の（iii），（iv）から分かるように，$n \gg 1$ のとき，$\mu = np$ の付近に分布が集中していること，

すなわち $n>>1$ とすると，対象となる x も $x>>1$ となる。

二項分布 $B(n,\ p)$：${}_n\mathrm{C}_x\,p^xq^{n-x}\ (x=0,\ 1,\ 2,\cdots,\ n)$ は，離散型の確率分布であるが，p 一定で，$n>>1$ のとき，x を連続型の確率変数と考えられるようになり，確率密度が

$$f_N(x)=\frac{1}{\sqrt{2\pi}\sigma}e^{-\frac{(x-\mu)^2}{2\sigma^2}}\quad(\mu=np,\ \sigma^2=npq)$$

の**正規分布** $N(\mu,\ \sigma^2)$ と呼ばれる，連続型の確率分布で近似できるようになる。(演習問題 **53(P91)**)　$f_N(x)$ は，確率密度であるための必要条件：$\int_{-\infty}^{\infty}f_N(x)dx=1$ (全確率) をみたす。(演習問題 **54(P94)**)

正規分布 $N(\mu,\ \sigma^2)$：$f_N(x)$ のモーメント母関数 $M_N(\theta)$ を求めると，

$$M_N(\theta)=E[e^{\theta X}]=\int_{-\infty}^{\infty}e^{\theta x}\cdot\underbrace{\frac{1}{\sqrt{2\pi}\sigma}e^{-\frac{(x-\mu)^2}{2\sigma^2}}}_{f_N(x)}dx$$

$$=\frac{1}{\sqrt{2\pi}\sigma}\int_{-\infty}^{\infty}e^{-\frac{(x-\mu)^2}{2\sigma^2}+\theta x}dx$$

$$=\frac{1}{\sqrt{2\pi}\sigma}\int_{-\infty}^{\infty}e^{-\frac{(x-\mu')^2}{2\sigma^2}+\mu\theta+\frac{\sigma^2}{2}\theta^2}dx\quad(\text{ただし，}\mu'=\mu+\sigma^2\theta)$$

$$=e^{\mu\theta+\frac{\sigma^2}{2}\theta^2}\underbrace{\int_{-\infty}^{\infty}\frac{1}{\sqrt{2\pi}\sigma}e^{-\frac{(x-\mu')^2}{2\sigma^2}}dx}_{=1(\text{全確率})}$$

1(全確率) ← P94

正規分布 $N(\mu',\ \sigma^2)$ の確率密度のこと

$\therefore\ M_N(\theta)=e^{\mu\theta+\frac{\sigma^2}{2}\theta^2}$　となる。

ここで，確率変数 X_1，X_2 のモーメント母関数をそれぞれ $M_1(\theta)$，$M_2(\theta)$ とし，X_1，X_2 の確率関数 (または確率密度) をそれぞれ $f_{x_1}(x)$，$f_{x_2}(x)$ とおくと，$M_1(\theta)$ と $M_2(\theta)$ が一致するとき，$f_{X_1}(x)$ と $f_{X_2}(x)$ も一致する。すなわち，

$M_1(\theta)=M_2(\theta)\Leftrightarrow f_{X_1}(x)=f_{X_2}(x)$ が成り立つ。(演習問題 **59(P102)**)

これを基本事項として，まとめて次に示す。

確率密度
確率関数　←1 対 1 対応→　モーメント母関数

以上，二項分布と正規分布の関係をまとめて下に示す。

二項分布 $B(n, p)$(離散型)		正規分布 $N(\mu, \sigma^2)$(連続型)
・確率関数 $P_B(x) = {}_n\mathrm{C}_x p^x q^{n-x}$ $(x = 0, 1, 2, \cdots, n)$	$\xrightarrow[\substack{n>>1 \\ x>>1}]{p(\text{一定})}$	・確率密度 $f_N(x) = \frac{1}{\sqrt{2\pi}\sigma} e^{-\frac{(x-\mu)^2}{2\sigma^2}}$ (x：連続型変数)
・モーメント母関数 $M_B(\theta) = (pe^\theta + q)^n$		・モーメント母関数 $M_N(\theta) = e^{\mu\theta + \frac{\sigma^2}{2}\theta^2}$
・期待値と分散 $E_B[X] = np\ [= \mu]$ $V_B[X] = npq$		・期待値と分散 $E_N[X] = \mu$ $V_N[X] = \sigma^2$

平均 μ，分散 σ^2 の任意の確率分布に従う連続型の確率変数 X に対して，新たに確率変数 Z を $Z = \frac{X-\mu}{\sigma}$ で定義すると，Z は平均 $E[Z] = 0$，分散 $V[Z] = 1$ の確率分布に従う。この $Z = \frac{X-\mu}{\sigma}$ の変数変換を**標準化**という。(演習問題 **55(P96)**)

正規分布 $N(\mu, \sigma^2)$：$f_N(x) = \frac{1}{\sqrt{2\pi}\sigma} e^{-\frac{(x-\mu)^2}{2\sigma^2}}$ に従う確率変数 X に対して，$Z = \frac{x-\mu}{\sigma}$ と変数を標準化したとき，この Z が従う分布を**標準正規分布**と呼び，$N(0, 1)$ と表す。

$N(0, 1)$ の確率密度 $f_S(z)$ は，

$f_S(z) = \frac{1}{\sqrt{2\pi}} e^{-\frac{z^2}{2}}$ となり，$N(0, 1)$ の平均は $E_S[Z] = 0$，分散は $V_S[Z] = 1$ となる。(演習問題 **56(P98)**)

正規分布 $N(\mu, \sigma^2)$ のモーメント母関数は，$M_N(\theta) = e^{\mu\theta + \frac{\sigma^2}{2}\theta^2}$ より，

標準正規分布 $N(0, 1)$ のモーメント母関数は，$M_S(\theta) = e^{\frac{\theta^2}{2}}$ となる。

§3. 中心極限定理

ある試行を 1 回行って事象 A の起こる確率を p とする。この試行を独立に n 回行い，そのうち事象 A が起こった回数を確率変数 X とおくと，X は二項分布 $B(n,\ p)$: $P_B(x) = {}_nC_x\, p^x q^{n-x}$ $(q = 1 - p)$ に従う。

ここで，1 回の試行で事象 A が起こるとき，これを成功と呼び，起こらないとき失敗と呼ぶものとすると，n 回の全試行における成功率は $\frac{x}{n}$ となる。この成功率 $\frac{x}{n}$ は，$n \to \infty$ としたとき，1 回の試行における成功確率 (事象 A が起こる確率) p に近づく。すなわち，$\lim_{n\to\infty}\frac{x}{n} = p$ となる。これが，二項分布における**大数の法則**である。(演習問題 **62(P108)**)

一般化された**大数の法則**を次に示す。

大数の法則

n 個の互いに独立な確率変数 $X_1,\ X_2,\ \cdots\cdots,\ X_n$ が平均 μ，分散 σ^2 の同一の確率分布に従うとき，その相加平均を

$\overline{X} = \dfrac{X_1 + X_2 + \ \cdots\cdots\ + X_n}{n}$ とおく。

このとき，$\lim_{n\to\infty}\overline{x} = \mu$ が成り立つ。 (演習問題 **63(P110)**)

上に述べた二項分布における大数の法則は，この一般化された大数の法則において，n 個の互いに独立な確率変数 $X_i\ (i = 1, 2, \cdots, n)$ を，

$$X_i = \begin{cases} 1 & (i \text{ 回目の試行で成功のとき}) \\ 0 & (i \text{ 回目の試行で失敗のとき}) \end{cases}$$

← 事象 A が i 回目に起こった

← 事象 A が i 回目に起こらなかった

で定義した場合になっている。この場合，新たな確率変数 X を $X = X_1 + X_2 + \cdots + X_n$ で定義すると，X は，n 回の試行で，成功した (事象 A が起こった) 回数を表すので，$\frac{x}{n}$ は，一般化された大数の法則の $\overline{X} = \dfrac{X_1 + X_2 + \ \cdots\ + X_n}{n}$ に対応する。そして，X_i が従う分布 (これを**ベルヌーイ分布**という) はすべて同一で，その平均 μ は，$\mu = 1 \times p + 0 \times q = p$，分散 σ^2 は，$\sigma^2 = E[X_i^2] - \mu^2 = 1^2 \times p + 0^2 \times q - p^2 = p(1-p) = pq$ となる。

よって，一般化された大数の法則 $\lim_{n\to\infty}\overline{x} = \mu$ の $\overline{x}$ に $\frac{x}{n}$ を代入し，μ に p

を代入することにより，二項分布における大数の法則 $\lim_{n\to\infty}\frac{x}{n}=p$ が導かれる。(演習問題 **63(P110)**)(成功と失敗に分類される **2** つの起こり得る結果をもつ試行を**ベルヌーイ試行**と呼ぶ。) 次に，**中心極限定理**を示す。

中心極限定理

互いに独立な確率変数 $X_1, X_2, \cdots\cdots, X_n$ が平均 μ，分散 σ^2 の同一の確率分布に従うとき，$\overline{X}=\frac{X_1+X_2+\cdots\cdots+X_n}{n}$ とおく。このとき

さらに，確率変数 Z を $Z=\frac{\overline{X}-\mu}{\frac{\sigma}{\sqrt{n}}}$ で定義すると，Z は，$n\to\infty$ のとき，標準正規分布 $N(0, 1)$ に従う。(演習問題 **64(P112)**)

このZ $=\frac{\overline{X}-\mu}{\frac{\sigma}{\sqrt{n}}}$ は，$Z=\frac{n\overline{X}-n\mu}{\sqrt{n}\sigma}=\frac{X_1+X_2+\cdots+X_n-n\mu}{\sqrt{n}\sigma}$

と変形できる。よって，中心極限定理より，$Z=\frac{X_1+X_2+\cdots+X_n-n\mu}{\sqrt{n}\sigma}$ は，

$n\to\infty$ のとき標準正規分布 $N(0, 1)$ に従うので，任意の x に対して，

$$\lim_{n\to\infty}P\left(\frac{X_1+X_2+\cdots+X_n-n\mu}{\sqrt{n}\sigma}\leqq x\right)=\int_{-\infty}^{x}\frac{1}{\sqrt{2\pi}}e^{-\frac{z^2}{2}}dz \cdots\cdots(a)$$

$\frac{X_1+X_2+\cdots+X_n-n\mu}{\sqrt{n}\sigma}\leqq x$ となる確率のことで，確率変数 $Z=\frac{X_1+X_2+\cdots+X_n-n\mu}{\sqrt{n}\sigma}$ に対する分布関数 $F(x)$ のこと

が成り立つ。(a)は，「確率変数 $Z=\frac{X_1+X_2+\cdots+X_n-n\mu}{\sqrt{n}\sigma}$ の分布関数は，$n\to\infty$ のとき，標準正規分布 $N(0, 1)$ の分布関数((a)の右辺)に近づく」ことを示す。(a)を中心極限定理と呼ぶことがある。

ここで，n 回のベルヌーイ試行で得られる n 個の確率変数 $X_1, X_2, \cdots\cdots, X_n$ は，すべてベルヌーイ分布に従い，その平均が $\mu=p$，分散が $\sigma^2=pq$ であることから，この n 回のベルヌーイ試行に中心極限定理(a)を適用すると，(a)の左辺に $\mu=p$，$\sigma^2=pq$ を代入して，

$$\lim_{n\to\infty}P\left(\frac{X_1+X_2+\cdots+X_n-np}{\sqrt{npq}}\leqq x\right)=\int_{-\infty}^{x}\frac{1}{\sqrt{2\pi}}e^{-\frac{z^2}{2}}dz \cdots(a)'$$ を得る。

(演習問題 **64(P112)**，**65(P116)**，**66(P117)**)

演習問題 48 ● ポアソン分布と確率 (Ⅰ) ●

不良品率が **0.1**% である自動車の生産工程から **500** 台を取り出したとき，

(1) 不良品が入っていない確率を求めよ。

(2) 不良品が **3** 台以上入る確率を求めよ。

（ただし，確率は小数点第 **6** 位を四捨五入して答えよ。）

ヒント！ 不良品の台数を X とおくと，X は二項分布 $B(500,\ 0.001)$ に従う。総台数 $n = 500$ は大きく，不良品率 $p = 0.001$ は小さいので，X は近似的に期待値 $\mu = 500 \times 0.001 = 0.5$ のポアソン分布に従うと考えていい。

解答＆解説

総台数 $n = 500$，不良品率 $p = 0.001$ とおく。不良品の台数を確率変数 X とおくと，X は二項分布 $B(n,\ p)$ に従う。

ここで，n は大きく，p は小さい値より，この $B(n,\ p)$ は，平均

$\mu = np = 500 \times 0.001 = 0.5$　のポアソン分布 $P_o(0.5)$ に近似できる。

このポアソン分布の確率密度は，

$$P_P(x) = e^{-0.5} \cdot \frac{0.5^x}{x!} \quad \cdots\cdots ① \quad (x = 0,\ 1,\ 2,\ \cdots)$$ となる。

（ポアソン分布 $P_P(x) = e^{-\mu} \cdot \dfrac{\mu^x}{x!}$）

(1) 不良品がない確率は，①に $x = 0$ を代入して，

$$P_P(0) = e^{-0.5} \cdot \frac{0.5^0}{0!} = e^{-0.5} = 0.60653$$ となる。 ……………………(答)

(2) 不良品が **3** 台以上ある確率は，余事象の確率 $P(X \leqq 2)$ を用いて，次のように求められる。

$$P(X \geqq 3) = \underbrace{1}_{\text{全確率}} - \underbrace{P(X \leqq 2)}_{\text{余事象の確率}}$$

$$= 1 - \{P_P(0) + P_P(1) + P_P(2)\}$$

$$= 1 - \left(e^{-0.5} \cdot \underbrace{\frac{0.5^0}{0!}}_{1} + e^{-0.5} \cdot \underbrace{\frac{0.5^1}{1!}}_{\frac{1}{2}} + e^{-0.5} \cdot \underbrace{\frac{0.5^2}{2!}}_{\frac{1}{8}}\right)$$

$$= 1 - e^{-\frac{1}{2}}\left(1 + \frac{1}{2} + \frac{1}{8}\right) = 1 - \frac{13}{8\sqrt{e}} = 0.01439$$ ……………(答)

演習問題 49 ● ポアソン分布と確率(Ⅱ)●

ある美術館には1時間に平均4人の割合で入館するという。ポアソン分布を用いて，この美術館に1時間に5人以上入館する確率を求めよ。(ただし，確率は小数点第6位を四捨五入して答えよ。)

ヒント！ 1時間当たりの入館者数を X とおくと，これは比較的少数と考えられるので，X はポアソン分布 $P_o(4)$ に従うと考えることにする。

解答＆解説

1時間当たりの入館者数を確率変数 X とおくと，

X は，期待値(平均) (ア) のポアソン分布 $P_o(4)$ に従うとしてよい。

$\mu = 4$ より，ポアソン分布 $P_o(4)$ の確率関数 $P_P(x)$ は，

$P_P(x) =$ (イ) $\cdots$① $(x = 0, 1, 2, \cdots)$ となる。 ← ポアソン分布 $P_P(x) = e^{-\mu} \cdot \frac{\mu^x}{x!}$

ここで，この美術館に1時間に5人以上入館する確率 $P(X \geqq 5)$ は，

余事象の確率 $P(X \leqq 4)$ を用いて，次のように求められる。

$P(X \geqq 5) = 1 - P(X \leqq 4)$ （1：全確率，$P(X \leqq 4)$：余事象の確率）

$= 1 - \{$ (ウ) $\}$

$$= 1 - \left(e^{-4} \cdot \frac{4^0}{0!} + e^{-4} \cdot \frac{4^1}{1!} + e^{-4} \cdot \frac{4^2}{2!} + e^{-4} \cdot \frac{4^3}{3!} + e^{-4} \cdot \frac{4^4}{4!}\right)$$

$$= 1 - e^{-4}\left(1 + 4 + 8 + \frac{32}{3} + \frac{32}{3}\right)$$

$= 1 - \frac{103}{3e^4} =$ (エ) ……………………………(答)

解答 (ア) 4　(イ) $e^{-4} \cdot \frac{4^x}{x!}$

(ウ) $P_P(0) + P_P(1) + P_P(2) + P_P(3) + P_P(4)$　(エ) 0.37116

演習問題 50　● ポアソン分布の確率関数 ●

二項分布 $B(n,\ p)$ に対して，その期待値 $\mu = np$ を一定に保ったまま，$n \to \infty\ (p \to 0)$ とすると，ポアソン分布 $P_o(\mu)$：$P_P(x) = e^{-\mu} \cdot \dfrac{\mu^x}{x!}$ $(x = 0, 1, 2, \cdots)$ になる。$B(n,\ p)$ のモーメント母関数 $M_B(\theta) = (pe^\theta + q)^n$ に同様の極限操作を施すことによって，$P_o(\mu)$ のモーメント母関数 $M_P(\theta) = e^{-\mu} \cdot e^{\mu e^\theta}$ を導き，$P_o(\mu)$ の確率関数 $P_P(x)$ が $P_P(x) = e^{-\mu} \cdot \dfrac{\mu^x}{x!}$ となることを確かめよ。

ヒント！ $M_B(\theta)$ を変形して，公式 $\displaystyle\lim_{\alpha \to \pm\infty}\left(1 + \frac{1}{\alpha}\right)^\alpha = e$ を用いる。

解答＆解説

二項分布 $B(n,\ p)$ のモーメント母関数 $M_B(\theta)$ は，（P82）

$$M_B(\theta) = (pe^\theta + q)^n$$

$$= (pe^\theta + 1 - p)^n = \{1 + p(e^\theta - 1)\}^n = \left\{1 + \frac{\mu}{n}(e^\theta - 1)\right\}^n \quad \left(p = \frac{\mu}{n}\right)$$

$$= \left[\left\{1 + \frac{1}{\frac{n}{\mu(e^\theta - 1)}}\right\}^{\frac{n}{\mu(e^\theta - 1)}}\right]^{\mu(e^\theta - 1)}$$

ここで，$\mu = np$ を一定にして，$n \to \infty\ (p \to 0)$ としたときの $M_B(\theta)$ の極限として，ポアソン分布のモーメント母関数 $M_P(\theta) = \displaystyle\sum_{x=0}^{\infty} e^{\theta x} \cdot P_P(x)$ を求めると，

$$M_P(\theta) = \lim_{n \to \infty} M_B(\theta) = \lim_{n \to \infty}\left[\left\{1 + \frac{1}{\frac{n}{\mu(e^\theta - 1)}}\right\}^{\frac{n}{\mu(e^\theta - 1)}}\right]^{\mu(e^\theta - 1)}$$

$\left(\dfrac{n}{\mu(e^\theta-1)} = \alpha\right.$，$\mu(e^\theta - 1)$：定数$\Big)$

公式 $\displaystyle\lim_{\alpha \to \pm\infty}\left(1 + \frac{1}{\alpha}\right)^\alpha = e$

$$= e^{\mu(e^\theta - 1)} = e^{-\mu} \cdot e^{\mu e^\theta} \quad \cdots\cdots\cdots\cdots\cdots\cdots\cdots\cdots\cdots\cdots\cdots\cdots（終）$$

さらに，$e^{\mu e^\theta}$ をマクローリン展開して，

$$M_P(\theta) = e^{-\mu} \cdot \left\{1 + \frac{\mu e^\theta}{1!} + \frac{(\mu e^\theta)^2}{2!} + \frac{(\mu e^\theta)^3}{3!} + \cdots\right\}$$

e^x のマクローリン展開：
$e^x = 1 + \dfrac{x}{1!} + \dfrac{x^2}{2!} + \dfrac{x^3}{3!} + \cdots$

$$= e^{-\mu} \cdot \sum_{x=0}^{\infty} \frac{(\mu e^\theta)^x}{x!} = \sum_{x=0}^{\infty} e^{\theta x} \cdot e^{-\mu} \cdot \frac{\mu^x}{x!} \qquad \therefore\ P_P(x) = e^{-\mu} \cdot \frac{\mu^x}{x!} \ \text{となる。}$$

（$e^{-\mu} \cdot \dfrac{\mu^x}{x!}$：$P_P(x)$ のこと）

$\cdots\cdots\cdots$（終）

演習問題 51 ● ポアソン分布の期待値と分散 ●

確率関数 $P_P(x) = e^{-\mu} \cdot \dfrac{\mu^x}{x!}$ で与えられるポアソン分布 $P_o(\mu)$ の期待値 $E_P[X]$ と分散 $V_P[X]$ を求めよ。

ヒント！ 期待値 $E_P[X]$ と分散 $V_P[X]$ の定義式を変形する。

解答＆解説

まず，ポアソン分布 $P_o(\mu)$ の期待値 $E_P[X]$ を求める。

$$E_P[X] = \sum_{x=0}^{\infty} x \cdot P_P(x) = \sum_{x=0}^{\infty} x \cdot \underbrace{e^{-\mu}}_{\text{定数}} \cdot \frac{\mu^x}{x!} = e^{-\mu} \sum_{x=1}^{\infty} x \cdot \frac{\mu^x}{x!} \quad \left(\mu^x = \mu \cdot \mu^{x-1},\ x! = x \cdot (x-1)!\right)$$

$$= \mu e^{-\mu} \sum_{x=1}^{\infty} \frac{\mu^{x-1}}{(x-1)!}$$

$$= \mu \cdot e^{-\mu} \cdot \sum_{x=0}^{\infty} \frac{\mu^x}{x!}$$

（$x=1$ スタートを $x=0$ スタートにして，分母と分子の $x-1$ を x にした。）

$$\sum_{x=0}^{\infty} \frac{\mu^x}{x!} = 1 + \frac{\mu}{1!} + \frac{\mu^2}{2!} + \frac{\mu^3}{3!} + \cdots = e^{\mu}$$

（e^x のマクローリン展開：$e^x = 1 + \dfrac{x}{1!} + \dfrac{x^2}{2!} + \dfrac{x^3}{3!} + \cdots$ より）

$$= \mu \cdot \underbrace{e^{-\mu} \cdot e^{\mu}}_{e^0 = 1} = \mu$$ となる。 …(答)

次に，ポアソン分布 $P_o(\mu)$ の分散 $V_P[X]$ を求める。

$$V_P[X] = E_P[X^2] - \underbrace{E_P[X]^2}_{\mu^2} = E_P[X^2] - \mu^2 \quad \cdots\cdots①$$

ここで，

$$E_P[X^2] = \sum_{x=0}^{\infty} x^2 \cdot P_P(x) = \sum_{x=1}^{\infty} \underbrace{x^2}_{x \cdot x} \cdot e^{-\mu} \cdot \frac{\mu^x}{x!} \quad \left(\mu^x = \mu \cdot \mu^{x-1},\ x! = x \cdot (x-1)!\right)$$

$$= \mu e^{-\mu} \sum_{x=1}^{\infty} x \cdot \frac{\mu^{x-1}}{(x-1)!}$$

$$= \mu e^{-\mu} \sum_{x=0}^{\infty} (x+1) \cdot \frac{\mu^x}{x!} = \mu e^{-\mu} \sum_{x=0}^{\infty} \left(x \cdot \frac{\mu^x}{x!} + \frac{\mu^x}{x!} \right)$$

$$= \mu \Biggl(\underbrace{\sum_{x=0}^{\infty} x \underbrace{e^{-\mu} \cdot \frac{\mu^x}{x!}}_{P_P(x)}}_{E_P[X] = \mu} + \underbrace{\sum_{x=0}^{\infty} \underbrace{e^{-\mu} \cdot \frac{\mu^x}{x!}}_{P_P(x)}}_{1} \Biggr) = \mu(\mu + 1) \quad \cdots\cdots②$$

$$\sum_{x=0}^{\infty} P_p(x) = \sum_{x=0}^{\infty} e^{-\mu} \cdot \frac{\mu^x}{x!} = e^{-\mu} \cdot \sum_{x=0}^{\infty} \frac{\mu^x}{x!} = e^{-\mu} \cdot \left(1 + \frac{\mu}{1!} + \frac{\mu^2}{2!} + \cdots\right) = e^{-\mu} \cdot e^{\mu} = 1 \text{（全確率）}$$

②を①に代入して，分散 $V_P[X] = (\mu^2 + \mu) - \mu^2 = \mu$ となる。 ………(答)

演習問題 52　●スターリングの公式●

自然数 n が $n \gg 1$ のとき，$\log n!$ を，$1 \leqq x \leqq n$ において，$y = \log x$ のグラフと x 軸で挟まれる部分の面積で近似することにより，次のスターリングの公式を証明せよ。

(i) $\log n! \fallingdotseq n\log n - n$ ……(＊1)　　(ii) $n! \fallingdotseq n^n e^{-n}$ ……(＊2)

ヒント！ (i) $\log n! = \log n(n-1)\cdot\cdots\cdot 3\cdot 2\cdot 1 = 1\cdot\log 1 + 1\cdot\log 2 + \cdots + 1\cdot\log n$ と変形する。(ii) (＊1) の右辺を，$\log n^n - \log e^n$ と変形する。

解答＆解説

図 1　スターリングの公式の証明

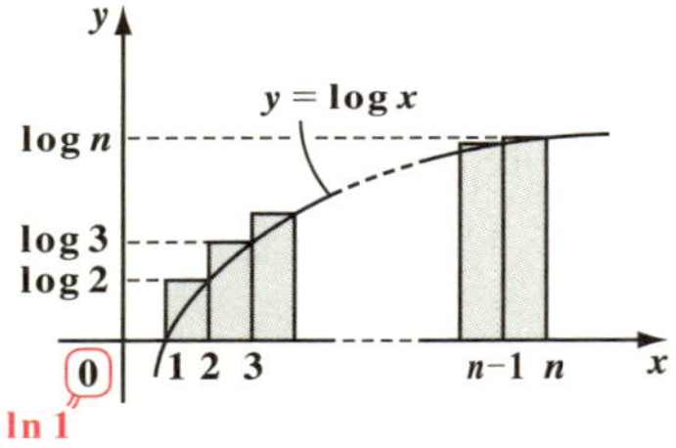

自然数 n が $n \gg 1$ のとき，

(i) $\log n! = \log n(n-1)\cdot\cdots\cdot 3\cdot 2\cdot 1$

$= 1\cdot\log 1 + 1\cdot\log 2 + \cdots + 1\cdot\log n$ …①

①の右辺は，図 1 の $n-1$ 個の長方形群の面積の和で近似できるので，

$$\log n! = 1\cdot\log 1 + 1\cdot\log 2 + \cdots + 1\cdot\log n$$

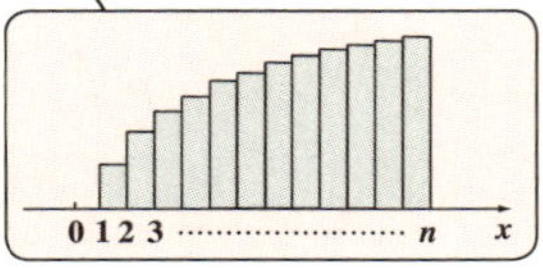

$$\fallingdotseq \int_1^n \log x\,dx$$

$$= [x\log x - x]_1^n$$

$$= n\log n - n - (1\cdot\underbrace{\log 1}_{0} - 1)$$

$$= n\log n - n + 1 \fallingdotseq n\log n - n$$

$n \gg 1$ より，これは無視できる

$\therefore \log n! \fallingdotseq n\log n - n$ ……(＊1) が成り立つ。 ………………(終)

(ii) (＊1) より，

$$\log n! \fallingdotseq n\log n - n = \log n^n - \log e^n$$

$\therefore \log n! \fallingdotseq \log\dfrac{n^n}{e^n}$ より，$n! \fallingdotseq n^n e^{-n}$ ……(＊2) となる。 ………(終)

正確なスターリングの公式は，$\displaystyle\lim_{n\to\infty}\frac{n!}{\sqrt{2\pi n}\,n^n\cdot e^{-n}} = 1$ となる。よって，$n \gg 1$ のとき，$n! \fallingdotseq \sqrt{2\pi n}\,n^n\cdot e^{-n}$ となる。これより，(＊1) の公式が導かれる。
これについては，「**ラプラス変換キャンパス・ゼミ**」を参照して下さい。

演習問題 53　●二項分布と正規分布●

二項分布 $B(n,\ p)$ の確率関数 $P_B(x) = {}_n\mathrm{C}_x\, p^x q^{n-x}$　$(q = 1 - p)$ は，p 一定で，$n \gg 1$ のとき，正規分布 $N(\mu,\ \sigma^2)$ の確率密度 $f_N(x) = \dfrac{1}{\sqrt{2\pi}\sigma}\, e^{-\frac{(x-\mu)^2}{2\sigma^2}}$ $(\mu = np,\ \sigma^2 = npq)$ で近似できることを示せ。ただし，$n \gg 1$ は，自然数 n が十分大きいことを表す。

ヒント！ 右図に二項分布 $B\left(50,\ \dfrac{1}{3}\right)$ の確率分布 $P_B(x) = {}_{50}\mathrm{C}_x \left(\dfrac{1}{3}\right)^x \left(\dfrac{1}{3}\right)^{50-x}$ $(x = 0,\ 1,\ \cdots,\ 50)$ のグラフを示す。このグラフが示すように，二項分布 $B(n,\ p)$ の確率関数 $P_B(x)$ のグラフは，n を $5,\ 50,\ 100,\ \cdots$ と大きくするにつれて，綺麗なすり鉢形のグラフに近づいていく。$n \gg 1$，すなわち $n = 1000,\ 10000,\ \cdots$ などの大きな値をとると，ピークは鋭くなり，$x = \mu = np (\gg 1)$ 付近に分布が集中する。よって，この $x = \mu$ 付近の x も，$x \gg 1$ となる。

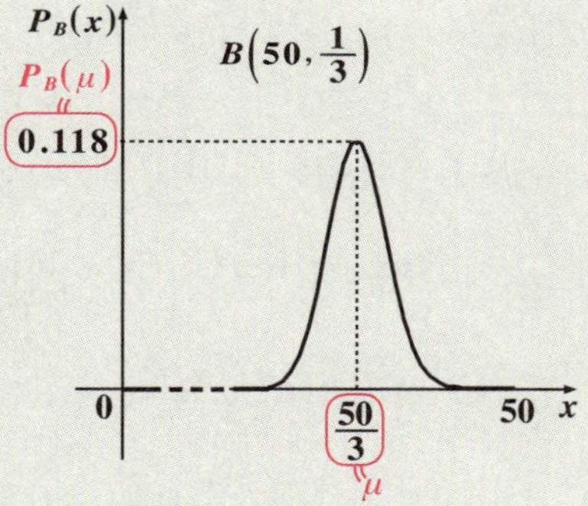

$P_B(x)$ のグラフから分かるように，x が増加すると，$P_B(x)$ は増加→最大→減少と変化する。よって，x を連続型の変数として，$g(x) = \log P_B(x)$ とおくと，x が増加するに従って，$g(x)$ も増加→最大→減少の変化を辿る。
ここで，$n \gg 1$，$x \gg 1$ のとき，スターリングの公式 $\log n! \fallingdotseq n\log n - n$ を用いて，$g(x) = \log P_B(x)$ を変形してから，$g(x)$ を x で微分する。$g'(x) = 0$ のとき，$g(x) = \log P_B(x)$ は極大となる。

解答＆解説

$P_B(x) = {}_n\mathrm{C}_x\, p^x q^{n-x}$　$(x = 0, 1, 2, \cdots, n)$ を変形して，

$P_B(x) =$ (ア) ＿＿＿＿＿＿　　$(q = 1 - p)$

この両辺の自然対数をとって，これを $g(x)$ とおくと，

$$g(x) = \log P_B(x) = \log\left\{\frac{n!}{x!(n-x)!}\, p^x q^{n-x}\right\}$$

$$g(x) = \underbrace{\log n!}_{\text{定数}} - \log x! - \log(n-x)! + x\underbrace{\log p}_{\text{定数}} + (n-x)\underbrace{\log q}_{\text{定数}} \quad \cdots①$$

$n \gg 1$, $x \gg 1$ のとき，①の右辺の第 1, 2, 3 項にスターリングの公式を用いると，

$$g(x) \fallingdotseq (n\log n - n) - (x\log x - x)$$
$$- \{(n-x)\log(n-x) - (n-x)\} + x\log p + (n-x)\log q$$
$$= n\log n - n - x\log x + x - (n-x)\log(n-x)$$
$$+ n - x + x\log p + (n-x)\log q$$

スターリングの公
$n \gg 1$ のとき，
$\log n! \fallingdotseq n\log n -$

$$\therefore\ g(x) \fallingdotseq n\log n - x\log x - (n-x)\log(n-x) + x\log p + (n-x)\log q \quad \cdots②$$

ここで，x を連続型の変数とみて，②の両辺を x で微分すると，

$$g'(x) = -\left(1\cdot\log x + x\cdot\frac{1}{x}\right) - \left\{(-1)\cdot\log(n-x) + (n-x)\cdot\frac{(-1)}{n-x}\right\} + \log p - \log q$$
$$= -\log x + \log(n-x) + \underbrace{\log p}_{\text{定数}} - \underbrace{\log q}_{\text{定数}} \quad \cdots③$$

$\therefore\ g'(x) = \log\dfrac{p(n-x)}{qx}$ となる。

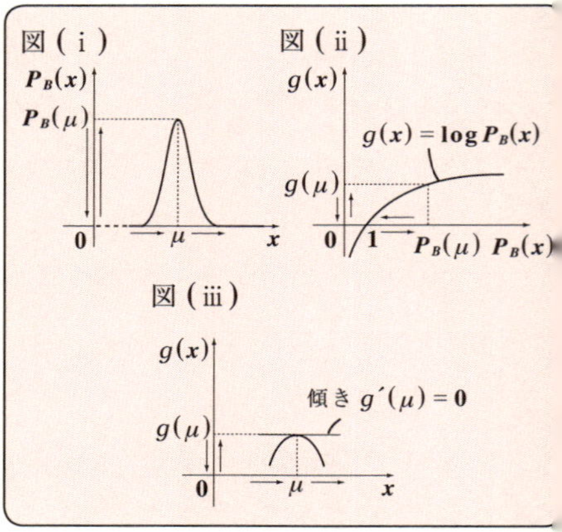

$g'(x) = 0$ のとき，$\dfrac{p(n-x)}{qx} = $ (イ) より，

$p(n-x) = qx$，$pn = \underbrace{(p+q)}_{1}x = x$

$\therefore\ x = np = \mu$ のとき，$g'(\mu) = 0 \quad \cdots④$

となり，$x = np = \mu$ で $g(x) = \log P_B(x)$ は (ウ) になる。すなわち，$x = \mu$ で $P_B(x)$ は最大になる。

③をさらに x で微分して，

$$g''(x) = -\frac{1}{x} + \frac{-1}{n-x} = -\frac{n}{x(n-x)}$$

これに $x = \mu$ を代入すると，

$$g''(\mu) = -\frac{n}{\underbrace{\mu}_{np}(n-\underbrace{\mu}_{np})} = -\frac{n}{np(n-np)} = -\frac{1}{np(\underbrace{1-p}_{q})} = -\frac{1}{\underbrace{npq}_{\sigma^2}} = -\frac{1}{\sigma^2} \quad \cdots⑤$$

$g'(\mu) = 0 \ \cdots④$，$g''(\mu) = -\dfrac{1}{\sigma^2} \ \cdots⑤$ より，$g(x)$ を $x = \mu$ のまわりにテイラー展開すると，

$$g(x) = g(\mu) + \frac{\overset{0}{g'(\mu)}}{1!}(x-\mu) + \frac{\overset{-\frac{1}{\sigma^2}}{g''(\mu)}}{2!}(x-\mu)^2 + \underbrace{\frac{g^{(3)}(\mu)}{3!}(x-\mu)^3 + \cdots}_{\fallingdotseq 0}$$

$$\underset{\log P_B(x)}{g(x)} \fallingdotseq \underset{\log P_B(\mu)}{g(\mu)} \underset{\log e^{-\frac{1}{2\sigma^2}(x-\mu)^2}}{\boxed{-\frac{1}{2\sigma^2}(x-\mu)^2}}$$

公式 $\alpha = \log e^{\alpha}$ より

$x \fallingdotseq \mu$ より，$k = 3, 4, \cdots$ のとき，$\frac{(x-\mu)^k}{k!} \fallingdotseq 0$ と近似できる。

$$\therefore \log P_B(x) \fallingdotseq \log \underset{C(\text{定数})\text{とおく}}{P_B(\mu)} + \log e^{-\frac{1}{2\sigma^2}(x-\mu)^2} = \log Ce^{-\frac{(x-\mu)^2}{2\sigma^2}}$$

よって，$P_B(x)$ は $n \gg 1$，$x \gg 1$ のとき，$Ce^{-\frac{(x-\mu)^2}{2\sigma^2}}$ に近づく。これが，確率密度であるための必要条件は，

$$\int_{-\infty}^{\infty} Ce^{-\frac{(x-\mu)^2}{2\sigma^2}} dx = \boxed{(エ)} \quad \cdots\cdots ⑥$$

⑥の積分について，$\frac{x-\mu}{\sqrt{2}\sigma} = u$ とおくと，$x : -\infty \to \infty$ のとき，$u : -\infty \to \infty$，

$dx = \sqrt{2}\sigma du$　　よって，⑥は

$$C\int_{-\infty}^{\infty} e^{-u^2}\sqrt{2}\sigma\, du = \sqrt{2}\sigma C \underbrace{\int_{-\infty}^{\infty} e^{-u^2} du}_{\sqrt{\pi}} = \boxed{\sqrt{2\pi}\sigma \cdot C = 1}$$

ガウス積分の公式
$\int_{-\infty}^{\infty} e^{-x^2} dx = \sqrt{\pi}$
(P66)

$\therefore C = \frac{1}{\sqrt{2\pi}\sigma}$ より，$f_N(x) = C \cdot e^{-\frac{(x-\mu)^2}{2\sigma^2}} = \frac{1}{\sqrt{2\pi}\sigma} e^{-\frac{(x-\mu)^2}{2\sigma^2}}$ とおくと，

二項分布 $B(n, p)$ の確率関数 $P_B(x) = {}_nC_x p^x q^{n-x}$ $(q = 1-p)$ は，p 一定，$n \gg 1$ のとき，正規分布 $N(\mu, \sigma^2)$ の確率密度 $f_N(x) = \frac{1}{\sqrt{2\pi}\sigma} e^{-\frac{(x-\mu)^2}{2\sigma^2}}$ に近づく。……………………………………(終)

解答　(ア) $\frac{n!}{x!(n-x)!} p^x q^{n-x}$　　(イ) 1　　(ウ) 極大　　(エ) 1

演習問題 54 ● 正規分布の期待値と分散 ●

確率密度 $f_N(x)=\dfrac{1}{\sqrt{2\pi}\sigma}e^{-\frac{(x-\mu)^2}{2\sigma^2}}$ で与えられる正規分布 $N(\mu,\sigma^2)$ について，

(1) $I=\displaystyle\int_{-\infty}^{\infty}f_N(x)\,dx=1$ を示せ。

(2) $N(\mu,\sigma^2)$ の期待値 $E_N[X]$ と分散 $V_N[X]$ を求めよ。

ヒント！ (1) $\dfrac{x-\mu}{\sigma}=z$ と変数変換することによりガウス積分の公式 $\displaystyle\int_{-\infty}^{\infty}e^{-\frac{x^2}{2}}dx=\sqrt{2\pi}$ が使える。(2) (1) と同様に変数変換するといい。

解答＆解説

(1) $I=\displaystyle\int_{-\infty}^{\infty}f_N(x)\,dx=\frac{1}{\sqrt{2\pi}\sigma}\int_{-\infty}^{\infty}e^{-\frac{(x-\mu)^2}{2\sigma^2}}dx$ について，

$\dfrac{x-\mu}{\sigma}=z$ とおくと，$x:-\infty\to\infty$ のとき，$z:-\infty\to\infty$

$\dfrac{1}{\sigma}dx=dz$ より，$dx=\sigma dz$

$$\therefore\ I=\frac{1}{\sqrt{2\pi}\sigma}\int_{-\infty}^{\infty}e^{-\frac{z^2}{2}}\cdot\sigma\,dz=\frac{1}{\sqrt{2\pi}}\underbrace{\int_{-\infty}^{\infty}e^{-\frac{z^2}{2}}dz}_{\sqrt{2\pi}}=\frac{1}{\sqrt{2\pi}}\cdot\sqrt{2\pi}=1$$

$\sqrt{2\pi}$ ← ガウス積分の公式 $\displaystyle\int_{-\infty}^{\infty}e^{-\frac{x^2}{2}}dx=\sqrt{2\pi}$ (P67) より

$\therefore\ I=\displaystyle\int_{-\infty}^{\infty}f_N(x)\,dx=1$ （全確率） となる。 ……………………(終)

(2) 次に，$N(\mu,\sigma^2)$ の期待値 $E_N[X]$ と分散 $V_N[X]$ を求める。

・$E_N[X]=\displaystyle\int_{-\infty}^{\infty}x\cdot f_N(x)\,dx=\frac{1}{\sqrt{2\pi}\sigma}\int_{-\infty}^{\infty}x\,e^{-\frac{(x-\mu)^2}{2\sigma^2}}dx$

ここで，(1) と同様に，$\dfrac{x-\mu}{\sigma}=z$ とおくと，$x=\sigma z+\mu$

$x:-\infty\to\infty$ のとき，$z:-\infty\to\infty$

$dx=\sigma dz$

$$E_N[X]=\frac{1}{\sqrt{2\pi}\sigma}\int_{-\infty}^{\infty}(\sigma z+\mu)e^{-\frac{z^2}{2}}\cdot\sigma\,dz$$

$$=\frac{1}{\sqrt{2\pi}}\int_{-\infty}^{\infty}(\sigma z+\mu)e^{-\frac{z^2}{2}}dz$$

$$E_N[X]=\frac{1}{\sqrt{2\pi}}\left(\sigma\underbrace{\int_{-\infty}^{\infty} ze^{-\frac{z^2}{2}}dz}_{0\ (\text{奇関数})}+\mu\underbrace{\int_{-\infty}^{\infty} e^{-\frac{z^2}{2}}dz}_{\sqrt{2\pi}}\right)$$

ガウス積分の公式
$$\int_{-\infty}^{\infty} e^{-\frac{x^2}{2}}dx=\sqrt{2\pi}$$

$$=\frac{1}{\sqrt{2\pi}}\cdot\mu\cdot\sqrt{2\pi}=\mu$$

よって，求める $N(\mu,\sigma^2)$ の期待値 $E_N[X]$ は，

$E_N[X]=\mu$　となる。　……………………………………………(答)

同様に，$\frac{x-\mu}{\sigma}=z$ とおくと，

$$\cdot V_N[X]=\int_{-\infty}^{\infty}(x-\mu)^2 f_N(x)\,dx$$

$$=\frac{1}{\sqrt{2\pi}\sigma}\int_{-\infty}^{\infty}(\underbrace{x}_{\sigma z+\mu}-\mu)^2 e^{-\overbrace{\frac{(x-\mu)^2}{2\sigma^2}}^{\frac{z^2}{2}}}\underbrace{dx}_{\sigma dz}$$

$$=\frac{1}{\sqrt{2\pi}\sigma}\int_{-\infty}^{\infty}\sigma^2z^2e^{-\frac{z^2}{2}}\sigma dz$$

$$=\frac{\sigma^2}{\sqrt{2\pi}}\int_{-\infty}^{\infty}\underbrace{z^2}_{z\cdot z}e^{-\frac{z^2}{2}}dz$$

$$=\frac{\sigma^2}{\sqrt{2\pi}}\int_{-\infty}^{\infty}z\cdot\underbrace{ze^{-\frac{z^2}{2}}}_{\left(-e^{-\frac{z^2}{2}}\right)'}dz$$

$$=\frac{\sigma^2}{\sqrt{2\pi}}\int_{-\infty}^{\infty}z\cdot\left(-e^{-\frac{z^2}{2}}\right)'dz$$

$$=\frac{\sigma^2}{\sqrt{2\pi}}\left(\underbrace{\left[-ze^{-\frac{z^2}{2}}\right]_{-\infty}^{\infty}}_{0+0=0}+\underbrace{\int_{-\infty}^{\infty}e^{-\frac{z^2}{2}}dz}_{\sqrt{2\pi}}\right)$$

$$=\frac{\sigma^2}{\sqrt{2\pi}}\cdot\sqrt{2\pi}=\sigma^2$$

よって，求める $N(\mu,\sigma^2)$ の分散 $V_N[X]$ は，

$V_N[X]=\sigma^2$　となる。　……………………………………………(答)

演習問題　55	●確率分布の標準化●

平均 μ, 分散 σ^2 の任意の確率分布に従う連続型の確率変数 X に対して，新たに確率変数 Z を $Z=\dfrac{X-\mu}{\sigma}$ で定義すると，Z は平均 $E[Z]=0$，分散 $V[Z]=1$ の確率分布に従うことを示せ。この $Z=\dfrac{X-\mu}{\sigma}$ の変数変換を標準化という。

ヒント！ X が従う確率分布の確率密度を $f(x)$，Z が従う確率分布の確率密度を $f_1(z)$ とおくと，$f_1(z)=f(x)\dfrac{dx}{dz}$ となる。(P33 (a), (c)) これを用いて，$E[Z]$，$V[Z]$ をそれぞれ平均，分散の定義に基づいて求める。

解答＆解説

確率変数 X が従う，平均 μ，分散 σ^2 の確率分布の確率密度を $f(x)$ とおく。$Z=\dfrac{X-\mu}{\sigma}$ によって定義された確率変数 Z が従う確率分布の確率密度を $f_1(z)$ とおくと，

$f_1(z)=$ (ア) ……① となる。← P33 (a), (c)

ここで，$z=\dfrac{x-\mu}{\sigma}$ より，$x=\sigma z+\mu$

$\therefore \dfrac{dx}{dz}=$ (イ) より，①は

$f_1(z)=f(\sigma z+\mu)\cdot\sigma=\sigma\cdot f(\sigma z+\mu)$ ……①´

(i) Z の期待値 $E[Z]$ は，①´を用いて，

$$E[Z]=\int_{-\infty}^{\infty} z\cdot f_1(z)\,dz=\sigma\int_{-\infty}^{\infty} z\cdot f(\sigma z+\mu)\,dz$$

ここで，$\sigma z+\mu=t$ とおくと，$z=\dfrac{t-\mu}{\sigma}$

$z:-\infty\to\infty$ のとき，$t:-\infty\to\infty$

$\sigma dz=dt$ より，$dz=\dfrac{1}{\sigma}dt$

$$\therefore E[Z]=\sigma\int_{-\infty}^{\infty}\frac{t-\mu}{\sigma}\cdot f(t)\cdot\frac{1}{\sigma}dt=\frac{1}{\sigma}\int_{-\infty}^{\infty}(t-\mu)\cdot f(t)\,dt$$

$$=\frac{1}{\sigma}\int_{-\infty}^{\infty}tf(t)\,dt-\frac{\mu}{\sigma}\int_{-\infty}^{\infty}f(t)\,dt$$

$\int_{-\infty}^{\infty}x\cdot f(x)\,dx=E[X]=\mu$　　$\int_{-\infty}^{\infty}f(x)\,dx=1$（全確率）

$$=\frac{\mu}{\sigma}-\frac{\mu}{\sigma}=0$$

（ii）Z の分散 $V[Z]$ は，①´を用いて　　$V[Z]$ の定義式

$$V[Z]=\int_{-\infty}^{\infty}(z-0)^2f_1(z)\,dz=\int_{-\infty}^{\infty}z^2f_1(z)\,dz$$

$E[Z]$（（i）より）

$$=\sigma\int_{-\infty}^{\infty}z^2f(\sigma z+\mu)\,dz\quad（①´より）$$

（i）と同様に，(ウ)［　　　　］と変数変換すると，

$$V[Z]=\sigma\cdot\int_{-\infty}^{\infty}\left(\frac{t-\mu}{\sigma}\right)^2f(t)\cdot\frac{1}{\sigma}dt$$

$$=\frac{1}{\sigma^2}\int_{-\infty}^{\infty}(t-\mu)^2f(t)\,dt$$

$\int_{-\infty}^{\infty}(x-\mu)^2f(x)\,dx=V[X]=\sigma^2$

$$=\frac{1}{\sigma^2}\cdot\sigma^2=1\quad となる。$$

以上（i）（ii）より，標準化された変数 $Z=\dfrac{X-\mu}{\sigma}$ は，平均 $E[Z]=0$，分散 $V[Z]=1$ の確率分布に従う。　……………………………………………（終）

解答　(ア) $f(x)\dfrac{dx}{dz}$　　(イ) σ　　(ウ) $\sigma z+\mu=t$

演習問題 56 ●標準正規分布●

(1) 確率密度 $f_N(x) = \frac{1}{\sqrt{2\pi}\sigma} e^{-\frac{(x-\mu)^2}{2\sigma^2}}$ で与えられる正規分布 $N(\mu, \sigma^2)$ に対して，変数 X を標準化した新たな確率変数 $Z = \frac{X-\mu}{\sigma}$ が従う分布の確率密度 $f_S(z)$ を求めよ。この分布を標準正規分布と呼び，$N(0, 1)$ で表す。

(2) $N(0, 1)$ の平均 $E_S[Z] = 0$，分散 $V_S[Z] = 1$ であることを，平均と分散の定義式から確かめよ。

ヒント！ (1) $f_S(z) = f_N(x)\frac{dx}{dz}$ の公式を使う。(2) 期待値 $\mu = E_S[Z] = \int_{-\infty}^{\infty} z f_S(z)\,dz$，分散 $\sigma^2 = E_S[Z] = \int_{-\infty}^{\infty}(z-\mu)^2 f_S(z)\,dz$ を計算する。

解答＆解説

(1) 確率変数 X の確率密度が $f_N(x) = \frac{1}{\sqrt{2\pi}\sigma} e^{-\frac{(x-\mu)^2}{2\sigma^2}}$ のとき，

$Z = \frac{X-\mu}{\sigma}$ で新しい確率変数を導入すると，Z の確率密度 $f_S(z)$ は，

$$f_S(z) = f_N(x)\frac{dx}{dz} \quad \cdots\cdots①$$ ← P33 (a), (c)

で与えられる。

$z = \frac{x-\mu}{\sigma}$ より，$x = \sigma z + \mu$

$\therefore \frac{dx}{dz} = \sigma$ よって，①は

$$f_S(z) = f_N(\sigma z + \mu)\cdot\sigma = \sigma f_N(\sigma z + \mu)$$

$$= \sigma\cdot\frac{1}{\sqrt{2\pi}\sigma} e^{-\frac{(\overset{x}{\sigma z + \mu} - \mu)^2}{2\sigma^2}} = \frac{1}{\sqrt{2\pi}} e^{-\frac{\sigma^2 z^2}{2\sigma^2}}$$

よって，求める標準正規分布の確率密度 $f_S(z)$ は，

$f_S(z) = \frac{1}{\sqrt{2\pi}} e^{-\frac{z^2}{2}}$ となる。 ……………………………………(答)

(2) 標準正規分布 $N(0,\ 1)$ の平均 $E_S[Z]$ と分散 $V_S[Z]$ は，

・平均 $E_S[Z]=\int_{-\infty}^{\infty}zf_S(z)\,dZ=\int_{-\infty}^{\infty}z\cdot\frac{1}{\sqrt{2\pi}}e^{-\frac{z^2}{2}}dz$

$$=\frac{1}{\sqrt{2\pi}}\int_{-\infty}^{\infty}ze^{-\frac{z^2}{2}}dz$$

$$=\frac{1}{\sqrt{2\pi}}\underbrace{\left[-e^{-\frac{z^2}{2}}\right]_{-\infty}^{\infty}}_{0+0=0}=0$$ となる。 ……………………(終)

正規分布 $N(\mu,\ \sigma^2)$ の平均が μ，分散が σ^2 なので，$Z=\frac{X-\mu}{\sigma}$ による変数の標準化によって，Z の従う標準正規分布 $N(0,\ 1)$ の平均は 0，分散は 1 となる。（演習問題 **55** (**P96**) より）

・分散 $V_S[Z]=\int_{-\infty}^{\infty}(z-\underbrace{0}_{E_S[Z]})^2f_S(z)\,dz=\int_{-\infty}^{\infty}z^2\cdot\frac{1}{\sqrt{2\pi}}e^{-\frac{z^2}{2}}dz$

$$=\frac{1}{\sqrt{2\pi}}\int_{-\infty}^{\infty}z\cdot ze^{-\frac{z^2}{2}}dz=\frac{1}{\sqrt{2\pi}}\int_{-\infty}^{\infty}z\cdot\left(-e^{-\frac{z^2}{2}}\right)'dz$$

$$=\frac{1}{\sqrt{2\pi}}\left(\underbrace{\left[-ze^{-\frac{z^2}{2}}\right]_{-\infty}^{\infty}}_{0+0=0}+\underbrace{\int_{-\infty}^{\infty}e^{-\frac{z^2}{2}}dz}_{\sqrt{\frac{\pi}{\frac{1}{2}}}=\sqrt{2\pi}}\right)$$

ガウス積分
$$\int_{-\infty}^{\infty}e^{-ax^2}dx=\sqrt{\frac{\pi}{a}}$$

$$=\frac{1}{\sqrt{2\pi}}\cdot\sqrt{2\pi}=1$$ となる。 ……………………………(終)

正規分布 $f_N(x)=\frac{1}{\sqrt{2\pi}\sigma}e^{-\frac{(x-\mu)^2}{2\sigma^2}}$ のモーメント母関数は，

$M_N(\theta)=E[e^{\theta X}]=e^{\mu\theta+\frac{\sigma^2}{2}\theta^2}$ …(a) であった。(**P82**)

標準正規分布 $f_S(z)=\frac{1}{\sqrt{2\pi}}e^{-\frac{z^2}{2}}$ は，$\mu=0$，$\sigma^2=1$ の場合であるから，

このモーメント母関数 $M_S(\theta)$ は，(a)に $\mu=0$，$\sigma^2=1$ を代入して，

$M_S(\theta)=e^{\frac{\theta^2}{2}}$ となる。$\therefore M_S{}'(\theta)=\theta e^{\frac{\theta^2}{2}}$ より，　$\therefore M_S{}'(0)=0$

$M_S{}''(\theta)=1\cdot e^{\frac{\theta^2}{2}}+\theta\cdot\theta e^{\frac{\theta^2}{2}}=(1+\theta^2)e^{\frac{\theta^2}{2}}$　$\therefore M_S{}''(0)=1$

よって，標準正規分布 $f_S(z)$ の平均 $E_S[Z]$ と分散 $V_S[Z]$ は

$E_S[Z]=M_S{}'(0)=0$，$V_S[Z]=M_S{}''(0)-M_S{}'(0)^2=1$ となる。(**P38**)

演習問題 57 ● 正規分布の標準化と確率(Ⅰ)●

正規分布 $N(4,\ 7)$ に従う確率変数 X に対して，P211 の標準正規分布表を用いて，(i) 確率 $P(X \leqq 9)$，及び (ii) 確率 $P(2 \leqq X \leqq 8)$ を求めよ。

ヒント！ 正規分布 $N(4,\ 7)$ に従う変数 X を，$Z=\dfrac{X-\mu}{\sigma}=\dfrac{X-4}{\sqrt{7}}$ と Z に変換することによって，標準正規分布 $N(0,\ 1)$ に持ち込む。

解答＆解説

正規分布 $N(4,\ 7)$ より，X の平均は $\mu=4$，標準偏差は $\sigma=\sqrt{7}$ となる。

変数を標準化して，$Z=\dfrac{X-\mu}{\sigma}=\dfrac{X-4}{\sqrt{7}}$ とおく。

(i) $X \leqq 9$ のとき，$Z \leqq \dfrac{5}{\sqrt{7}}$ となる。

$X \leqq 9$，$X-4 \leqq 5$

$\dfrac{X-4}{\sqrt{7}} \leqq \dfrac{5}{\sqrt{7}}$，$Z \leqq \dfrac{5}{\sqrt{7}}$

$\therefore P(X \leqq 9)=P\left(Z \leqq \dfrac{5}{\sqrt{7}}\right)$

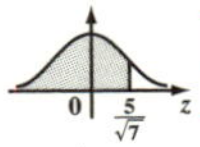

$=1-P\left(Z \geqq \dfrac{5}{\sqrt{7}}\right)$

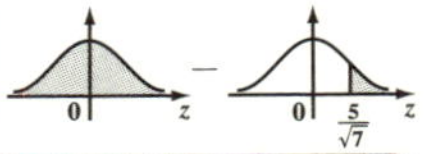

$=1-\phi\left(\dfrac{5}{\sqrt{7}}\right)$

$=1-\phi(1.89)$

$=1-0.0294$

$=0.9706$ となる。…(答)

標準正規分布表

z	……	0.09
⋮		⋮
1.8	……	0.0294

(ii) $2 \leqq X \leqq 8$ のとき，$-\dfrac{2}{\sqrt{7}} \leqq Z \leqq \dfrac{4}{\sqrt{7}}$

$2 \leqq X \leqq 8$，$-2 \leqq X-4 \leqq 4$

$-\dfrac{2}{\sqrt{7}} \leqq \dfrac{X-4}{\sqrt{7}} \leqq \dfrac{4}{\sqrt{7}}$，$-\dfrac{2}{\sqrt{7}} \leqq Z \leqq \dfrac{4}{\sqrt{7}}$

$\therefore P(2 \leqq X \leqq 8)=P\left(-\dfrac{2}{\sqrt{7}} \leqq Z \leqq \dfrac{4}{\sqrt{7}}\right)$

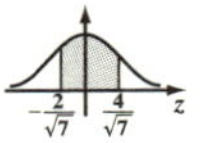

$=1-P\left(Z \geqq \dfrac{2}{\sqrt{7}}\right)-P\left(Z \geqq \dfrac{4}{\sqrt{7}}\right)$

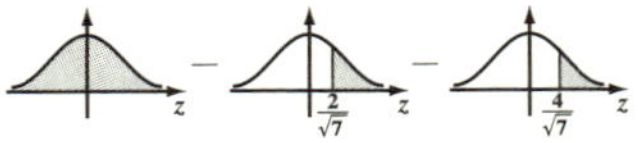

$=1-\phi\left(\dfrac{2}{\sqrt{7}}\right)-\phi\left(\dfrac{4}{\sqrt{7}}\right)$

$=1-\phi(0.76)-\phi(1.51)$

$=1-0.2236-0.0655$

$=0.7109$ となる。…(答)

標準正規分布表

z	……	0.06
⋮		⋮
0.7	……	0.2236

z	……	0.01
⋮		⋮
1.5	……	0.0655

演習問題 58　● 正規分布の標準化と確率（Ⅱ）●

正規分布 $N(3,\ 2)$ に従う確率変数 X に対して，**P211** の標準正規分布表を用いて，(ⅰ) 確率 $P(X \geqq 5)$，及び (ⅱ) 確率 $P(1 \leqq X \leqq 5)$ を求めよ。

ヒント！ 変数を，$Z = \dfrac{X-\mu}{\sigma} = \dfrac{X-3}{\sqrt{2}}$ と標準化し，Z の範囲を押さえる。

解答＆解説

正規分布 $N(3,\ 2)$ より，X の平均は $\mu =$ (ア)，標準偏差は $\sigma =$ (イ) となる。

変数を標準化して，$Z = \dfrac{X-\mu}{\sigma} = \dfrac{X - \text{(ア)}}{\text{(イ)}}$ とおく。

(ⅰ) $X \geqq 5$ のとき，$Z \geqq$ (ウ) となる。 ← $X \geqq 5$，$X-3 \geqq 2$　$\dfrac{X-3}{\sqrt{2}} \geqq \sqrt{2}$，$Z \geqq$ (ウ)

$\therefore P(X \geqq 5) = P(Z \geqq \text{(ウ)})$

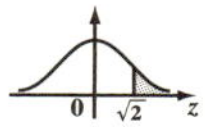

$= \phi(\sqrt{2})$ （$\sqrt{2} \fallingdotseq 1.41$）

$= \phi(1.41)$

$=$ (エ) ⋯(答) ← 標準正規分布表

z	……	0.01
⋮		⋮
1.4	……	0.0793

(ⅱ) $1 \leqq X \leqq 5$ のとき，(オ) $\leqq Z \leqq$ (カ) ← $1 \leqq X \leqq 5$，$-2 \leqq X-3 \leqq 2$　$-\sqrt{2} \leqq \dfrac{X-3}{\sqrt{2}} \leqq \sqrt{2}$，(オ) $\leqq Z \leqq$ (カ)

よって，求める確率は，

$\therefore P(1 \leqq X \leqq 5) = P(\text{(オ)} \leqq Z \leqq \text{(カ)})$

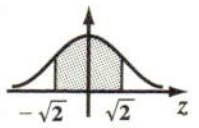

$= 1 - 2 \cdot \phi(\text{(ウ)})$

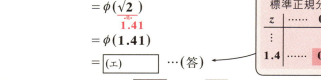

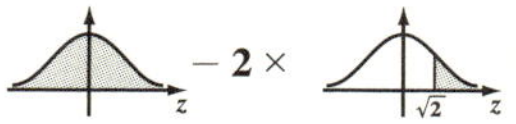

$= 1 - 2 \cdot \phi(1.41)$

$= 1 - 2 \times$ (エ)

$= 0.8414$ となる。 ……………………………(答)

解答　(ア) 3　(イ) $\sqrt{2}$　(ウ) $\sqrt{2}$　(エ) 0.0793　(オ) $-\sqrt{2}$　(カ) $\sqrt{2}$

演習問題 59 ●確率分布とモーメント母関数● (難)

連続型確率変数 X_1, X_2 の確率密度をそれぞれ $f_{X_1}(x)$, $f_{X_2}(x)$ とおく。X_1 と X_2 のモーメント母関数をそれぞれ $M_1(\theta)$, $M_2(\theta)$ とおくとき，「$M_1(\theta)=M_2(\theta) \Rightarrow f_{X_1}(x)=f_{X_2}(x)$」…(＊) であることを，次の順序で示せ。ただし，$f_{X_1}(x)$, $f_{X_2}(x)$ は $a \leqq x \leqq b$ でマクローリン展開で表すことができ，$x<a$, $b<x$ では，
$f_{X_1}(x)=0$, $f_{X_2}(x)=0$ とする。以下，$M_1(\theta)=M_2(\theta)$ であるものとする。

(1) $M_1(\theta)=M_2(\theta)$ より，X_1 と X_2 の原点のまわりの n 次のモーメントは一致する，すなわち，$E[X_1{}^n]=E[X_2{}^n]$ $(n=0, 1, 2, \cdots)$ となることを示せ。

(2) $h(x)=f_{X_1}(x)-f_{X_2}(x)$ とおくとき，

$$\int_{-\infty}^{\infty} x^n h(x)\,dx=0 \quad (n=0, 1, 2, \cdots)$$ が成り立つことを示せ。

(3) 任意の正の数 ε に対して，

$$|h(x)-Q(x)|<\varepsilon \quad (a \leqq x \leqq b)$$

となる x の多項式 $Q(x)$ が存在することを示せ。

(4) $\displaystyle\int_a^b h(x)^2\,dx=\int_a^b \{h(x)-Q(x)\}h(x)\,dx$ となることを示せ。

(5) $f_{X_1}(x)=f_{X_2}(x) \quad (-\infty<x<\infty)$ であることを示せ。

ヒント！ (1) $e^{\theta x}=1+\dfrac{\theta x}{1!}+\dfrac{(\theta x)^2}{2!}+\cdots$ を使う。(2) (1) を利用する。(3) $f_{X_1}(x)$ と $f_{X_2}(x)$ のマクローリン展開を考える。(4) (2) を用いる。(5) (3)(4) を使う。

解答＆解説

(1) $M_1(\theta)=M_2(\theta)$ …① とおく。$e^{\theta X_1}$ をマクローリン展開すると，

$$e^{\theta X_1}=1+\frac{\theta X_1}{1!}+\frac{(\theta X_1)^2}{2!}+\frac{(\theta X_1)^3}{3!}+\cdots$$ より，

← $e^t=1+\dfrac{t}{1!}+\dfrac{t^2}{2!}+\dfrac{t^3}{3!}+\cdots$ を用いた

$$M_1(\theta)=E[e^{\theta X_1}]=E\left[1+\frac{\theta X_1}{1!}+\frac{(\theta X_1)^2}{2!}+\frac{(\theta X_1)^3}{3!}+\cdots\right]$$

← E の線形性は連続型でも成り立つ。

$$=\underbrace{E[1]}_{1}+E[X_1]\cdot\frac{\theta}{1!}+E[X_1{}^2]\cdot\frac{\theta^2}{2!}+E[X_1{}^3]\cdot\frac{\theta^3}{3!}+\cdots$$

$$\therefore M_1(\theta)=1+E[X_1]\cdot\frac{\theta}{1!}+E[X_1{}^2]\cdot\frac{\theta^2}{2!}+E[X_1{}^3]\cdot\frac{\theta^3}{3!}+\cdots \quad \cdots\cdots②$$

（θ のベキ級数）

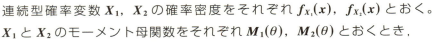

同様に，

$M_2(\theta) = 1 + E[X_2]\cdot\frac{\theta}{1!} + E[X_2{}^2]\cdot\frac{\theta^2}{2!} + E[X_2{}^3]\cdot\frac{\theta^3}{3!} + \cdots$ …③ となる。

②，③を①に代入して，

$$\cancel{1} + E[X_1]\cdot\frac{\theta}{1!} + E[X_1{}^2]\cdot\frac{\theta^2}{2!} + E[X_1{}^3]\cdot\frac{\theta^3}{3!} + E[X_1{}^4]\cdot\frac{\theta^4}{4!} + \cdots$$

$$= \cancel{1} + E[X_2]\cdot\frac{\theta}{1!} + E[X_2{}^2]\cdot\frac{\theta^2}{2!} + E[X_2{}^3]\cdot\frac{\theta^3}{3!} + E[X_2{}^4]\cdot\frac{\theta^4}{4!} + \cdots \quad \cdots④$$

④の両辺を θ で微分して，

$$E[X_1] + E[X_1{}^2]\cdot\frac{\theta}{1!} + E[X_1{}^3]\cdot\frac{\theta^2}{2!} + E[X_1{}^4]\cdot\frac{\theta^3}{3!} + E[X_1{}^5]\cdot\frac{\theta^4}{4!} + \cdots$$

$$= E[X_2] + E[X_2{}^2]\cdot\frac{\theta}{1!} + E[X_2{}^3]\cdot\frac{\theta^2}{2!} + E[X_2{}^4]\cdot\frac{\theta^3}{3!} + E[X_2{}^5]\cdot\frac{\theta^4}{4!} + \cdots \quad \cdots⑤$$

⑤の両辺に $\theta = 0$ を代入すると，

(ア)　　　　　　　…⑥ となる。

⑤の両辺を θ で微分して，

$$E[X_1{}^2] + E[X_1{}^3]\cdot\frac{\theta}{1!} + E[X_1{}^4]\cdot\frac{\theta^2}{2!} + E[X_1{}^5]\cdot\frac{\theta^3}{3!} + E[X_1{}^6]\cdot\frac{\theta^4}{4!} + \cdots$$

$$= E[X_2{}^2] + E[X_2{}^3]\cdot\frac{\theta}{1!} + E[X_2{}^4]\cdot\frac{\theta^2}{2!} + E[X_2{}^5]\cdot\frac{\theta^3}{3!} + E[X_2{}^6]\cdot\frac{\theta^4}{4!} + \cdots \quad \cdots⑦$$

⑦の両辺に $\theta = 0$ を代入すると，

(イ)　　　　　　　となる。

以下同様に，$E[X_1{}^3] = E[X_2{}^3]$，$E[X_1{}^4] = E[X_2{}^4]$，$E[X_1{}^5] = E[X_2{}^5]$，…となる。

よって，$M_1(\theta) = M_2(\theta)$ …① のとき，

$E[X_1{}^n] = E[X_2{}^n]$ …⑧ $(n = 0, 1, 2, \cdots)$ である。……………………(終)

$n = 0$ のとき，⑧は $E[1] = E[1] = 1$（全確率）

(2) $\begin{cases} E[X_1{}^n] = \int_{-\infty}^{\infty} x^n \cdot f_{X_1}(x)\,dx = \int_a^b x^n \cdot f_{X_1}(x)\,dx & \cdots⑨ \\ E[X_2{}^n] = \int_{-\infty}^{\infty} x^n \cdot f_{X_2}(x)\,dx = \int_a^b x^n \cdot f_{X_2}(x)\,dx & \cdots⑩ \end{cases}$

$\because$ $x < a$，$b < x$ のとき，$f_{X_1}(x) = f_{X_2}(x) = 0$ より

⑨，⑩を⑧に代入して，右辺を左辺に移項し，$f_{X_1}(x) - f_{X_2}(x) = h(x)$ とおくと，

$$\int_a^b x^n \{f_{X_1}(x) - f_{X_2}(x)\}\,dx = 0$$

$h(x)$ とおく

$\therefore \int_a^b x^n h(x)\,dx = 0$ ……⑪ $(n = 0, 1, 2, \cdots)$ ……………………(終)

(3) $f_{X_1}(x)$ と $f_{X_2}(x)$ が，$a \leqq x \leqq b$ においてマクローリン展開できるものとする。ここで，

$$Q_1(x) = f_{X_1}(0) + \frac{f_{X_1}{}'(0)}{1!}x + \frac{f_{X_1}{}''(0)}{2!}x^2 + \cdots + \frac{f_{X_1}{}^{(n)}(0)}{n!}x^n$$ とおくと，（x の多項式）

$$\lim_{n\to\infty} Q_1(x) = \boxed{(ウ)}$$ ←（$n\to\infty$ のとき，$Q_1(x)$ は $f_{X_1}(x)$ に収束する）

$$Q_2(x) = f_{X_2}(0) + \frac{f_{X_2}{}'(0)}{1!}x + \frac{f_{X_2}{}''(0)}{2!}x^2 + \cdots + \frac{f_{X_2}{}^{(n)}(0)}{n!}x^n$$ とおくと，（x の多項式）

$$\lim_{n\to\infty} Q_2(x) = \boxed{(エ)}$$ ←（$n\to\infty$ のとき，$Q_2(x)$ は $f_{X_2}(x)$ に収束する）

ここで，$Q(x) = Q_1(x) - Q_2(x)$ とおくと，$Q(x)$ は x の多項式であり，

$$\lim_{n\to\infty} Q(x) = \lim_{n\to\infty}\{\underline{Q_1(x)} - \underline{Q_2(x)}\} = f_{X_1}(x) - f_{X_2}(x) \underline{= h(x)}$$

（$f_{X_1}(x)$）（$f_{X_2}(x)$）（$n\to\infty$ のとき，多項式 $Q(x)$ は $h(x)$ に収束する）

よって，任意の正の数 ε に対して，

$|h(x) - Q(x)| < \varepsilon$ …⑫ をみたす多項式 $Q(x)$ が存在する。 …(終)

(4) $$\int_a^b h(x)^2 dx = \int_a^b \{h(x) - Q(x) + Q(x)\}\cdot h(x)\,dx$$

$$= \int_a^b \{h(x) - Q(x)\}\cdot h(x)\,dx + \underbrace{\int_a^b Q(x)\cdot h(x)\,dx}_{0} \quad \cdots\cdots ⑬$$

ここで，$Q(x)$ を n 次の多項式とすると，

$Q(x) = a_0 + a_1x + a_2x^2 + \cdots + a_nx^n$ （$a_0, a_1, a_2, \cdots, a_n$：定数，$a_n \neq 0$）

$\therefore Q(x)\cdot h(x) = a_0h(x) + a_1xh(x) + \cdots + a_nx^nh(x)$

$$\therefore \int_a^b Q(x)\cdot h(x)\,dx = a_0\underbrace{\int_a^b h(x)\,dx}_{0} + a_1\underbrace{\int_a^b xh(x)\,dx}_{0} + \cdots + a_n\underbrace{\int_a^b x^nh(x)\,dx}_{0}$$

$$= 0 \quad \left(\because \int_a^b x^nh(x)\,dx = 0 \ \cdots ⑪\ (n = 0, 1, 2, \cdots)\ \text{より}\right)$$

よって，⑬より，

$$\int_a^b h(x)^2 dx = \int_a^b \{h(x) - Q(x)\}h(x)\,dx \quad \cdots ⑭$$ となる。 ………(終)

(5) まず，$0 \leqq \int_a^b \underline{h(x)^2}dx$ …⑮ である。（0以上）

次に，⑭より，

$$\int_a^b h(x)^2 dx = \int_a^b \{h(x) - Q(x)\} h(x)\, dx \leqq \int_a^b |h(x) - Q(x)||h(x)|\, dx \quad \cdots ⑯$$

ここで，$|h(x) - Q(x)| < \varepsilon$ …⑫ の両辺に $|h(x)|$ をかけて，

$$|h(x) - Q(x)| \cdot |h(x)| < \varepsilon |h(x)|$$

$$\therefore \int_a^b |h(x) - Q(x)| \cdot |h(x)|\, dx < \varepsilon \int_a^b |h(x)|\, dx \quad \cdots\cdots ⑰$$

⑯と⑰より，

$$\int_a^b h(x)^2 dx < \varepsilon \int_a^b |h(x)|\, dx \quad \cdots\cdots ⑱$$

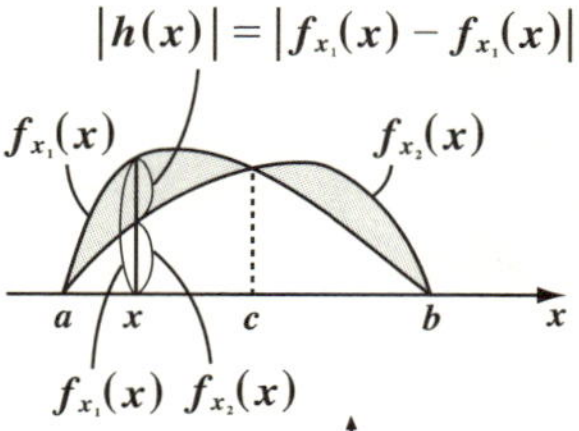

網目部の面積が $\int_a^b |h(x)| dx$

ここで，$a \leqq x \leqq b$ において，右図のような場合を考えると，

$$\int_a^b |h(x)|\, dx = \underbrace{\int_a^c |h(x)|\, dx}_{小} + \underbrace{\int_c^b |h(x)|\, dx}_{小}$$

$$< \underbrace{\int_a^b f_{X_1}(x)\, dx}_{大\ (=1)} + \underbrace{\int_a^b f_{X_2}(x)\, dx}_{大\ (=1\ (全確率))} = \boxed{(オ)}$$

$$\therefore \int_a^b |h(x)|\, dx < 2$$ この両辺に $\varepsilon(>0)$ をかけて，

$$\varepsilon \int_a^b |h(x)|\, dx < 2\varepsilon \quad \cdots\cdots ⑲$$

⑱，⑲より，$\displaystyle\int_a^b h(x)^2 dx < 2\varepsilon$ ……⑳

⑮と⑳より，$\displaystyle 0 \leqq \int_a^b h(x)^2 dx < 2\varepsilon$ ……㉑

㉑は任意の正の数 ε に対して成り立つから，

$\displaystyle\int_a^b h(x)^2 dx = \boxed{(カ)}$ となる。 $\therefore h(x) = f_{X_1}(x) - f_{X_2}(x) = \boxed{(カ)}$ より，

$f_{X_1}(x) = f_{X_2}(x)\ (-\infty \leqq x \leqq \infty)$ となる。 ……………………………(終)

以上 (1) ～ (5) より，「$M_1(\theta) = M_2(\theta) \Rightarrow f_{X_1}(x) = f_{X_2}(x)$」…(＊) が示された。
この逆「$f_{X_1}(x) = f_{X_2}(x) \Rightarrow M_1(\theta) = M_2(\theta)$」…(＊＊) は，モーメント母関数の定義から明らかに成り立つ。∴「$M_1(\theta) = M_2(\theta) \Leftrightarrow f_{X_1}(x) = f_{X_2}(x)$」となる。
以上より，確率分布の確率密度とそのモーメント母関数は 1 対 1 に対応するんだね。

解答 (ア) $E[X_1] = E[X_2]$ (イ) $E[X_1^2] = E[X_2^2]$ (ウ) $f_{X_1}(x)$
(エ) $f_{X_2}(x)$ (オ) 2 (カ) 0

演習問題 60	● 正規分布の標準化と確率 (Ⅲ) ●

確率変数 X が，モーメント母関数 $M(\theta)=e^{3\theta+8\theta^2}$ の正規分布 $N(\mu,\ \sigma^2)$ に従うとき，平均と分散を求めよ。また，**P211** の標準正規分布表を用いて，確率 $P(2\leqq X\leqq 5)$ を求めよ。

ヒント！ 正規分布 $N(\mu,\ \sigma^2)$ のモーメント母関数 $M(\theta)=e^{\mu\theta+\frac{\sigma^2}{2}\theta^2}$ より，μ と σ^2 の値が求まる。$P(2\leqq X\leqq 5)$ は，X を標準化して標準正規分布表を使って求める。

解答＆解説

正規分布 $N(\mu,\ \sigma^2)$ のモーメント母関数 $M(\theta)=e^{\overset{3}{\mu}\theta+\overset{8}{\frac{1}{2}\sigma^2}\theta^2}=e^{3\theta+8\theta^2}$

より，指数部の係数を比較して，平均 $\mu=3$，分散 $\sigma^2=16$ となる。 …(答)

新たに確率変数を，$Z=\dfrac{X-\mu}{\sigma}=\dfrac{X-3}{4}$ で定義すると，（X の標準化）（Z は $N(0,\ 1)$ に従う）

$2\leqq X\leqq 5$ のとき，$-\dfrac{1}{4}\leqq Z\leqq\dfrac{1}{2}$

（$2\leqq X\leqq 5$，$-1\leqq X-3\leqq 2$
$-\dfrac{1}{4}\leqq\dfrac{X-3}{4}\leqq\dfrac{1}{2}$，$-\dfrac{1}{4}\leqq Z\leqq\dfrac{1}{2}$）

よって，求める確率は，

$$P(2\leqq X\leqq 5)=P\left(-\frac{1}{4}\leqq Z\leqq\frac{1}{2}\right)$$

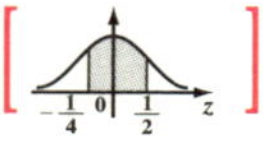

$$=\underset{\text{全確率}}{1}-\phi\left(\underset{0.25}{\frac{1}{4}}\right)-\phi\left(\underset{0.50}{\frac{1}{2}}\right)$$

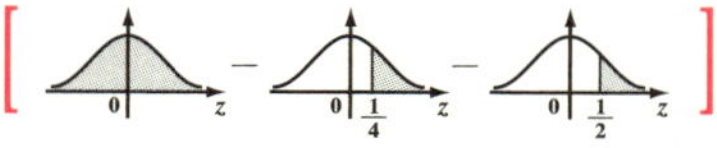

$$=1-\phi(0.25)-\phi(0.50)$$
$$=1-0.4013-0.3085$$
$$=0.2902\quad\cdots\cdots\cdots\cdots(答)$$

標準正規分布表

z	… 0.05 …
⋮	⋮
0.2	… 0.4013
⋮	

z	0.00 ……
⋮	⋮
⋮	⋮
0.5	0.3085

演習問題 61　● 正規分布の標準化と確率 (Ⅳ) ●

確率変数 X が，モーメント母関数 $M(\theta) = e^{4\theta+5\theta^2}$ の正規分布 $N(\mu, \sigma^2)$ に従うとき，平均と分散を求めよ。また，P211 の標準正規分布表を用いて，確率 $P(4-\sqrt{10} \leqq X \leqq 4+\sqrt{10})$ を求めよ。

ヒント! 平均 μ と分散 σ^2 は，$N(\mu, \sigma^2)$ のモーメント母関数 $M(\theta) = e^{\mu\theta+\frac{\sigma^2}{2}\theta^2}$ から求める。確率 $P(4-\sqrt{10} \leqq X \leqq 4+\sqrt{10})$ は，標準正規分布の対称性を利用して求めよう。

解答＆解説

正規分布 $N(\mu, \sigma^2)$ のモーメント母関数 $M(\theta) = e^{\overset{4}{\mu}\theta+\overset{5}{\frac{1}{2}\sigma^2}\theta^2} = e^{4\theta+5\theta^2}$

より，指数部の係数を比較して，平均 $\mu =$ (ア)，分散 $\sigma^2 =$ (イ) となる。…(答)

新たに確率変数を，$Z = \dfrac{X-\mu}{\sigma} = \dfrac{X-4}{\sqrt{10}}$ で定義すると，← 標準化

$4-\sqrt{10} \leqq X \leqq 4+\sqrt{10}$ のとき，(ウ) $\leqq Z \leqq$ (エ)

よって，求める確率は，

> $4-\sqrt{10} \leqq X \leqq 4+\sqrt{10}$
> $-1 \leqq \dfrac{X-4}{\sqrt{10}} \leqq 1$，(ウ) $\leqq Z \leqq$ (エ)

$P(4-\sqrt{10} \leqq X \leqq 4+\sqrt{10}) = P($(ウ) $\leqq Z \leqq$ (エ)$)$

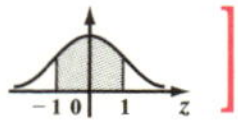

$= 1 - 2\phi(1)$

（1：全確率）

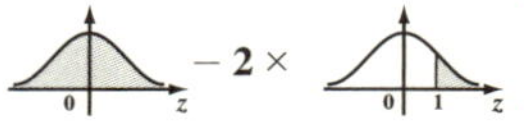

$= 1 - 2 \times$ (オ)

$=$ (カ) …(答)

標準正規分布表

z	0.00	……
⋮	⋮	
1.0	**0.1587**	

> 一般に，正規分布 $N(\mu, \sigma^2)$ に従う X が，$\mu-\sigma \leqq X \leqq \mu+\sigma$ となる確率
> $P(\mu-\sigma \leqq X \leqq \mu+\sigma)$ は，$Z = \dfrac{X-\mu}{\sigma}$ の標準化により，
> $P(\mu-\sigma \leqq X \leqq \mu+\sigma) = P(-1 \leqq Z \leqq 1) = 1 - 2\cdot\phi(1) = 0.6826$　となる。
> 本問は平均 $\mu = 4$，分散 $\sigma^2 = 10$ の正規分布 $N(4, 10)$ の場合だったんだね。

解答　(ア) 4　(イ) 10　(ウ) −1　(エ) 1　(オ) 0.1587　(カ) 0.6826

演習問題 62　●二項分布における大数の法則●

ある試行を 1 回行って，事象 A の起こる確率を p とおく。この試行を n 回行い，そのうち x 回だけ事象 A が起こるものとする。$(x=0,1,2,\cdots,n)$
$n\gg1$ のとき，二項分布は正規分布に近似できることを用いて，
$\displaystyle\lim_{n\to\infty}\frac{x}{n}=p$ となることを示せ。

ヒント！ $n\gg1$ のとき，二項分布は正規分布 $f_X(x)=\dfrac{1}{\sqrt{2\pi}\sigma}e^{-\frac{(x-\mu)^2}{2\sigma^2}}$ $(\mu=np,\ \sigma^2=npq)$ で近似できる。ここで，$\overline{X}=\dfrac{X}{n}$ とおいて，$\overline{X}$ の確率密度を求める。（ただし，$q=1-p$）

解答＆解説

この独立な試行を n 回行って，事象 A の起こる回数を確率変数 X とおくと，X は二項分布に従う。この確率関数は，

$P_B(x)={}_n\mathrm{C}_x\,p^xq^{n-x}$　$(x=0,1,2,\cdots,n)$　である。$(q=1-p)$

この平均は $\mu=np$，分散は $\sigma^2=npq$ となる。

ここで，$n\gg1$ のとき，この二項分布は，連続型の正規分布 $N(\mu,\sigma^2)$ で近似できる。この確率密度 $f_X(x)$ は，

$$f_X(x)=\frac{1}{\sqrt{2\pi}\sigma}e^{-\frac{(x-\mu)^2}{2\sigma^2}}\quad(\mu=np,\ \sigma^2=npq)\quad となる。$$

ここで，新たな確率変数を，$\overline{X}=\dfrac{X}{n}$ と定義して，$\overline{X}$ の確率密度 $f_{\overline{X}}(\overline{x})$ を求める。

（$\displaystyle\lim_{n\to\infty}\overline{x}=\lim\frac{x}{n}=p$ を示せばいいんだね。）

$\overline{x}=\dfrac{x}{n}$　より，$x=n\overline{x}$　$\therefore\ \dfrac{dx}{d\overline{x}}=n$　より，

$$f_{\overline{X}}(\overline{x})=f_X(\underbrace{x}_{n\overline{x}})\underbrace{\frac{dx}{d\overline{x}}}_{n}=n\cdot f_X(n\overline{x})=n\cdot\frac{1}{\sqrt{2\pi}\sigma}e^{-\frac{(n\overline{x}-\mu)^2}{2\sigma^2}}$$

$$\therefore\ f_{\overline{X}}(\overline{x}) = \frac{n}{\sqrt{2\pi}\sigma}e^{-\frac{(n\overline{x}-\mu)^2}{2\sigma^2}} \quad \cdots ①$$ となる。

①に $\mu = np$，$\sigma^2 = npq$ $(\sigma = \sqrt{npq})$ を代入して，

$$f_{\overline{X}}(\overline{x}) = \frac{n}{\sqrt{2\pi}\sqrt{npq}}e^{-\frac{(n\overline{x}-np)^2}{2npq}}$$ ← 分子・分母を n^2 で割る！

$$= \frac{1}{\sqrt{2\pi}\sqrt{\frac{pq}{n}}}e^{-\frac{(\overline{x}-p)^2}{2\cdot\frac{pq}{n}}}$$

（p は $\mu_{\overline{X}}$，$\frac{pq}{n}$ は $\sigma_{\overline{X}}^2$，$\sqrt{\frac{pq}{n}}$ は $\sigma_{\overline{X}}$）

← 正規分布 $f_N(x) = \frac{1}{\sqrt{2\pi}\sigma}e^{-\frac{(x-\mu)^2}{2\sigma^2}}$

$(0 \leqq \overline{x} \leqq 1)$ ← $\overline{x} = \frac{x}{n}$

よって，確率変数 $\overline{X}$ は，平均 $\mu_{\overline{X}} = p$，分散 $\sigma_{\overline{X}}^2 = \frac{pq}{n}$ の正規分布 $N\left(p, \frac{pq}{n}\right)$ に従う。ここで，さらに n を大きくして，$n \to \infty$ にすると，

$$\lim_{n\to\infty}\sigma_{\overline{X}}^2 = \lim_{n\to\infty}\frac{pq}{n} = 0$$ となって，分散が 0 の分布に近づく。

（pq：定数，$n \to \infty$）

$$\therefore\ \lim_{n\to\infty}\overline{x} = \lim_{n\to\infty}\frac{x}{n} = p$$ となる。…………………………………………（終）

このことを，右図に示す。
図（ｉ）で，$n \gg 1$ のとき，$\overline{X}$ は平均 p，分散 $\frac{pq}{n}$ の正規分布に従う。
ここで，$n \to \infty$ にすると，分散が限りなく 0 に近づいて，図（ii）のようなパルス（これを δ 関数という）状の分布になる。つまり，$\overline{X}$ は p 以外の値をとらなくなってしまう。これから，

（δ：“デルタ”と読む）

$$\lim_{n\to\infty}\overline{x} = \lim_{n\to\infty}\frac{x}{n} = p$$ となって，二項分布における大数の法則が導けた。

大数の法則

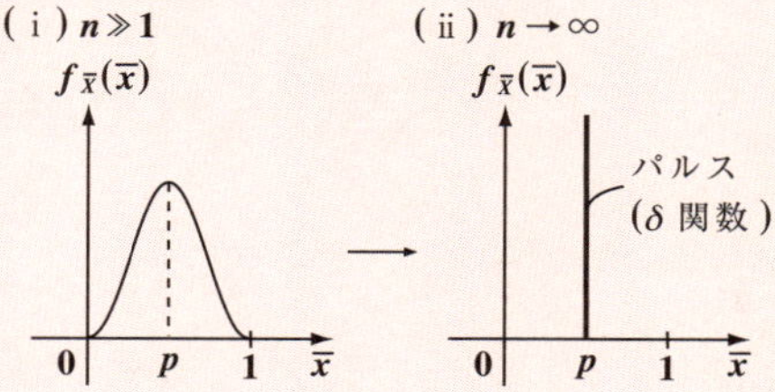

演習問題　63　● 一般化された大数の法則の証明 ●

n 個の互いに独立な確率変数 $X_1, X_2, \cdots, X_n$ が，平均 μ，分散 σ^2 の同一の確率分布に従うとき，その相加平均を $\overline{X} = \dfrac{X_1 + X_2 + \cdots\cdots + X_n}{n}$ とおく。このとき，ε を任意の正の定数として，チェビシェフの不等式を用いて，

$P(|\overline{X} - \mu| \geqq \varepsilon) \leqq \dfrac{\sigma^2}{n\varepsilon^2}$ $\cdots(*1)$ 　となることを示し，$(*1)$ より，

$\displaystyle\lim_{n\to\infty} \overline{x} = \mu$ $\cdots(*2)$ 　が成り立つことを示せ。

ヒント！　相加平均 $\overline{X} = \dfrac{X_1 + X_2 + \cdots\cdots + X_n}{n}$ の平均 $\mu_{\overline{X}}$ は $\mu_{\overline{X}} = \mu$，分散 $\sigma_{\overline{X}}^2$ は $\sigma_{\overline{X}}^2 = \dfrac{\sigma^2}{n}$ となる。

解答＆解説

$\overline{X} = \dfrac{X_1 + X_2 + \cdots\cdots + X_n}{n}$ の平均を $\mu_{\overline{X}}$，分散を $\sigma_{\overline{X}}^2$ とおくと，

$$\mu_{\overline{X}} = E[\overline{X}] = E\left[\frac{1}{n}X_1 + \frac{1}{n}X_2 + \cdots + \frac{1}{n}X_n\right]$$

$$= \frac{1}{n}\underbrace{E[X_1]}_{\mu} + \frac{1}{n}\underbrace{E[X_2]}_{\mu} + \cdots + \frac{1}{n}\underbrace{E[X_n]}_{\mu} = \frac{1}{n}\cdot n\mu = \mu \quad \cdots\cdots①$$

$$\sigma_{\overline{X}}^2 = V[\overline{X}] = V\left[\frac{1}{n}X_1 + \frac{1}{n}X_2 + \cdots + \frac{1}{n}X_n\right]$$

$$= \frac{1}{n^2}\underbrace{V[X_1]}_{\sigma^2} + \frac{1}{n^2}\underbrace{V[X_2]}_{\sigma^2} + \cdots + \frac{1}{n^2}\underbrace{V[X_n]}_{\sigma^2}$$

$X_1, X_2, \cdots, X_n$ が独立のとき，
$V[a_1X_1 + a_2X_2 + \cdots + a_nX_n]$
$= a_1^2V[X_1] + a_2^2V[X_2] + \cdots + a_n^2V[X$

$$= \frac{1}{n^2}\cdot n\sigma^2 = \frac{\sigma^2}{n} \quad \cdots\cdots②$$

この $\overline{X}$ が従う分布にチェビシェフの不等式を用いると，k を任意の正の定数として，

$$P(|\overline{X} - \mu_{\overline{X}}| \geqq k\sigma_{\overline{X}}) \leqq \frac{1}{k^2} \quad \cdots③$$

チェビシェフの不等式
平均 μ，分散 σ^2 の分布に従う確率変数 X について，不等式
$P(|X - \mu| \geqq k\sigma) \leqq \dfrac{1}{k^2}$
が成り立つ。(k：任意の正の定数)
(演習問題 27(P48))

③に①，②を代入して，

$$P\left(|\overline{X}-\mu| \geqq k\cdot\frac{\sigma}{\sqrt{n}}\right) \leqq \frac{1}{k^2} \quad \cdots\cdots ④$$

（$k\cdot\frac{\sigma}{\sqrt{n}}$ を ε とおく）

ここで，$k\cdot\frac{\sigma}{\sqrt{n}}=\varepsilon$ とおくと，σ，n が正の定数，k が任意の正の定数より，ε も任意の正の定数である。$k=\frac{\sqrt{n}\,\varepsilon}{\sigma}$ を④に代入して，

$P(|\overline{X}-\mu| \geqq \varepsilon) \leqq \frac{\sigma^2}{n\varepsilon^2}$ $\cdots(*1)$　が導かれる。　……………………………(終)

ここで，$n\to\infty$ とすると，$(*1)$ の右辺 $\frac{\sigma^2}{n\varepsilon^2}\to 0$　より，（σ^2：定数，ε^2：定数，$n\to\infty$）

$\lim_{n\to\infty} P(|\overline{X}-\mu| \geqq \varepsilon)=0$　$\cdots⑤$　となる。←（⑤は**大数の法則**）

ε は任意の正の定数であるから，⑤より，

$n\to\infty$ のとき，

$\overline{x}\to\mu$　←（**確率収束**という）

すなわち，

$\lim_{n\to\infty}\overline{x}=\mu$　$\cdots(*2)$　が成り立つ。

……(終)

大数の法則

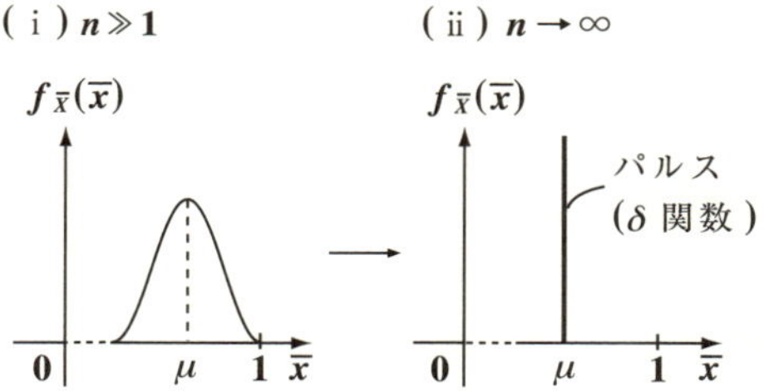

演習問題 **63** で扱った，n 回の独立な試行について，i 回目の試行で事象 A が起これば，$X_i=1$，起こらなければ，$X_i=0$ として，確率変数 X_i $(n=0, 1, 2, \cdots, n)$ を定義すると，事象 A の起こる確率が p より，$X_i=1$ となる確率は p, $X_i=0$ となる確率は q $(=1-p)$ となる。
よって，X_i が従う分布（これを**ベルヌーイ分布**という）の平均 μ は，
$\mu=1\times p+0\times q=p$　となる。
そして，$X=\sum_{i=1}^{n}X_i=X_1+X_2+\cdots+X_n$ とおくと，X は n 回の独立な試行で事象 A の起こった回数を表し，X_1，X_2，…，X_n の相加平均 $\overline{X}=\frac{X}{n}$ は，本問の一般化された大数の法則より，$n\to\infty$ のとき，$\mu=p$ に収束する。
$\therefore \lim_{n\to\infty}\overline{x}=\lim_{n\to\infty}\frac{x}{n}=p$ となって，演習問題 **62** の結果が導かれる。

演習問題 64　●中心極限定理の証明●

互いに独立な確率変数 $X_1, X_2, \cdots, X_n$ が平均 μ，分散 σ^2 の同一の確率分布に従うとき，$\overline{X} = \dfrac{X_1 + X_2 + \cdots\cdots + X_n}{n}$ とおく。ここで，さらに確率変数 Z を $Z = \dfrac{\overline{X} - \mu}{\frac{\sigma}{\sqrt{n}}}$ で定義すると，Z は $n \to \infty$ のとき，標準正規分布 $N(0, 1)$ に従うことを示せ。

ヒント！ $Z = \dfrac{n\overline{X} - n\mu}{\sqrt{n}\,\sigma} = \dfrac{X_1 + X_2 + \cdots\cdots + X_n - n\mu}{\sqrt{n}\,\sigma}$　これをさらに変形して $Z = \dfrac{1}{\sqrt{n}}\left(\dfrac{X_1 - \mu}{\sigma} + \dfrac{X_2 - \mu}{\sigma} + \cdots + \dfrac{X_n - \mu}{\sigma}\right)$　ここで，$Y_i = \dfrac{X_i - \mu}{\sigma}$ $(i = 1, 2, \cdots, n)$ とおき，X_i を Y_i に標準化すると，$E[Y_i] = 0$ かつ $V[Y_i] = 1$ となる。(演習問題 55) $X_1, X_2, \cdots, X_n$ が従う確率分布はすべて同一なので，$Y_1, Y_2, \cdots, Y_n$ の分布もすべて同一となる。よって，Y_i $(n = 1, 2, \cdots, n)$ を Y と表して，まず Y のモーメント母関数を求める。

解答＆解説

$\overline{X} = \dfrac{X_1 + X_2 + \cdots\cdots + X_n}{n}$ とおくと，$n\overline{X} = X_1 + X_2 + \cdots + X_n$

$$\therefore\ Z = \frac{\overline{X} - \mu}{\frac{\sigma}{\sqrt{n}}} = \frac{\overset{X_1 + X_2 + \cdots + X_n}{\boxed{n\overline{X}}} - n\mu}{\sqrt{n}\,\sigma}$$ より，

$$Z = \frac{X_1 + X_2 + \cdots\cdots + X_n - n\mu}{\sqrt{n}\,\sigma}$$ となる。　これをさらに変形して，

$$Z = \frac{1}{\sqrt{n}}\left(\underbrace{\frac{X_1 - \mu}{\sigma}}_{Y_1} + \underbrace{\frac{X_2 - \mu}{\sigma}}_{Y_1} + \cdots\cdots + \underbrace{\frac{X_n - \mu}{\sigma}}_{Y_n\text{とおく}}\right) \quad \cdots\cdots①$$

ここで，$Y_i = \dfrac{X_i - \mu}{\sigma}$　…② $(i = 1, 2, \cdots, n)$ と変数を標準化すると，

X_i $(i = 1, 2, \cdots, n)$ はどれも平均 μ，分散 σ^2 の確率分布に従うから，

Y_i $(i = 1, 2, \cdots, n)$ の平均と分散は，それぞれ

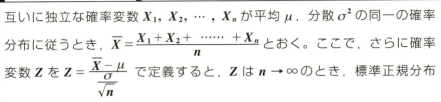

$E[Y_i]=0,\ V[Y_i]=1$ …③ $(i=1,2,\cdots,n)$ となる。

②を①に代入して，

$$Z=\frac{X_1+X_2+\cdots\cdots+X_n-n\mu}{\sqrt{n}\,\sigma}=\frac{Y_1+Y_2+\cdots\cdots+Y_n}{\sqrt{n}}\quad\cdots④$$ となる。

②より，$X_i=\sigma Y_i+\mu$ $\therefore\ \dfrac{dX_i}{dY_i}=\sigma$

$X_1, X_2, \cdots, X_n$ の分布は同一より，$f_{X_1}(x_1)=f_X(x_1),\ f_{X_2}(x_2)=f_X(x_2),\ \cdots$

よって，$Y_i=\dfrac{X_i-\mu}{\sigma}$ の確率密度 $f_{Y_i}(y_i)$ は，X_i の確率密度を $f_X(x_i)$ として，

$$f_{Y_i}(y_i)=f_X(x_i)\underbrace{\frac{dX_i}{dY_i}}_{\sigma}=\sigma f_X(x_i)\quad\cdots\cdots⑤\quad(i=1,2,\cdots,n)$$

⑤より，$y_1, y_2, \cdots, y_n$ は同一の確率分布に従うので，

$f_{Y_1}(y_1)=f_Y(y_1),\ f_{Y_2}(y_2)=f_Y(y_2),\ \cdots,\ f_{Y_n}(y_n)=f_Y(y_n)$ とおける。

$Y_1, Y_2, \cdots, Y_n$ の任意の1つを Y とおくと，Y のモーメント母関数 $M_Y(\theta)$ は，

$$M_Y(\theta)=E[e^{\theta Y}]=\int_{-\infty}^{\infty}e^{\theta y}\cdot f_Y(y)dy$$

$e^{\theta y}=1+\dfrac{\theta y}{1!}+\dfrac{(\theta y)^2}{2!}+\dfrac{(\theta y)^3}{3!}+\cdots$

e^t のマクローリン展開
$e^t=1+\dfrac{t}{1!}+\dfrac{t^2}{2!}+\dfrac{t^3}{3!}+\cdots$

$$=\int_{-\infty}^{\infty}\left(1+\theta y+\frac{\theta^2}{2}y^2+\frac{\theta^3}{6}y^3+\cdots\right)f_Y(y)dy$$

$$=\int_{-\infty}^{\infty}f_Y(y)dy+\theta\cdot\int_{-\infty}^{\infty}y\cdot f_Y(y)dy+\frac{\theta^2}{2}\cdot\int_{-\infty}^{\infty}y^2\cdot f_Y(y)dy+\frac{\theta^3}{6}\cdot\int_{-\infty}^{\infty}y^3\cdot f_Y(y)dy+\cdots$$

第1項 $=1$（全確率）

第2項：$E[Y_i]=0$（③より）

第3項：$E[Y^2]=V[Y]+E[Y]^2=1$（$V[Y]=1$，$E[Y]^2=0^2$）

$V[Y]=E[Y^2]-E[Y]^2$ より

第4項以降：$O(\theta^3)$

$$\therefore\ M_Y(\theta)=\int_{-\infty}^{\infty}e^{\theta y}\cdot f_Y(y)dy=1+\frac{\theta^2}{2}+O(\theta^3)\quad\cdots\cdots⑥$$ となる。

ここで，$Z=\dfrac{X_1+X_2+\cdots\cdots+X_n-n\mu}{\sqrt{n}\,\sigma}=\dfrac{Y_1+Y_2+\cdots\cdots+Y_n}{\sqrt{n}}$ …④ の

モーメント母関数 $M_Z(\theta)$ は，

$$M_Z(\theta)=E[e^{\theta Z}]=E\left[e^{\frac{\theta}{\sqrt{n}}\left(\frac{X_1-\mu}{\sigma}+\frac{X_2-\mu}{\sigma}+\cdots+\frac{X_n-\mu}{\sigma}\right)}\right]$$

$$M_Z(\theta) = \int_{-\infty}^{\infty} \cdots \int_{-\infty}^{\infty} e^{\frac{\theta}{\sqrt{n}} \frac{x_1-\mu}{\sigma}} e^{\frac{\theta}{\sqrt{n}} \frac{x_2-\mu}{\sigma}} \cdots e^{\frac{\theta}{\sqrt{n}} \frac{x_n-\mu}{\sigma}} f_Z(x_1, x_2, \cdots, x_n) dx_1 dx_2 \cdots dx_n$$

$$\boxed{\begin{array}{l} f_X(x_1) \cdot f_X(x_2) \cdots \cdot f_X(x_n) \\ (\because X_1, X_2, \cdots, X_n \text{ は互いに独立より}) \end{array}}$$

$$= \int_{-\infty}^{\infty} e^{\frac{\theta}{\sqrt{n}} \overbrace{\left(\frac{x_1-\mu}{\sigma}\right)}^{y_1}} f_X(x_1)\, dx_1 \cdot \int_{-\infty}^{\infty} e^{\frac{\theta}{\sqrt{n}} \overbrace{\left(\frac{x_2-\mu}{\sigma}\right)}^{y_2}} f_X(x_2)\, dx_2 \cdots \cdot \int_{-\infty}^{\infty} e^{\frac{\theta}{\sqrt{n}} \overbrace{\left(\frac{x_n-\mu}{\sigma}\right)}^{y_n}} f_X(x_n)\, dx_n$$

$$\underbrace{\quad}_{f_Y(y_1)dy_1} \qquad \underbrace{\quad}_{f_Y(y_2)dy_2} \qquad \underbrace{\quad}_{f_Y(y_n)dy_n}$$

$$= \underbrace{\int_{-\infty}^{\infty} e^{\frac{\theta}{\sqrt{n}} y_1} f_Y(y_1)\, dy_1}_{\boxed{M_Y\left(\frac{\theta}{\sqrt{n}}\right) (\text{⑥より})}} \cdot \underbrace{\int_{-\infty}^{\infty} e^{\frac{\theta}{\sqrt{n}} y_2} f_Y(y_2)\, dy_2}_{\boxed{M_Y\left(\frac{\theta}{\sqrt{n}}\right) (\text{⑥より})}} \cdots \cdot \underbrace{\int_{-\infty}^{\infty} e^{\frac{\theta}{\sqrt{n}} y_n} f_Y(y_n)\, dy_n}_{\boxed{M_Y\left(\frac{\theta}{\sqrt{n}}\right) (\text{⑥より})}}$$

$$\therefore M_Z(\theta) = \left\{ \underbrace{M_Y\left(\frac{\theta}{\sqrt{n}}\right)}_{} \right\}^n \quad \cdots ⑦ \qquad \boxed{M_Y(\theta) = \int_{-\infty}^{\infty} e^{\theta y} \cdot f_Y(y)\, dy = 1 + \frac{\theta^2}{2} + O(\theta^3) \quad \cdots ⑥}$$

$$\underbrace{1 + \frac{1}{2}\left(\frac{\theta}{\sqrt{n}}\right)^2 + O\left(\frac{\theta^3}{n\sqrt{n}}\right)}_{} \longleftarrow \boxed{⑥の \theta が \frac{\theta}{\sqrt{n}} の場合}$$

$$\underbrace{\frac{\theta^2}{n}}_{} \qquad \underbrace{O\left(\theta^3 n^{-\frac{3}{2}}\right)}_{}$$

⑥と⑦を比較して，$Z = \dfrac{\overline{X} - \mu}{\dfrac{\sigma}{\sqrt{n}}} = \dfrac{X_1 + X_2 + \cdots\cdots + X_n - n\mu}{\sqrt{n}\,\sigma}$ のモーメント

母関数 $M_Z(\theta)$ は，

$$M_Z(\theta) = \left\{ 1 + \underbrace{\frac{1}{2} \cdot \frac{\theta^2}{n} + O\left(\theta^3 n^{-\frac{3}{2}}\right)}_{\boxed{u \text{ とおく}}} \right\}^n \quad \cdots ⑧ \quad \text{となる。}$$

ここで，$u = \dfrac{1}{2} \cdot \dfrac{\theta^2}{n} + O\left(\theta^3 n^{-\frac{3}{2}}\right)$ とおくと，⑧は

$$\boxed{\frac{\theta^2}{2} + O\left(\theta^3 n^{-\frac{1}{2}}\right)}$$

$$M_Z(\theta) = \left\{ (1+u)^{\frac{1}{u}} \right\}^{\overbrace{nu}}$$

$$= \left\{ (1+u)^{\frac{1}{u}} \right\}^{\frac{\theta^2}{2} + O\left(\theta^3 n^{\frac{1}{2}}\right)} \quad \cdots\cdots ⑨$$

$n \to \infty$ のとき，$u = \dfrac{1}{2} \cdot \overbrace{\dfrac{\theta^2}{\underset{\infty}{n}}} + O\left(\overbrace{\theta^3}^{\text{定数}} n^{-\frac{3}{2}}\right) \to 0$，$\dfrac{\theta^2}{2} + O\left(\overbrace{\theta^3}^{\text{定数}} n^{-\frac{1}{2}}\right) \to \dfrac{\theta^2}{2}$ より，⑨は

$$M_Z(\theta)=\left\{(1+u)^{\frac{1}{u}}\right\}^{\frac{\theta^2}{2}+o\left(\theta^3 n^{-\frac{1}{2}}\right)} \to e^{\frac{\theta^2}{2}}$$ となる。

（$(1+u)^{\frac{1}{u}} \to e\ (\because u \to 0)$，$\frac{\theta^2}{2}+o\left(\theta^3 n^{-\frac{1}{2}}\right) \to \frac{\theta^2}{2}$）

よって，$e^{\frac{\theta^2}{2}}$ は標準正規分布 $N(0,\ 1)$ のモーメント母関数だから，P99

$Z=\dfrac{\overline{X}-\mu}{\frac{\sigma}{\sqrt{n}}}$ の確率分布は，$n \to \infty$ のとき，標準正規分布 $N(0,\ 1)$ に近づく。

……(終)

$Z=\dfrac{\overline{X}-\mu}{\frac{\sigma}{\sqrt{n}}}$ は $n \to \infty$ のとき，$N(0,\ 1)$ に従うことから，$\overline{X}$ は正規分布 $N\left(\mu,\ \dfrac{\sigma^2}{n}\right)$ に従う。また，$Z=\dfrac{X_1+X_2+\cdots+X_n-n\mu}{\sqrt{n}\,\sigma}$ とも表せるので，（$X_1+X_2+\cdots+X_n = X$）

$X=X_1+X_2+\cdots+X_n$ とおくと，X は，正規分布 $N(n\mu,\ n\sigma^2)$ に従うことも分かる。ここで，任意の定数 x に対して，$n \gg 1$ のとき，

$\dfrac{X-n\mu}{\sqrt{n}\,\sigma} \leqq x$ となる確率 $P\left(\dfrac{X-n\mu}{\sqrt{n}\,\sigma} \leqq x\right)$ は，

$$P\left(\frac{X-n\mu}{\sqrt{n}\,\sigma} \leqq x\right)=P(Z \leqq x)$$

（$\dfrac{X-n\mu}{\sqrt{n}\,\sigma} = Z$）

$\dfrac{X-n\mu}{\sqrt{n}\,\sigma}$ の分布関数

$$\fallingdotseq \int_{-\infty}^{x} \frac{1}{\sqrt{2\pi}} e^{-\frac{z^2}{2}} dz$$

$N(0,\ 1)$ の分布関数

と近似できる。

標準正規分布 $N(0,\ 1)$

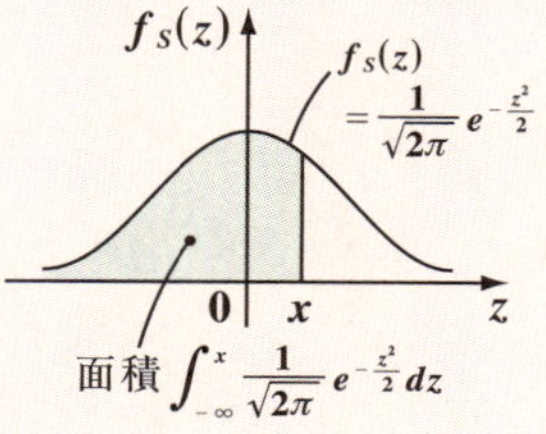

$n \to \infty$ のとき，次の(ⅰ)(ⅱ)が成り立つ。

(ⅰ) 任意の定数 x に対して，

$$\lim_{n\to\infty} P\left(\frac{X_1+X_2+\cdots+X_n-n\mu}{\sqrt{n}\,\sigma} \leqq x\right)=\int_{-\infty}^{x} \frac{1}{\sqrt{2\pi}} e^{-\frac{z^2}{2}} dz$$

(ⅱ) 任意の定数 $x_1,\ x_2\ (x_1 < x_2)$ に対して，

$$\lim_{n\to\infty} P\left(x_1 \leqq \frac{X_1+X_2+\cdots+X_n-n\mu}{\sqrt{n}\,\sigma} \leqq x_2\right)=\int_{x_1}^{x_2} \frac{1}{\sqrt{2\pi}} e^{-\frac{z^2}{2}} dz$$

(ⅰ)は「$n \to \infty$ のとき，$\dfrac{X_1+X_2+\cdots+X_n-n\mu}{\sqrt{n}\,\sigma}$ の分布関数は標準正規分布 $N(0,\ 1)$ の分布関数に近づく」ことを示している。

(ⅰ)または(ⅱ)を，中心極限定理ということもある。

演習問題 65 ● ベルヌーイ試行における中心極限定理（Ⅰ）●

サイコロを n 回振る試行を考える。k 回目の試行で 2 以下の目が出たら 1 の値を，3 以上の目が出たら 0 の値を確率変数 $X_k\ (k=1,2,\cdots,n)$ は取るものとする。このような試行をベルヌーイ試行と呼び，$X_k\ (k=1,2,\cdots,n)$ の分布をベルヌーイ分布という。ここで，$X=X_1+X_2+\cdots\cdots+X_n$ で新たな確率変数 X を定義すると，X は n 回のうち 2 以下の目が出た回数を表す。9000 回サイコロを振るとき，2 以下の目が出る回数 X が，$2900\leqq X\leqq 3100$ となる確率を，中心極限定理を用いて求めよ。

ヒント！ $X_1, X_2, \cdots, X_n$ が互いに独立であることを確かめる。$X_1, X_2, \cdots, X_n$ は，平均 μ，分散 σ^2 の同一の確率分布に従うので，$n=9000\gg 1$ より，$Z=\dfrac{X-n\mu}{\sqrt{n}\,\sigma}$ の分布は，標準正規分布 $N(0,1)$ で近似できる。

解答＆解説

例えば，$P(X_1=1)=\dfrac{1}{3}$，$P(X_2=0)=\dfrac{2}{3}$，$P(X_1=1,\ X_2=0)=\dfrac{1}{3}\times\dfrac{2}{3}=\dfrac{2}{9}$ より，

$P(X_1=1,\ X_2=0)=P(X_1=1)\cdot P(X_2=0)$ $\therefore X_1$ と X_2 は独立である。

同様に，$X_1, X_2, \cdots, X_n$ は同一の確率分布に従う互いに独立な変数である。

$X_k\ (k=1,2,\cdots,n)$ の平均 μ と分散 σ^2 は，$p=\dfrac{1}{3}$，$q=1-p=\dfrac{2}{3}$ として，

$$\begin{cases}\mu=E[X_k]=1\times p+0\times q=p\left[=\dfrac{1}{3}\right]\\[2mm] \sigma^2=E[X_k{}^2]-\mu^2=1^2\times p+0^2\times q-p^2=p(1-p)=pq\left[=\dfrac{2}{9}\right]\end{cases}$$

$\therefore Z=\dfrac{X-n\mu}{\sqrt{n}\,\sigma}=\dfrac{X-np}{\sqrt{n}\sqrt{pq}}=\dfrac{X-np}{\sqrt{npq}}$ とおくと，$n=9000,\ p=\dfrac{1}{3},\ q=\dfrac{2}{3}$ より，

$Z=\dfrac{X-9000\times\frac{1}{3}}{\sqrt{9000\times\frac{1}{3}\times\frac{2}{3}}}=\dfrac{X-3000}{20\sqrt{5}}$ となる。$n=9000\gg 1$ より，中心極限定理を用いて，

$Z=\dfrac{X-3000}{20\sqrt{5}}$ より

$P(2900\leqq X\leqq 3100)=P(-\sqrt{5}\leqq Z\leqq\sqrt{5})\fallingdotseq 1-2\cdot\phi(\underbrace{\sqrt{5}}_{2.24})$

$=1-2\cdot\phi(2.24)=1-2\times 0.0125=0.975$ となる。…(答)

演習問題 66 ● ベルヌーイ試行における中心極限定理(Ⅱ) ●

コインを n 回投げるベルヌーイ試行を考える。k 回目の試行で表が出たら 1 の値を，裏が出たら 0 の値を確率変数 X_k $(k=1,\ 2,\ \cdots,\ n)$ は取るものとする。$X=X_1+X_2+\ \cdots\cdots\ +X_n$ で新たな確率変数 X を定義すると，X は n 回のうち表の出る回数を表す。10000 回コインを投げたとき，表の出る回数 X が，$4850 \leqq X \leqq 5150$ となる確率を，中心極限定理を用いて求めよ。

ヒント！ 前問同様，$Z=\dfrac{X-n\mu}{\sqrt{n}\,\sigma}=\dfrac{X-np}{\sqrt{npq}}$ に，$n=10000,\ p=q=\dfrac{1}{2}$ を代入する。

解答＆解説

$X_1,\ X_2,\ \cdots,\ X_n$ は (ア) であり，これらはすべて (イ) 確率分布に従う。この分布の平均 μ と分散 σ^2 は，$p=\dfrac{1}{2}$，$q=1-p=\dfrac{1}{2}$ として，

$$\begin{cases} \mu=E[X_k]=\text{(ウ)}=p\left[=\dfrac{1}{2}\right] \\ \sigma^2=E[X_k{}^2]-\mu^2=\text{(エ)}=p(1-p)=pq\left[=\dfrac{1}{4}\right] \end{cases}$$

$\therefore Z=\dfrac{X-n\mu}{\sqrt{n}\,\sigma}=\dfrac{X-np}{\sqrt{n}\sqrt{pq}}=\text{(オ)}$ とおくと，$n=10000$，

$p=\dfrac{1}{2}$，$q=\dfrac{1}{2}$ を代入して，$Z=\dfrac{X-10000\times\dfrac{1}{2}}{\sqrt{10000\times\dfrac{1}{2}\times\dfrac{1}{2}}}=\dfrac{X-5000}{50}$ となる。

$n=10000 \gg 1$ より，(カ) を用いて，

$$\begin{aligned} P(4850 \leqq X \leqq 5150) &= P(-3 \leqq Z \leqq 3) \\ &\fallingdotseq 1-2\cdot\phi(3) \\ &= 1-2\times 0.00135 \\ &= 0.9973 \end{aligned}$$

となる。 ……(答)

標準正規分布 $N(0,\ 1)$

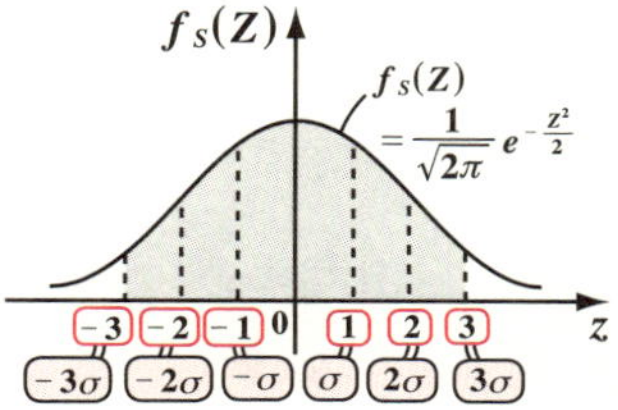

解答 (ア) 互いに独立　(イ) 同一の　(ウ) $1\times p+0\times q$

(エ) $1^2\times p+0^2\times q-p^2$　(オ) $\dfrac{X-np}{\sqrt{npq}}$　(カ) 中心極限定理

§1. χ^2分布

推定や**検定**では，正規分布だけでなく，**χ^2分布**，**t分布**，**F分布**も使われる。これら3つの分布の中に**ガンマ関数**や**ベータ関数**が現れる。

まず，**ガンマ関数 $\Gamma(p)$** の定義とその性質を下に示す。

ガンマ関数の定義とその性質

(Ⅰ) ガンマ関数 $\Gamma(p)$ の定義

$$\Gamma(p)=\int_0^\infty x^{p-1}\cdot e^{-x}dx \quad (p>0)$$

(Ⅱ) ガンマ関数 $\Gamma(p)$ の性質

(i) $\Gamma(p+1)=p\cdot\Gamma(p)$

(ii) $\Gamma(1)=1$　　(iii) $\Gamma\left(\frac{1}{2}\right)=\sqrt{\pi}$

(iv) n が自然数のとき，

$$\Gamma(n+1)=n!$$

ガンマ関数 $\Gamma(p)$ のグラフ

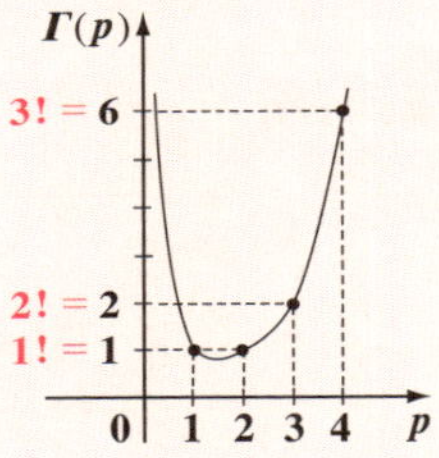

次に，**ベータ関数** $B(p,\ q)$ の定義とその性質を示す。

ベータ関数の定義とその性質

(Ⅰ) ベータ関数 $B(p,\ q)$ の定義

$$B(p,\ q)=\int_0^1 x^{p-1}(1-x)^{q-1}dx \quad (p>0,\ q>0)$$

(Ⅱ) ベータ関数 $B(p,\ q)$ とガンマ関数の関係

$$B(p,\ q)=\frac{\Gamma(p)\cdot\Gamma(q)}{\Gamma(p+q)}$$

（ガンマ関数の性質については，演習問題 67(P122)，ベータ関数とガンマ関数との関係については，演習問題 69(P124) を参照。）

次に，**自由度 n のχ^2分布**の定義と，その確率密度 $c_n(x)$，モーメント母関数，期待値と分散を示す。

χ^2 分布（連続型）

互いに独立な n 個の確率変数 Z_1，Z_2，$\cdots$，Z_n が標準正規分布 $N(0,\ 1)$ に従うとき，確率変数

$X = Z_1^2 + Z_2^2 + \cdots + Z_n^2$

が従う確率分布を自由度 n の χ^2 分布と呼ぶ。

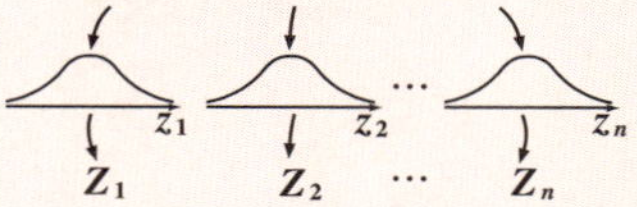

ここで，$Y_1 = Z_1^2$，$Y_2 = Z_2^2$，$\cdots$，$Y_n = Z_n^2$ とおき，さらに，$X = Y_1 + Y_2 + \cdots + Y_n$ とおくと，X は，自由度 n の χ^2 分布：$c_n(x) = A_n \cdot x^{\frac{n}{2}-1} \cdot e^{-\frac{x}{2}}$ に従う。（n：自然数）

・自由度 n の χ^2 分布の確率密度は，

$$c_n(x) = \begin{cases} \dfrac{1}{2^{\frac{n}{2}} \cdot \Gamma\left(\frac{n}{2}\right)} x^{\frac{n}{2}-1} \cdot e^{-\frac{x}{2}} & (x > 0) \\ 0 & (x \leqq 0) \end{cases}$$

・モーメント母関数は，

$M_c(\theta) = (1-2\theta)^{-\frac{n}{2}}$ $\left(\text{ただし，} \theta < \dfrac{1}{2}\right)$

・期待値と分散は，

$E_c[X] = n$，　$V_c[X] = 2n$　となる。（演習問題 70(P126)，71(P128)）

自由度 $n = 1,\ 2,\ 3,\ 5$ のときの χ^2 分布の確率密度 $c_1(x)$，$c_2(x)$，$c_3(x)$，$c_5(x)$ のグラフを，図 1 に示す。

図 1　χ^2 分布のグラフ

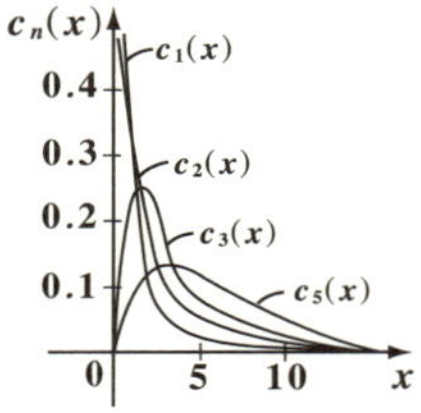

互いに独立な 2 つの確率変数 X，Y がそれぞれ自由度 m，自由度 n の χ^2 分布に従うとき，確率変数 $Z = X + Y$ は，自由度 $m+n$ の χ^2 分布に従う。これを χ^2 **分布の再生性**という。（演習問題 72(P130)）

§2. t 分布と F 分布

統計解析の推定や検定では，正規分布，χ^2 分布の他に，**t 分布**や **F 分布**も使われる。

まず，**自由度 n の t 分布**の定義と，その確率密度 $t_n(x)$ を次に示す。

t 分布（連続型）

2つの独立な変数 Y と Z があり，Y は標準正規分布 $N(0,\ 1)$ に，Z は自由度 n の χ^2 分布に従うとき，確率変数

$X = \dfrac{Y}{\sqrt{\dfrac{Z}{n}}}$ が従う確率分布を

自由度 n の t 分布と呼ぶ。

t 分布はスチューデントの t 分布とも呼ばれる。

標準正規分布　自由度 n の χ^2 分布

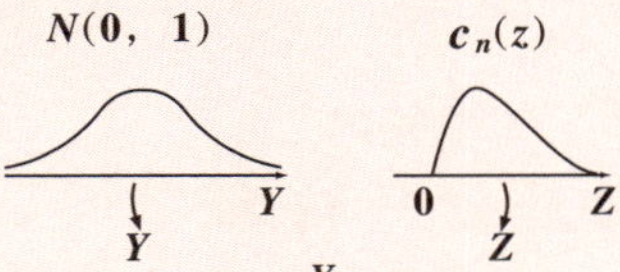

ここで，$X = \dfrac{Y}{\sqrt{\dfrac{Z}{n}}}$ とおくと，

X は自由度 n の t 分布：

$t_n(x) = K_n\left(\dfrac{x^2}{n} + 1\right)^{-\frac{n+1}{2}}$

に従う。(n：自然数)

・自由度 n の t 分布の確率密度は，

$$t_n(x) = \frac{1}{\sqrt{n}\,B\left(\frac{n}{2},\ \frac{1}{2}\right)}\left(\frac{x^2}{n} + 1\right)^{-\frac{n+1}{2}}$$

となる。（演習問題 74(P134)）

自由度1，すなわち $n = 1$ のとき，

$$t_1(x) = \frac{1}{\sqrt{1}\,B\left(\frac{1}{2},\ \frac{1}{2}\right)}\left(\frac{x^2}{1} + 1\right)^{-\frac{1+1}{2}} = \frac{1}{\pi}(x^2 + 1)^{-1} = \frac{1}{\pi(x^2 + 1)}$$

$$B\left(\frac{1}{2},\ \frac{1}{2}\right) = \frac{\Gamma\left(\frac{1}{2}\right)\Gamma\left(\frac{1}{2}\right)}{\Gamma(1)} = \frac{\sqrt{\pi}\cdot\sqrt{\pi}}{1} = \pi$$

となり，これを特に**コーシー分布**と呼ぶ。（演習問題 26(P46) 参照）

$n = 1,\ 2,\ 3,\ \cdots$ のいずれにおいても $t_n(x)$ は偶関数なので，直線 $x = 0$ に関して対称なグラフになる。

$n = 1,\ 2,\ 10$ のときの t 分布の確率密度 $t_n(x)$ のグラフを，図1に示す。

t 分布の平均は，グラフより明らかに0である。t 分布は数表として与えられており，推定や検定のときに，その数表 (P213) を利用すればよい。

図1　$n = 1,\ 2,\ 10$ のときの t 分布

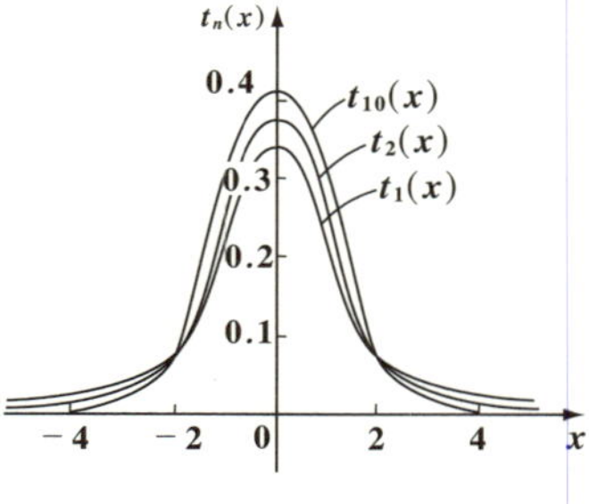

次に，**自由度 $(m,\ n)$ の F 分布**の定義と，その確率密度 $f_{m,\,n}(x)$ を下に示す。

F 分布（連続型）

2つの独立な変数 Y と Z があり，Y は自由度 m の，そして Z は自由度 n の χ^2 分布に従うとき，確率変数

$$X = \frac{\frac{Y}{m}}{\frac{Z}{n}}$$ が従う確率分布を

自由度 $(m,\ n)$ の F 分布と呼ぶ。

F 分布はフィッシャーの F 分布，またはスネデガーの F 分布とも呼ばれる。

・自由度 $(m,\ n)$ の F 分布の確率密度は，

$$f_{m,\,n}(x) = \frac{m^{\frac{m}{2}}\cdot n^{\frac{n}{2}}}{B\left(\frac{m}{2},\ \frac{n}{2}\right)}\cdot\frac{x^{\frac{m}{2}-1}}{(mx+n)^{\frac{m+n}{2}}}$$

となる。(演習問題 73(P132))

自由度 m の χ^2 分布 $c_m(y)$　　自由度 n の χ^2 分布 $c_n(z)$

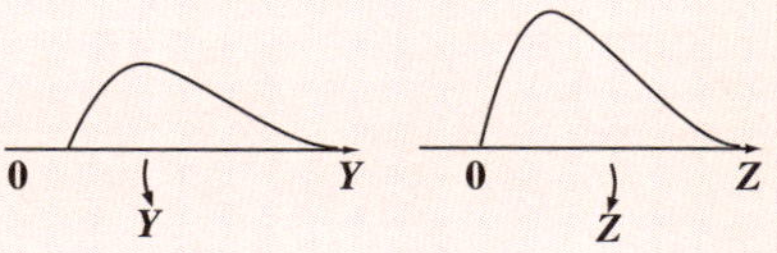

ここで，$X = \frac{\frac{Y}{m}}{\frac{Z}{n}}$ とおくと，

X は自由度 $(m,\ n)$ の F 分布：

$$f_{m,\,n}(x) = L_{m,\,n}\frac{x^{\frac{m}{2}-1}}{(mx+n)^{\frac{m+n}{2}}}$$

に従う。($m,\ n$：自然数)

$m=1,\ n=2$ のときを除いて，F 分布の確率密度 $f_{m,\,n}(x)\ (x>0)$ のグラフの概形を図2に示す。

図2　自由度 $(m,\ n)$ の F 分布のイメージ

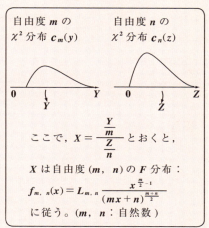

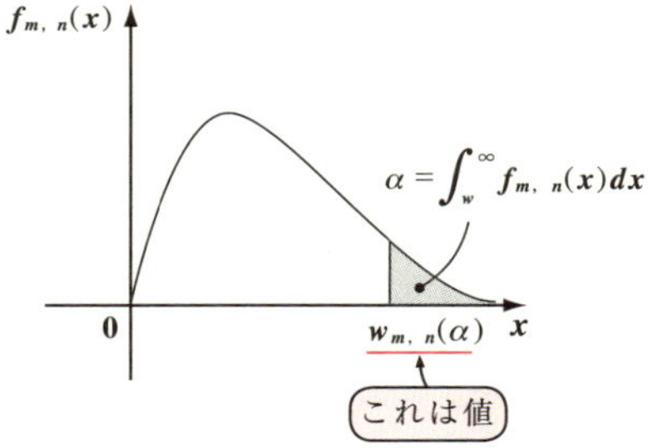

χ^2 分布，t 分布と同様，F 分布も数表が与えられており，統計的に推定や検定を行なうときに，この数表 (P215，P216) を利用する。このとき次の公式も有用である。

$$W_{m,\,n}(\alpha) = \frac{1}{W_{n,\,m}(1-\alpha)}$$　(ただし $0<\alpha<1$)

(演習問題 100(P198))

演習問題 67　● ガンマ関数の性質 ●

ガンマ関数 $\Gamma(p)=\int_0^{\infty}x^{p-1}\cdot e^{-x}dx \quad (p>0)$ について、
次の各式が成り立つことを示せ。

(i) $\Gamma(p+1)=p\cdot\Gamma(p)$　(ii) $\Gamma(1)=1$　(iii) $\Gamma\left(\frac{1}{2}\right)=\sqrt{\pi}$

(iv) $\Gamma(n+1)=n!$　(n：自然数)

ヒント！ (i) 部分積分法を使う。(iii) $x=t^2\ (t\geqq0)$ と変数変換する。
(iv) (i) の漸化式を繰り返し用いる。

解答＆解説

(i) 部分積分法を用いて,

$$\Gamma(p+1)=\int_0^{\infty}x^p\cdot e^{-x}dx=\int_0^{\infty}x^p\cdot(-e^{-x})'dx$$

$$=\underbrace{[-x^pe^{-x}]_0^{\infty}}_{\lim_{\alpha\to\infty}[-x^pe^{-x}]_0^{\alpha}=0+0}+p\int_0^{\infty}x^{p-1}\cdot e^{-x}dx=p\underbrace{\int_0^{\infty}x^{p-1}\cdot e^{-x}dx}_{\Gamma(p)}$$

$\therefore\ \Gamma(p+1)=p\cdot\Gamma(p)$ ……① が成り立つ。　……………………………(終)

(ii) $\Gamma(1)=\int_0^{\infty}x^0e^{-x}dx=\underbrace{[-e^{-x}]_0^{\infty}}_{\lim_{\alpha\to\infty}[-e^{-x}]_0^{\alpha}=0+1}=1$ ……②　となる。…………………(終)

(iii) $\Gamma\left(\frac{1}{2}\right)=\int_0^{\infty}x^{-\frac{1}{2}}e^{-x}dx$ ……③

ここで, $x=t^2\ (t\geqq0)$ とおくと, $dx=2tdt$

$x:0\to\infty$ のとき, $t:0\to\infty$　よって, ③より,

$$\Gamma\left(\frac{1}{2}\right)=\int_0^{\infty}t^{-1}\cdot e^{-t^2}\cdot2tdt=2\underbrace{\int_0^{\infty}e^{-t^2}dt}_{\frac{1}{2}\int_{-\infty}^{\infty}e^{-t^2}dt=\frac{1}{2}\cdot\sqrt{\pi}}=\sqrt{\pi}$$ となる。　…………(終)

ガウス積分 (P66) $\int_{-\infty}^{\infty}e^{-x^2}dx=\sqrt{\pi}$　より

(iv) 自然数 n に対して, ①より,

$$\Gamma(n+1)=n\Gamma(n)=n(n-1)\Gamma(n-1)=n(n-1)(n-2)\Gamma(n-2)=\cdots$$

$$=n(n-1)(n-2)\cdots3\cdot2\cdot1\cdot\underbrace{\Gamma(1)}_{1(②より)}=n!$$

$\therefore\ \Gamma(n+1)=n!$ となる。　…………………………………………(終)

演習問題 68　● ガンマ関数とベータ関数 ●

(1) ガンマ関数 $\Gamma(p) = \int_0^\infty x^{p-1} \cdot e^{-x} dx \quad (p > 0)$ について，

$\Gamma(p) = 2 \cdot \int_0^\infty t^{2p-1} \cdot e^{-t^2} dt \cdots\cdots (*1)$ を示せ。

(2) ベータ関数 $B(p,\ q) = \int_0^1 x^{p-1} \cdot (1-x)^{q-1} dx \ (p > 0,\ q > 0)$ について，

$B(p,\ q) = 2\int_0^{\frac{\pi}{2}} \cos^{2p-1}\theta \cdot \sin^{2q-1}\theta d\theta \cdots\cdots (*2)$ を示せ。

ヒント！ (1) $x = t^2 \ (t \geqq 0)$ とおく。(1) $x = \cos^2\theta \left(0 \leqq \theta \leqq \dfrac{\pi}{2}\right)$ と変数変換する。

解答＆解説

(1) $x = t^2 \ (t \geqq 0)$ とおくと，$dx =$ (ア)

$x : 0 \to \infty$ のとき，$t : 0 \to \infty$ となる。

$$\therefore \Gamma(p) = \int_0^\infty x^{p-1} \cdot e^{-x} dx = \int_0^\infty t^{2(p-1)} \cdot e^{-t^2} \cdot 2t dt$$

$$= 2 \cdot \int_0^\infty t^{2p-1} \cdot e^{-t^2} dt \cdots\cdots (*1)$$ となる。 ……………………(終)

(2) $x = \cos^2\theta \left(0 \leqq \theta \leqq \dfrac{\pi}{2}\right)$ とおくと，$dx =$ (イ)

$x : 0 \to 1$ のとき，$\theta :$ (ウ) となる。

$$\therefore B(p,\ q) = \int_0^1 x^{p-1} \cdot (1-x)^{q-1} dx$$

$$= \int_{\frac{\pi}{2}}^0 \cos^{2(p-1)}\theta \cdot (\underbrace{1-\cos^2\theta}_{\sin^2\theta})^{q-1}(-2\cos\theta \cdot \sin\theta) d\theta$$

$$= 2\int_0^{\frac{\pi}{2}} \cos^{2p-1}\theta \cdot \sin^{2q-1}\theta d\theta \cdots\cdots (*2)$$ となる。 …………(終)

解答　(ア) $2tdt$　　(イ) $-2\cos\theta\sin\theta d\theta$　　(ウ) $\dfrac{\pi}{2} \to 0$

演習問題 69 ● ガンマ関数とベータ関数の関係 ●

ガンマ関数 $\Gamma(p)=\int_0^\infty x^{p-1}\cdot e^{-x}dx \quad (p>0)$ と，

ベータ関数 $B(p,q)=\int_0^1 x^{p-1}\cdot(1-x)^{q-1}dx \quad (p>0,\ q>0)$ について，

$B(p,\ q)=\dfrac{\Gamma(p)\cdot\Gamma(q)}{\Gamma(p+q)}$ …$(*3)$ が成り立つことを，演習問題68で導いた

$\Gamma(p)=2\int_0^\infty t^{2p-1}\cdot e^{-t^2}dt$ ……$(*1)$ と，

$B(p,\ q)=2\int_0^{\frac{\pi}{2}}\cos^{2p-1}\theta\cdot\sin^{2q-1}\theta d\theta$ ……$(*2)$ を用いて示せ。

ヒント！ $(*1)$ より，$\Gamma(p)\cdot\Gamma(q)$ の積は，

$$\Gamma(p)\cdot\Gamma(q)=2\int_0^\infty u^{2p-1}\cdot e^{-u^2}du\cdot 2\int_0^\infty v^{2q-1}\cdot e^{-v^2}dv$$

$$=4\int_0^\infty\int_0^\infty u^{2p-1}\cdot v^{2q-1}\cdot e^{-(u^2+v^2)}dudv$$ となるんだね。

解答＆解説

$\Gamma(p)$，$\Gamma(q)$ をそれぞれ積分変数 x と y で表すと，積 $\Gamma(p)\cdot\Gamma(q)$ は，

$$\Gamma(p)\cdot\Gamma(q)=\underbrace{\int_0^\infty x^{p-1}\cdot e^{-x}dx}_{\Gamma(p)}\cdot\underbrace{\int_0^\infty y^{q-1}\cdot e^{-y}dy}_{\Gamma(q)}$$ ……① となる。

ここで，$x=u^2\ (u\geqq 0)$，$y=v^2\ (v\geqq 0)$ とおくと，$(*1)$ より

$$\begin{cases}\Gamma(p)=\boxed{(ア)\qquad\qquad}\\ \Gamma(q)=\boxed{(イ)\qquad\qquad}\end{cases}$$ ……②

となる。②を①に代入すると，

$$\Gamma(p)\cdot\Gamma(q)=4\int_0^\infty u^{2p-1}\cdot e^{-u^2}du\cdot\int_0^\infty v^{2q-1}\cdot e^{-v^2}dv$$

$\therefore\ \Gamma(p)\cdot\Gamma(q)=4\int_0^\infty\int_0^\infty u^{2p-1}\cdot v^{2q-1}\cdot e^{-(u^2+v^2)}dudv$ ……③

ここで，

$\begin{cases} u = \boxed{(ウ)\quad} \\ v = \boxed{(エ)\quad} \end{cases}$ とおくと，

$u^2+v^2=r^2(\underbrace{\cos^2\theta+\sin^2\theta}_{1})=r^2$ 　ヤコビアン J は，

$$J=\begin{vmatrix} \dfrac{\partial u}{\partial r} & \dfrac{\partial u}{\partial \theta} \\ \dfrac{\partial v}{\partial r} & \dfrac{\partial v}{\partial \theta} \end{vmatrix}=\begin{vmatrix} \cos\theta & -r\sin\theta \\ \sin\theta & r\cos\theta \end{vmatrix}=r(\underbrace{\cos^2\theta+\sin^2\theta}_{1})=r$$

$\therefore\ dudv=\underbrace{r}_{|J|}drd\theta$ 　また，

$u:0\to\infty$，$v:0\to\infty$ 　のとき，

$r:\boxed{(オ)\quad}$，$\theta:\boxed{(カ)\quad}$

よって，③より

$$\begin{aligned}\Gamma(p)\cdot\Gamma(q)&=4\int_0^\infty\int_0^{\frac{\pi}{2}}(r\cos\theta)^{2p-1}\cdot(r\sin\theta)^{2q-1}\cdot e^{-r^2}rdrd\theta\\&=4\int_0^\infty r^{2(p+q)-1}\cdot e^{-r^2}dr\cdot\int_0^{\frac{\pi}{2}}\cos^{2p-1}\theta\cdot\sin^{2q-1}\theta d\theta\\&=2\int_0^\infty r^{2(p+q)-1}\cdot e^{-r^2}dr\cdot 2\int_0^{\frac{\pi}{2}}\cos^{2p-1}\theta\cdot\sin^{2q-1}\theta d\theta\\&=\boxed{(キ)\qquad\qquad}\end{aligned}$$
（∵ (＊1)，(＊2) より）

$\therefore\ B(p,\ q)=\dfrac{\Gamma(p)\cdot\Gamma(q)}{\Gamma(p+q)}$ ……(＊3) は成り立つ。……………………(終)

解答 (ア) $2\int_0^\infty u^{2p-1}\cdot e^{-u^2}du$ 　(イ) $2\int_0^\infty v^{2q-1}\cdot e^{-v^2}dv$ 　(ウ) $r\cos\theta$
(エ) $r\sin\theta$ 　(オ) $0\to\infty$ 　(カ) $0\to\dfrac{\pi}{2}$ 　(キ) $\Gamma(p+q)\cdot B(p,\ q)$

演習問題 70　●χ^2 分布の確率密度●

互いに独立な n 個の確率変数 $Z_1,\ Z_2,\ \cdots,\ Z_n$ が標準正規分布 $N(0,\ 1)$ に従うとき，確率変数 $X = Z_1^2 + Z_2^2 + \cdots + Z_n^2$ は確率密度

$$c_n(x) = \frac{1}{2^{\frac{n}{2}} \cdot \Gamma\left(\frac{n}{2}\right)} x^{\frac{n}{2}-1} \cdot e^{-\frac{x}{2}} \quad \cdots\cdots(*) \quad (x > 0)$$

で与えられる自由度 n の χ^2 分布に従うことを示せ。

ヒント！ $(*)$ が成り立つことを，数学的帰納法で示そう。

解答＆解説

標準正規分布に従う n 個の互いに独立な確率変数 $Z_1,\ Z_2,\ \cdots,\ Z_n$ に対して，$X = Z_1^2 + Z_2^2 + \cdots + Z_n^2$ で定義される確率変数 X が，自由度 n の χ^2 分布：

$$c_n(x) = \frac{1}{2^{\frac{n}{2}} \cdot \Gamma\left(\frac{n}{2}\right)} x^{\frac{n}{2}-1} \cdot e^{-\frac{x}{2}} \quad \cdots\cdots(*) \quad (x > 0)$$

に従うことを，数学的帰納法により証明する。

(i) $n = 1$ のとき，

標準正規分布 $N(0,\ 1)$ に従う確率変数 Z_1 に対して，新しい確率変数 $X = Z_1^2$ が従う自由度 1 の χ^2 分布の確率密度 $c_1(x)$ は，$X > 0$ として，

$$c_1(x) = \frac{1}{2\sqrt{x}}\{f_S(z_1) + f_S(-z_1)\} \quad \cdots ①(x > 0)$$

> 確率密度 X が，確率密度 $f_X(x)$ の分布に従うとき，確率変数 $Y = X^2$ が従う分布の確率密度 $f_Y(y)$ は
> $$f_Y(y) = \frac{1}{2\sqrt{y}}\{f_X(x) + f_X(-x)\}$$
> $(y > 0)$ となる。
> (演習問題 26(P46) より)

ここで，Z_1 は $N(0,\ 1)$ に従うので，

その確率密度 $f_S(z_1)$ は，

$$f_S(z_1) = \frac{1}{\sqrt{2\pi}} e^{-\frac{z_1^2}{2}} \quad \text{となる。}$$

$f_S(z)$ は偶関数より，

$$f_S(-z_1) = f_S(z_1) \quad \cdots\cdots ②$$

②を①に代入して，

$$c_1(x) = \frac{1}{2\sqrt{x}}\{f_S(z_1) + \underbrace{f_S(-z_1)}_{f_S(z_1)}\} = \frac{1}{\sqrt{x}} f_S(z_1) = \frac{1}{\sqrt{x}} \frac{1}{\sqrt{2\pi}} e^{-\frac{\overset{x}{\boxed{z_1^2}}}{2}}$$

$$\therefore\ c_1(x) = \frac{1}{2^{\frac{1}{2}} \cdot \Gamma\left(\frac{1}{2}\right)} x^{\frac{1}{2}-1} \cdot e^{-\frac{x}{2}} \quad (x > 0) \text{ となる。} \quad \left(\because\ \Gamma\left(\frac{1}{2}\right) = \sqrt{\pi}\right)$$

よって，$n = 1$ のとき，$(*)$ は成り立つ。

(ii) 次に，n のとき $(*)$ が成り立つと仮定する。

このとき，$n+1$ の場合について調べる。

ここで，新たに確率変数 Y_i を $Y_i = Z_i^2\ (i=1,\ 2,\ \cdots)$ で定義すると，

$x = \underbrace{y_1 + y_2 + \cdots + y_n}_{y\text{とおく}} + y_{n+1} = z_1^2 + z_2^2 + \cdots + z_n^2 + z_{n+1}^2$ となり，さらに，

$y = y_1 + y_2 + \cdots + y_n$ とおくと，$x = y + y_{n+1}$ となる。

仮定より，y は自由度 n の χ^2 分布 $c_n(y)$ に従い，y_{n+1} は自由度 1 の χ^2 分布 $c_1(y_{n+1})$ に従う。

$y > 0$，$y_{n+1} > 0$ より，$y_{n+1} = x - y > 0$ $\quad\therefore 0 < y < x$

y，y_{n+1} の確率密度を $h(y,\ y_{n+1})$ とおくと，$x = y + y_{n+1}$ より，$c_{n+1}(x)$ はたたみ込み積分で求めることができる。

（$c_{n+1}(x)$：$X = Y + Y_{n+1}$ の周辺確率密度関数のこと）

$$c_{n+1}(x) = \int_0^x h(y,\ y_{n+1})dy$$

（$h(y,\ y_{n+1}) = c_n(y)\cdot c_1(y_{n+1}) = c_n(y)\cdot c_1(x-y)$ $\quad$ ($\because$ y と y_{n+1} は独立)）

$$= \int_0^x c_n(y)\cdot c_1(x-y)dy \quad \leftarrow \text{たたみ込み積分}$$

$$= \int_0^x \frac{1}{2^{\frac{n}{2}}\cdot\Gamma\left(\frac{n}{2}\right)} y^{\frac{n}{2}-1}\cdot e^{-\frac{y}{2}} \cdot \frac{1}{2^{\frac{1}{2}}\cdot\Gamma\left(\frac{1}{2}\right)}(x-y)^{\frac{1}{2}-1}\cdot e^{-\frac{x-y}{2}}dy$$

$$= \frac{e^{-\frac{x}{2}}}{2^{\frac{n+1}{2}}\cdot\Gamma\left(\frac{1}{2}\right)\cdot\Gamma\left(\frac{n}{2}\right)}\int_0^x (x-y)^{\frac{1}{2}-1}\cdot y^{\frac{n}{2}-1}dy \longrightarrow y = xu \text{ とおく}$$

$$= \frac{e^{-\frac{x}{2}}}{2^{\frac{n+1}{2}}\cdot\Gamma\left(\frac{1}{2}\right)\cdot\Gamma\left(\frac{n}{2}\right)}\int_0^1 (x-xu)^{\frac{1}{2}-1}\cdot(xu)^{\frac{n}{2}-1}\cdot xdu$$

$$= \frac{e^{-\frac{x}{2}}}{2^{\frac{n+1}{2}}\cdot\Gamma\left(\frac{1}{2}\right)\cdot\Gamma\left(\frac{n}{2}\right)}\cdot x^{\frac{n}{2}-\frac{1}{2}}\int_0^1 u^{\frac{n}{2}-1}\cdot(1-u)^{\frac{1}{2}-1}du$$

（$\displaystyle\int_0^1 u^{\frac{n}{2}-1}\cdot(1-u)^{\frac{1}{2}-1}du = B\left(\frac{n}{2},\ \frac{1}{2}\right) = \frac{\Gamma\left(\frac{n}{2}\right)\cdot\Gamma\left(\frac{1}{2}\right)}{\Gamma\left(\frac{n+1}{2}\right)}$）

$$= \frac{1}{2^{\frac{n+1}{2}}\cdot\Gamma\left(\frac{n+1}{2}\right)}x^{\frac{n+1}{2}-1}\cdot e^{-\frac{x}{2}} \text{ となって，}$$

$n+1$ のときも $(*)$ は成り立つ。

以上(i)(ii)より，全ての自然数 n に対して，$(*)$ は成り立つ。……(終)

演習問題 71　● χ^2 分布の期待値と分散 ●

確率変数 X が χ^2 分布：$c_n(x) = \dfrac{1}{2^{\frac{n}{2}} \cdot \Gamma\left(\frac{n}{2}\right)} x^{\frac{n}{2}-1} \cdot e^{-\frac{x}{2}}$　$(x > 0)$ に従うとき，

(1) $\displaystyle\int_0^\infty c_n(x)\,dx = 1$　を確かめよ。

(2) χ^2 分布 $c_n(x)$ の期待値 $E_c[X]$ と分散 $V_c[X]$ を求めよ。

ヒント！ (1)(2) 共に，$x = 2t$　$(t > 0)$ と変数変換する。

解答＆解説

(1) $\displaystyle\int_0^\infty c_n(x)\,dx = \frac{1}{2^{\frac{n}{2}} \cdot \Gamma\left(\frac{n}{2}\right)} \int_0^\infty x^{\frac{n}{2}-1} \cdot e^{-\frac{x}{2}}\,dx$ ……① について，

$x = 2t$ $(t > 0)$ とおくと，$dx = 2dt$

$x : 0 \to \infty$ のとき，$t : 0 \to \infty$　　よって，①は

$$\int_0^\infty c_n(x)\,dx = \frac{1}{2^{\frac{n}{2}} \cdot \Gamma\left(\frac{n}{2}\right)} \int_0^\infty (2t)^{\frac{n}{2}-1} \cdot e^{-t} 2\,dt$$

$$= \frac{1}{2^{\frac{n}{2}} \cdot \Gamma\left(\frac{n}{2}\right)} \int_0^\infty 2^{\frac{n}{2}} \cdot t^{\frac{n}{2}-1} \cdot e^{-t}\,dt$$

$$= \frac{1}{\Gamma\left(\frac{n}{2}\right)} \underbrace{\int_0^\infty t^{\frac{n}{2}-1} \cdot e^{-t}\,dt}_{\Gamma\left(\frac{n}{2}\right)} = 1$$

$\therefore \displaystyle\int_0^\infty c_n(x)\,dx = 1$ (全確率) となる。 ……………………………(終)

(2) χ^2 分布 $c_n(x)$ の期待値 $E_c[X]$ と分散 $V_c[X]$ を求める。

$\cdot\ E_c[X] = \displaystyle\int_0^\infty x \cdot c_n(x)\,dx = \underbrace{\frac{1}{2^{\frac{n}{2}} \cdot \Gamma\left(\frac{n}{2}\right)}}_{\text{定数}} \int_0^\infty x \cdot x^{\frac{n}{2}-1} \cdot e^{-\frac{x}{2}}\,dx$

$$= \frac{1}{2^{\frac{n}{2}} \cdot \Gamma\left(\frac{n}{2}\right)} \int_0^\infty x^{\frac{n}{2}} \cdot e^{-\frac{x}{2}}\,dx$$

ここで，$x = 2t$ とおくと，(1) と同様にして，

$$E_c[X] = \frac{1}{2^{\frac{n}{2}} \cdot \Gamma\left(\frac{n}{2}\right)} \int_0^\infty (2t)^{\frac{n}{2}} \cdot e^{-t} \cdot 2dt$$

$$= \frac{2}{\Gamma\left(\frac{n}{2}\right)} \int_0^\infty t^{\frac{n}{2}} \cdot e^{-t} dt$$

$$= \frac{2}{\Gamma\left(\frac{n}{2}\right)} \underbrace{\int_0^\infty t^{\left(\frac{n}{2}+1\right)-1} \cdot e^{-t} dt}_{\Gamma\left(\frac{n}{2}+1\right)}$$

$$= \frac{2}{\Gamma\left(\frac{n}{2}\right)} \cdot \underbrace{\Gamma\left(\frac{n}{2}+1\right)}_{\frac{n}{2} \cdot \Gamma\left(\frac{n}{2}\right)}$$ ← 公式 $\Gamma(p+1) = p \cdot \Gamma(p)$ より (P122)

$$= \frac{2}{\Gamma\left(\frac{n}{2}\right)} \cdot \frac{n}{2} \cdot \Gamma\left(\frac{n}{2}\right) = n$$

∴期待値 $E_c[X] = n$ となる。 ……………………………………(答)

・$E_c[X^2] = \frac{1}{2^{\frac{n}{2}} \cdot \Gamma\left(\frac{n}{2}\right)} \int_0^\infty x^2 \cdot x^{\frac{n}{2}-1} \cdot e^{-\frac{x}{2}} dx$

$$= \frac{1}{2^{\frac{n}{2}} \cdot \Gamma\left(\frac{n}{2}\right)} \int_0^\infty x^{\frac{n}{2}+1} \cdot e^{-\frac{x}{2}} dx$$

ここで，$x = 2t$ とおくと，

$$E_c[X^2] = \frac{1}{2^{\frac{n}{2}} \cdot \Gamma\left(\frac{n}{2}\right)} \int_0^\infty (2t)^{\frac{n}{2}+1} \cdot e^{-t} \cdot 2dt$$

$$= \frac{4}{\Gamma\left(\frac{n}{2}\right)} \int_0^\infty t^{\frac{n}{2}+1} \cdot e^{-t} dt$$

$$= \frac{4}{\Gamma\left(\frac{n}{2}\right)} \underbrace{\int_0^\infty t^{\left(\frac{n}{2}+2\right)-1} \cdot e^{-t} dt}_{\Gamma\left(\frac{n}{2}+2\right) = \left(\frac{n}{2}+1\right)\Gamma\left(\frac{n}{2}+1\right) = \left(\frac{n}{2}+1\right) \cdot \frac{n}{2}\Gamma\left(\frac{n}{2}\right)}$$

$$= \frac{4}{\Gamma\left(\frac{n}{2}\right)} \cdot \left(\frac{n}{2}+1\right) \cdot \frac{n}{2} \cdot \Gamma\left(\frac{n}{2}\right) = (n+2) \cdot n$$

∴分散 $V_c[X] = E_c[X^2] - \underbrace{E_c[X]^2}_{n^2} = (n+2)n - n^2 = 2n$ となる。 …………(答)

演習問題 72　●χ^2 分布の再生性●

「互いに独立な2つの確率変数 X, Y がそれぞれ自由度 m, n の χ^2 分布に従うとき，確率変数 $Z=X+Y$ は自由度 $m+n$ の χ^2 分布に従う」ことを示せ。

ヒント！ $Z=X+Y$ の確率密度 $f_Z(z)$ を，たたみ込み積分で求める。このとき，$x=zu$ の変数変換も利用しよう。

解答＆解説

X, Y の確率密度をそれぞれ $f_X(x)$, $f_Y(y)$ とおくと，X と Y の確率密度 $h(x,\ y)$ は，X と Y が独立より，

$h(x,\ y)=f_X(x)\cdot f_Y(y)$　となる。

ここで，$Z=X+Y$ により，新しい確率変数 Z を定義すると，

Z の確率密度 $f_Z(z)$ は，

$$f_Z(z)=\int_{-\infty}^{\infty}f_X(x)\cdot f_Y(\underbrace{z-x}_{y})dx \quad \cdots\cdots ①$$ となる。（たたみ込み積分）

ここで，

$$f_X(x)=\begin{cases} A_m x^{\frac{m}{2}-1}\cdot e^{-\frac{x}{2}} & (x>0) \\ 0 & (x\leqq 0)\end{cases} \qquad \left(A_m=\frac{1}{2^{\frac{m}{2}}\cdot\Gamma\left(\frac{m}{2}\right)}\text{とする。}\right)$$

$$f_Y(y)=\begin{cases} A_n y^{\frac{n}{2}-1}\cdot e^{-\frac{y}{2}} & (y>0) \\ 0 & (y\leqq 0)\end{cases} \qquad \left(A_n=\frac{1}{2^{\frac{n}{2}}\cdot\Gamma\left(\frac{n}{2}\right)}\text{とする。}\right)$$

$x>0$, $y>0$ のとき，$y=z-x>0$ より，$0<x<z$

よって，$Z=X+Y$ の確率密度 $f_Z(z)$ は，①より，

$$\begin{aligned} f_Z(z)&=\int_0^z f_X(x)\cdot f_Y(z-x)dx \\ &=\int_0^z A_m x^{\frac{m}{2}-1}\cdot e^{-\frac{x}{2}}\cdot A_n(z-x)^{\frac{n}{2}-1}\cdot e^{-\frac{z-x}{2}}dx \\ &=A_mA_n e^{-\frac{z}{2}}\int_0^z x^{\frac{m}{2}-1}(z-x)^{\frac{n}{2}-1}dx \quad \cdots\cdots ② \end{aligned}$$

ここで，$x=zu$ とおくと，$dx=zdu$

$x:0\to z$ のとき，$u:0\to 1$　　よって，②は

$$f_Z(z) = A_m A_n e^{-\frac{z}{2}} \int_0^1 (zu)^{\frac{m}{2}-1} \cdot (z - zu)^{\frac{n}{2}-1} \cdot z du$$

$$= A_m A_n \cdot e^{-\frac{z}{2}} \cdot z^{\frac{m+n}{2}-1} \cdot \int_0^1 u^{\frac{m}{2}-1} \cdot (1-u)^{\frac{n}{2}-1} du$$

$$B\left(\frac{m}{2}, \frac{n}{2}\right) = \frac{\Gamma\left(\frac{m}{2}\right) \cdot \Gamma\left(\frac{n}{2}\right)}{\Gamma\left(\frac{m+n}{2}\right)}$$ ← 演習問題 69(P124)

$$\therefore f_Z(z) = A_m A_n \frac{\Gamma\left(\frac{m}{2}\right) \cdot \Gamma\left(\frac{n}{2}\right)}{\Gamma\left(\frac{m+n}{2}\right)} \cdot z^{\frac{m+n}{2}-1} \cdot e^{-\frac{z}{2}} \quad \cdots\cdots ②'$$

ここで，

$$A_m A_n \cdot \frac{\Gamma\left(\frac{m}{2}\right) \cdot \Gamma\left(\frac{n}{2}\right)}{\Gamma\left(\frac{m+n}{2}\right)} = \frac{1}{2^{\frac{m+n}{2}} \cdot \Gamma\left(\frac{m}{2}\right)\Gamma\left(\frac{n}{2}\right)} \cdot \frac{\Gamma\left(\frac{m}{2}\right) \cdot \Gamma\left(\frac{n}{2}\right)}{\Gamma\left(\frac{m+n}{2}\right)}$$

$$= \frac{1}{2^{\frac{m+n}{2}} \cdot \Gamma\left(\frac{m+n}{2}\right)} \quad \cdots\cdots ③$$

③を②′に代入して，

$$f_Z(z) = \frac{1}{2^{\frac{m+n}{2}} \cdot \Gamma\left(\frac{m+n}{2}\right)} \cdot z^{\frac{m+n}{2}-1} \cdot e^{-\frac{z}{2}} \quad (Z > 0)$$ となる。

ここで，$z = x + y \leqq 0$ のとき，x と y の少なくとも一方は 0 以下より，

$$f_Z(z) = \int_{-\infty}^{\infty} f_X(x) \cdot f_Y(z - x) dx = 0$$ となる。

0 （$\because f_X(x) = 0$，または，$f_Y(z-x) = 0$）

以上より，

自由度 n の χ^2 分布の確率密度 $c_n(x)$ は
$$c_n(x) = \frac{1}{2^{\frac{n}{2}} \cdot \Gamma\left(\frac{n}{2}\right)} x^{\frac{n}{2}-1} \cdot e^{-\frac{x}{2}} \quad (x > 0)$$

$$f_Z(z) = \begin{cases} \dfrac{1}{2^{\frac{m+n}{2}} \cdot \Gamma\left(\frac{m+n}{2}\right)} \cdot z^{\frac{m+n}{2}-1} \cdot e^{-\frac{z}{2}} & (z > 0) \\ 0 & (z \leqq 0) \end{cases}$$

よって，$Z = X + Y$ は自由度 $m + n$ の χ^2 分布に従う。 …………………(終)

これを，χ^2 **分布の再生性**という。

演習問題 73　●F 分布の確率密度 (Ⅰ)●

2 つの互いに独立な確率変数 Y，Z がそれぞれ自由度 m，自由度 n の χ^2 分布に従うとき，新しい確率変数

$X=\dfrac{\frac{Y}{m}}{\frac{Z}{n}}$ は，自由度 $(m,\ n)$ の F 分布に従うという。自由度 $(m,\ n)$ の F 分布の確率密度 $f_{m,\,n}(x)$ は，

$$f_{m,\,n}(x)=\frac{m^{\frac{m}{2}}\cdot n^{\frac{n}{2}}}{B\left(\frac{m}{2},\ \frac{n}{2}\right)}\cdot\frac{x^{\frac{m}{2}-1}}{(mx+n)^{\frac{m+n}{2}}}$$

$(x>0)$ となることを示せ。

ヒント！　2 組の 2 変数の変換の形にするために，新たな確率変数 U を $U=Z$ とおこう。つまり，2 変数 $(Y,\ Z)\xrightarrow{変換}$ 2 変数 $(X,\ U)$ の形にする。

解答＆解説

Y は自由度 m の χ^2 分布に従うので，その確率密度 $f_Y(y)$ は，

$f_Y(y)=A_m\cdot y^{\frac{m}{2}-1}\cdot e^{-\frac{y}{2}}$　$(y>0)$　とおける。

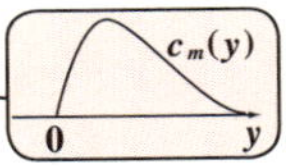

Z は自由度 n の χ^2 分布に従うので，その確率密度 $f_Z(z)$ は，

$f_Z(z)=A_n\cdot z^{\frac{n}{2}-1}\cdot e^{-\frac{z}{2}}$　$(z>0)$　とおける。

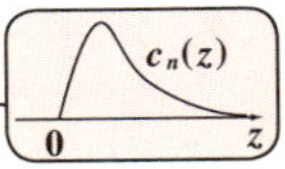

$X=\dfrac{\frac{Y}{m}}{\frac{Z}{n}}$，$U=Z$ とおくと，重積分の変数変換により，

$$f_{XU}(x,\ u)=f_{YZ}(y,\ z)\,|J|\quad\cdots\cdots①\qquad\left(J=\begin{vmatrix}\frac{\partial y}{\partial x} & \frac{\partial y}{\partial u}\\ \frac{\partial z}{\partial x} & \frac{\partial z}{\partial u}\end{vmatrix}\right)$$

演習問題 44 (P72) 参照

$Y=\dfrac{m}{n}XU$，$Z=U$ より，

$$J=\begin{vmatrix}\frac{\partial y}{\partial x} & \frac{\partial y}{\partial u}\\ \frac{\partial z}{\partial x} & \frac{\partial z}{\partial u}\end{vmatrix}=\begin{vmatrix}\frac{m}{n}u & \frac{m}{n}x\\ 0 & 1\end{vmatrix}=\frac{m}{n}u\quad\cdots\cdots②$$

②を①に代入して，

$$f_{XU}(x, \ u) = f_{YZ}(\underbrace{y}_{\frac{m}{n}xu}, \ \underbrace{z}_{u}) \cdot \underbrace{\frac{m}{n}u}_{|J|} = \frac{m}{n}u \cdot f_{YZ}\left(\frac{m}{n}xu, \ u\right)$$

$$\underbrace{f_Y(y) \cdot f_Z(z) = A_m \cdot y^{\frac{m}{2}-1} \cdot e^{-\frac{y}{2}} \cdot A_n \cdot z^{\frac{n}{2}-1} \cdot e^{-\frac{z}{2}}}_{} \leftarrow \boxed{Y \ と \ Z \ が独立より}$$

$$= \frac{m}{n}u A_m \cdot \left(\frac{m}{n}xu\right)^{\frac{m}{2}-1} \cdot e^{-\frac{m}{2n}xu} \cdot A_n \cdot u^{\frac{n}{2}-1} \cdot e^{-\frac{u}{2}}$$

$$= \underbrace{\frac{m}{n}A_m A_n \cdot \left(\frac{m}{n}\right)^{\frac{m}{2}-1}}_{定数} \cdot \underbrace{x^{\frac{m}{2}-1} \cdot u^{\frac{m+n}{2}-1} \cdot e^{-\frac{1}{2}\left(\frac{m}{n}x+1\right)u}}_{x \ と \ u \ の式}$$

この $f_{XU}(x, \ u)$ の X の周辺確率密度関数 $\displaystyle\int_0^\infty f_{XU}(x, \ u)du$ が，求める F 分布の確率密度 $f_{m, n}(x)$ になる。

$$f_{m, \ n}(x) = \int_0^\infty f_{XU}(x, u)du = \frac{m}{n}A_m A_n \cdot \left(\frac{m}{n}\right)^{\frac{m}{2}-1} \cdot x^{\frac{m}{2}-1} \cdot \overbrace{\int_0^\infty u^{\frac{m+n}{2}-1} \cdot e^{-\underbrace{\frac{1}{2}\left(\frac{m}{n}x+1\right)u}_{t \ とおく}}du}^{u \ での積分より， x \ は定数扱い} \cdots ③$$

$$\boxed{ここで，\ \frac{1}{2}\left(\frac{m}{n}x+1\right)u = t \ とおくと，\ u = \frac{t}{\frac{1}{2}\left(\frac{m}{n}x+1\right)} = \frac{2n}{mx+n}t \\ du = \frac{2n}{mx+n}dt，\ u:0 \to \infty \ のとき，\ t:0 \to \infty}$$

$$= \frac{m}{n}\underbrace{A_m}_{\frac{1}{2^{\frac{m}{2}}\cdot\Gamma\left(\frac{m}{2}\right)}}\underbrace{A_n}_{\frac{1}{2^{\frac{n}{2}}\cdot\Gamma\left(\frac{n}{2}\right)}} \cdot \left(\frac{m}{n}\right)^{\frac{m}{2}-1} \cdot x^{\frac{m}{2}-1} \cdot \int_0^\infty \left(\frac{2n}{mx+n}t\right)^{\frac{m+n}{2}-1} \cdot e^{-t} \cdot \frac{2n}{mx+n}dt$$

$$= \frac{1}{2^{\frac{m}{2}}\cdot\Gamma\left(\frac{m}{2}\right)} \cdot \frac{1}{2^{\frac{n}{2}}\cdot\Gamma\left(\frac{n}{2}\right)}\left(\frac{m}{n}\right)^{\frac{m}{2}} \cdot x^{\frac{m}{2}-1}\left(\frac{2n}{mx+n}\right)^{\frac{m+n}{2}}\underbrace{\int_0^\infty t^{\frac{m+n}{2}-1} \cdot e^{-t}dt}_{\Gamma\left(\frac{m+n}{2}\right)}$$

$$= \underbrace{\frac{\Gamma\left(\frac{m+n}{2}\right)}{\Gamma\left(\frac{m}{2}\right)\cdot\Gamma\left(\frac{n}{2}\right)}}_{\frac{1}{B\left(\frac{m}{2}, \ \frac{n}{2}\right)}} \cdot m^{\frac{m}{2}} \cdot n^{\frac{n}{2}} \cdot x^{\frac{m}{2}-1}\frac{1}{(mx+n)^{\frac{m+n}{2}}}$$

$$\boxed{公式 \ B(p, \ q) = \frac{\Gamma(p)\cdot\Gamma(q)}{\Gamma(p+q)} \ より}$$

$$\therefore f_{m, \ n}(x) = \frac{m^{\frac{m}{2}} \cdot n^{\frac{n}{2}}}{B\left(\frac{m}{2}, \ \frac{n}{2}\right)} \cdot \frac{x^{\frac{m}{2}-1}}{(mx+n)^{\frac{m+n}{2}}}(x>0) \quad となる。 \quad \cdots\cdots\cdots\cdots(終)$$

演習問題 74　● t 分布の確率密度（Ⅰ）●

2 つの独立な確率変数 Y，Z があり，Y は標準正規分布 $N(0,\ 1)$ に従い，Z は自由度 n の χ^2 分布に従うものとする。このとき，確率変数

$X = \dfrac{Y}{\sqrt{\dfrac{Z}{n}}}$ は，自由度 n の t 分布に従うという。

(1) X^2 は，自由度 $(1,\ n)$ の F 分布に従うことを示せ。

(2) 自由度 n の t 分布の確率密度 $t_n(x)$ は，

$$t_n(x) = \frac{1}{\sqrt{n}\,B\left(\dfrac{n}{2},\ \dfrac{1}{2}\right)} \cdot \left(\frac{x^2}{n} + 1\right)^{-\frac{n+1}{2}}$$ となることを示せ。

ヒント！ (1) Y は $N(0,\ 1)$ に従うので，Y^2 は自由度 1 の χ^2 分布に従う。
(2) $-t \leqq X \leqq t$ となる確率 $P(-t \leqq X \leqq t) = P(X^2 \leqq t^2)$ を $f_{1,\,n}(t)$ で表す。

解答＆解説

(1) $X = \dfrac{Y}{\sqrt{\dfrac{Z}{n}}}$ （Y：$-\infty \sim \infty$）の両辺を 2 乗すると，

$$X^2 = \frac{Y^2}{\dfrac{Z}{n}} = \frac{\dfrac{Y^2}{1}}{\dfrac{Z}{n}} \quad \cdots ①$$ となる。

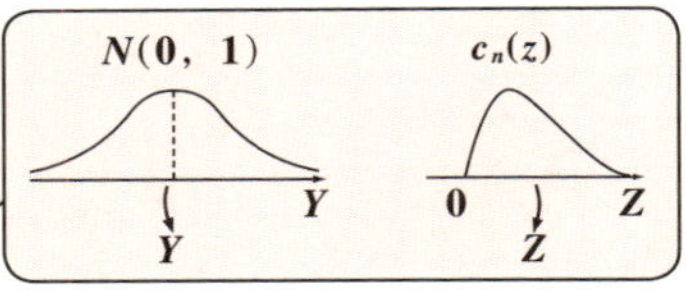

Y は標準正規分布 $N(0,\ 1)$ に従うので，Y^2 は自由度 1 の (ア)＿＿＿ に従う。そして，Z は自由度 n の χ^2 分布に従う。よって，① より X^2 は自由度 (イ)＿＿＿＿＿ に従う。 ……(終)

2 つの独立な変数 Y と Z が，それぞれ自由度 m，n の χ^2 分布に従うとき，変数 $X = \dfrac{\dfrac{Y}{m}}{\dfrac{Z}{n}}$ は，自由度 $(m,\ n)$ の F 分布に従う。（演習問題 73(P132)）

(2) ここで，正の定数 t に対して，$-t \leqq X \leqq t$ となる確率 $P(-t \leqq X \leqq t)$ は，

$$P(-t \leqq X \leqq t) = P(|X| \leqq t)$$

$$= P(X^2 \leqq t^2) = \int_0^{t^2} f_{1,\,n}(t)\,dt$$

（X^2 は $f_{1,\,n}(t)$ に従う。((1) より)）

自由度 $(m,\ n)$ の F 分布の確率密度 $f_{m,\,n}(x)$ は，

$$f_{m,\,n}(x) = \frac{m^{\frac{m}{2}} \cdot n^{\frac{n}{2}}}{B\left(\frac{m}{2},\ \frac{n}{2}\right)} \cdot \frac{x^{\frac{m}{2}-1}}{(mx+n)^{\frac{m+n}{2}}} \quad (x > 0)$$

$$= \int_0^{t^2} \frac{1^{\frac{1}{2}} \cdot n^{\frac{n}{2}}}{B\left(\frac{1}{2},\ \frac{n}{2}\right)} \cdot \frac{t^{\frac{1}{2}-1}}{(1 \cdot t+n)^{\frac{1+n}{2}}}\,dt$$

$$B(p,\ q) = \frac{\Gamma(p)\cdot\Gamma(q)}{\Gamma(p+q)} = \frac{\Gamma(q)\cdot\Gamma(p)}{\Gamma(q+p)} = B(q,\ p)$$

$B\left(\frac{1}{2},\ \frac{n}{2}\right) = B\left(\frac{n}{2},\ \frac{1}{2}\right)$ ← 公式 $B(p,\ q) = B(q,\ p)$ より

$$= \int_0^{t^2} \frac{n^{\frac{n}{2}}}{B\left(\frac{n}{2},\ \frac{1}{2}\right)} \cdot \frac{t^{-\frac{1}{2}}}{(t+n)^{\frac{n+1}{2}}}\,dt \quad \cdots\cdots②$$

ここで，$t = x^2\ (x > 0)$ とおくと，$dt =$ (ウ)

$t : 0 \to t^2$ のとき，$x :$ (エ)　　よって，②より

$$P(-t \leqq X \leqq t) = \int_0^t \frac{n^{\frac{n}{2}}}{B\left(\frac{n}{2},\ \frac{1}{2}\right)} \cdot \frac{\cancel{x^{-1}}}{(x^2+n)^{\frac{n+1}{2}}} \cdot 2\cancel{x}\,dx$$

（$x^2+n = n\left(\frac{x^2}{n}+1\right)$）

$$= 2\int_0^t \frac{\cancel{n^{\frac{n}{2}}}}{B\left(\frac{n}{2},\ \frac{1}{2}\right)} \cdot \frac{1}{n^{\cancel{\frac{n+1}{2}}}\left(\frac{x^2}{n}+1\right)^{\frac{n+1}{2}}}\,dx$$

$$= 2\int_0^t \frac{1}{\sqrt{n}\,B\left(\frac{n}{2},\ \frac{1}{2}\right)} \cdot \left(\frac{x^2}{n}+1\right)^{-\frac{n+1}{2}}\,dx$$

（x の偶関数）

$$\therefore\ P(-t \leqq X \leqq t) = \int_{(オ)}^t \frac{1}{\sqrt{n}\,B\left(\frac{n}{2},\ \frac{1}{2}\right)} \cdot \left(\frac{x^2}{n}+1\right)^{-\frac{n+1}{2}}\,dx \quad より，$$

（X が従う確率密度のこと。これが $t_n(x)$ となる。）

自由度 n の t 分布の確率密度 $t_n(x)$ は，

$$t_n(x) = \frac{1}{\sqrt{n}\,B\left(\frac{n}{2},\ \frac{1}{2}\right)} \cdot \left(\frac{x^2}{n}+1\right)^{-\frac{n+1}{2}} \quad である。$$　…………………………(終)

解答　(ア) χ^2 分布　(イ) $(1,\ n)$ の F 分布　(ウ) $2x\,dx$
(エ) $0 \to t$　(オ) $-t$

演習問題 75　●F 分布の確率密度(Ⅱ)●

自由度$(m,\ n)$の F 分布：$f_{m,\ n}(x)=\dfrac{m^{\frac{m}{2}}\cdot n^{\frac{n}{2}}}{B\left(\frac{m}{2},\ \frac{n}{2}\right)}\cdot\dfrac{x^{\frac{m}{2}-1}}{(mx+n)^{\frac{m+n}{2}}}$　$(x>0)$

に対して，$\displaystyle\int_0^\infty f_{m,\ n}(x)dx=1$（全確率）を確かめよ。

ヒント！ $\left(\dfrac{m}{n}x+1\right)^{-1}=y$ と変数を変換する。

解答＆解説

$$\int_0^\infty f_{m,\ n}(x)dx=\int_0^\infty\frac{m^{\frac{m}{2}}\cdot n^{\frac{n}{2}}}{B\left(\frac{m}{2},\ \frac{n}{2}\right)}\cdot x^{\frac{m}{2}-1}\cdot\underbrace{(mx+n)}_{n\left(\frac{m}{n}x+1\right)}{}^{-\frac{m+n}{2}}dx$$

$$=\int_0^\infty\frac{m^{\frac{m}{2}}\cdot n^{\frac{n}{2}}}{B\left(\frac{m}{2},\ \frac{n}{2}\right)}\cdot x^{\frac{m}{2}-1}\cdot n^{-\frac{m+n}{2}}\cdot\left(\frac{m}{n}x+1\right)^{-\frac{m+n}{2}}dx$$

$$=\int_0^\infty\underbrace{\frac{1}{B\left(\frac{m}{2},\ \frac{n}{2}\right)}\cdot\left(\frac{m}{n}\right)^{\frac{m}{2}}}_{\text{定数}}\cdot x^{\frac{m}{2}-1}\cdot\left\{\overbrace{\left(\frac{m}{n}x+1\right)^{-1}}^{y\text{とおく}}\right\}^{\frac{m+n}{2}}dx\quad\cdots①$$

ここで，$\left(\dfrac{m}{n}x+1\right)^{-1}=y$ とおくと，$\dfrac{m}{n}x+1=y^{-1}$

$x=\dfrac{n}{m}\left(y^{-1}-1\right)$ より，$dx=-\dfrac{n}{m}y^{-2}dy$

$x:0\to\infty$ のとき，$y:1\to0$　　よって，①より

$$\int_0^\infty f_{m,\ n}(x)dx=\frac{1}{B\left(\frac{m}{2},\ \frac{n}{2}\right)}\cdot\left(\frac{m}{n}\right)^{\frac{m}{2}}\cdot\int_1^0\left\{\frac{n}{m}\left(\frac{1-y}{y}\right)\right\}^{\frac{m}{2}-1}\cdot y^{\frac{m+n}{2}}\cdot\left(-\frac{n}{m}y^{-2}\right)dy$$

$$=\frac{1}{B\left(\frac{m}{2},\ \frac{n}{2}\right)}\underbrace{\left(\frac{m}{n}\right)^{\frac{m}{2}}\cdot\left(\frac{n}{m}\right)^{\frac{m}{2}}}_{\left(\frac{m}{n}\times\frac{n}{m}\right)^{\frac{m}{2}}=1}\int_0^1 y^{-\frac{m}{2}+1}\cdot y^{\frac{m+n}{2}-2}\cdot(1-y)^{\frac{m}{2}-1}dy$$

$$=\frac{1}{B\left(\frac{m}{2},\ \frac{n}{2}\right)}\underbrace{\int_0^1 y^{\frac{n}{2}-1}\cdot(1-y)^{\frac{m}{2}-1}dy}_{B\left(\frac{n}{2},\ \frac{m}{2}\right)=B\left(\frac{m}{2},\ \frac{n}{2}\right)}=\frac{1}{B\left(\frac{m}{2},\ \frac{n}{2}\right)}\cdot B\left(\frac{m}{2},\ \frac{n}{2}\right)=1$$

$B\left(\frac{n}{2},\ \frac{m}{2}\right)=B\left(\frac{m}{2},\ \frac{n}{2}\right)$ ← $B(p,\ q)=\displaystyle\int_0^1 x^{p-1}\cdot(1-x)^{q-1}dx$

よって，$\displaystyle\int_0^\infty f_{m,\ n}(x)dx=1$（全確率）である。 ……………………………(終)

演習問題 76 ● t 分布の確率密度（Ⅱ）●

自由度 n の t 分布：$t_n(x)=\dfrac{1}{\sqrt{n}\,B\left(\frac{n}{2},\ \frac{1}{2}\right)}\cdot\left(\dfrac{x^2}{n}+1\right)^{-\frac{n+1}{2}}$ $(-\infty<x<\infty)$

に対して，$\displaystyle\int_{-\infty}^{\infty}t_n(x)dx=1$（全確率）を確かめよ。

ヒント！ $\left(\dfrac{x^2}{n}+1\right)^{-1}=y$ と変数を変換しよう。

解答＆解説

$$\int_{-\infty}^{\infty}t_n(x)dx=\int_{-\infty}^{\infty}\underbrace{\frac{1}{\sqrt{n}\,B\left(\frac{n}{2},\ \frac{1}{2}\right)}}_{\text{定数}}\cdot\underbrace{\left(\frac{x^2}{n}+1\right)^{-\frac{n+1}{2}}}_{x\text{ の偶関数}}dx$$

$$=\frac{1}{\sqrt{n}\,B\left(\frac{n}{2},\ \frac{1}{2}\right)}\boxed{(ア)}\cdot\int_{\boxed{(イ)}}^{\infty}\left\{\underbrace{\left(\frac{x^2}{n}+1\right)^{-1}}_{y\text{ とおく}}\right\}^{\frac{n+1}{2}}dx\quad\cdots\cdots①$$

ここで，$\left(\dfrac{x^2}{n}+1\right)^{-1}=y$ とおくと，$\dfrac{x^2}{n}+1=y^{-1}$

$x=\{n(y^{-1}-1)\}^{\frac{1}{2}}=\sqrt{n}\,(y^{-1}-1)^{\frac{1}{2}}$ より，

$$dx=\frac{\sqrt{n}}{2}(y^{-1}-1)^{-\frac{1}{2}}\cdot(-y^{-2})dy=-\frac{\sqrt{n}}{2}\left(\frac{1-y}{y}\right)^{-\frac{1}{2}}\cdot y^{-2}dy$$

$$=-\frac{\sqrt{n}}{2}(1-y)^{-\frac{1}{2}}\cdot y^{-\frac{3}{2}}dy$$

$x:0\to\infty$ のとき，$y:$ $\boxed{(ウ)\qquad}$　よって，①より

$$\int_{-\infty}^{\infty}t_n(x)dx=\frac{2}{\sqrt{n}\,B\left(\frac{n}{2},\ \frac{1}{2}\right)}\int_1^0 y^{\frac{n+1}{2}}\cdot\left\{-\frac{\sqrt{n}}{2}(1-y)^{-\frac{1}{2}}\cdot y^{-\frac{3}{2}}\right\}dy$$

$$=\frac{1}{B\left(\frac{n}{2},\ \frac{1}{2}\right)}\underbrace{\int_0^1 y^{\frac{n}{2}-1}\cdot(1-y)^{\frac{1}{2}-1}dy}_{B\left(\frac{n}{2},\ \frac{1}{2}\right)}=\frac{1}{B\left(\frac{n}{2},\ \frac{1}{2}\right)}\cdot B\left(\frac{n}{2},\ \frac{1}{2}\right)=1$$

$B\left(\frac{n}{2},\ \frac{1}{2}\right)$ ← $B(p,\ q)=\displaystyle\int_0^1 x^{p-1}\cdot(1-x)^{q-1}dx$

よって，$\displaystyle\int_{-\infty}^{\infty}t_n(x)dx=1$（全確率）である。……………………………（終）

解答　(ア) 2　(イ) 0　(ウ) $1\to0$

講義 6 統計編 データの整理（記述統計） methods & formulae

§1. 1変数データの整理

統計とは，数値で表されたデータの集まりを基にして，それを表や図にしたり，計算して推測したり，判断したりするための手法のことである。そして，この統計は，**記述統計**と**推測統計**の2つに大きく分類される。

対象としている集合の全要素から得られる特性値（データ）全体を**母集団**と呼ぶ。この母集団の**大きさ**（データの個数）が比較的小さい場合は，母集団そのものの分布や，それを特徴づける数値（平均や分散）を直接調べることができる。これを**記述統計**という。

図1 記述統計と推測統計

(ⅰ) 記述統計 母集団（母集団そのものを直接調べる。）

(ⅱ) 推測統計 母集団 標本（母集団から抽出した標本により，母集団を推測する。）

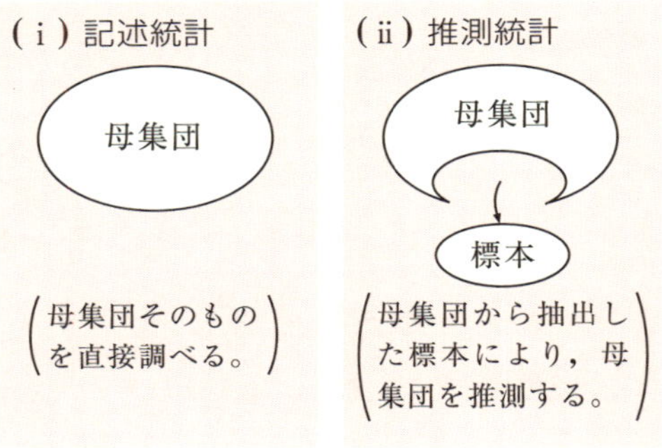

これに対して，母集団の**大きさ**が巨大で，母集団全体を調べることが実質的に困難なとき，この母集団から無作為にある標本を抽出し，これを調べることにより，元の母集団の分布の特徴を推測することを**推測統計**という。ここではまず，具体例を通して，**記述統計**について述べよう。

S社では社員が10人いて，この10人が定期健康診断で体重を測った。各社員の測定結果を x_i ($i = 1, 2, \cdots, 10$) で表すと，次のようになったという。
$x_1 = 48$, $x_2 = 60$, $x_3 = 55$, $x_4 = 64$, $x_5 = 71$, $x_6 = 57$, $x_7 = 50$, $x_8 = 47$, $x_9 = 62$, $x_{10} = 68$ (単位 (kg))

(ⅰ) これらの測定データをグループ化して，45〜49，50〜54，55〜59，60〜64，65〜69，70〜74 の各階級に分類する。それぞれの階級に属するデータの個数を

表1 度数分布表

階級	度数	相対度数	累積度数	累積相対度数
45〜49	2 丅	0.2	2	0.2
50〜54	1 一	0.1	3	0.3
55〜59	2 丅	0.2	5	0.5
60〜64	3 下	0.3	8	0.8
65〜69	1 一	0.1	9	0.9
70〜74	1 一	0.1	10	1.0

度数と呼び，これを表にしたものを**度数分布表**という。この度数分布表を表 **1** に示す。

(ⅱ) この度数分布表を棒グラフで表したものを**ヒストグラム**と呼び，これを図 **2** に示す。ヒストグラムで表すことにより，母集団の特徴を視覚的に捉えることができる。

図 **2**　ヒストグラム

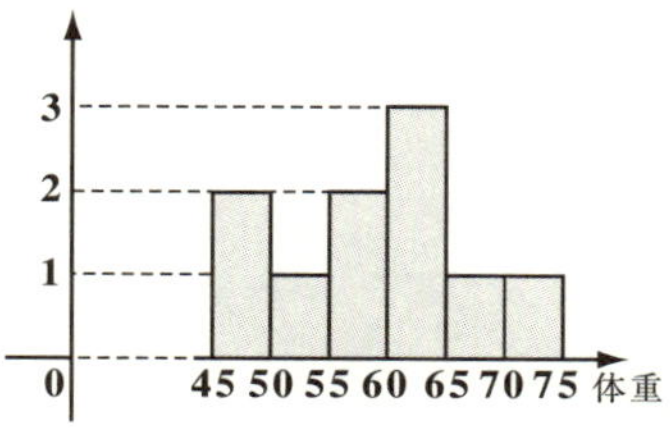

(ⅲ) さらに，この母集団の分布を特徴づける中心的な値（**平均**，**メディアン**，**モード**）の定義を下に示す。

n 個のデータから成る母集団の分布を特徴づける中心的な値として，次の **3** つがある。

(ア) 平均（母平均）$\mu_x = \overline{x} = \dfrac{1}{n}\sum_{i=1}^{n} x_i = \dfrac{1}{n}(x_1 + x_2 + \cdots + x_n)$

(イ) メディアン（中央値）m_e：データを小さい順に並べたとき，

　(ⅰ) n が奇数のとき，中央の値

　(ⅱ) n が偶数のとき，**2** つの中央値の相加平均

(ウ) モード（最頻値）m_o：度数が最も大きい階級の真中の値

表 **2** に x_i と x_i^2 を小さい順に並べたものと，その総和を示す。この表 **2** を利用して，

(ア) 平均 $\mu_x = \overline{x} = \dfrac{1}{10}\sum_{i=1}^{10} x_i = \dfrac{582}{10} = 58.2$ ………(答)

(イ) メディアン m_e は，$n = 10$（偶数）より，

5 番目の **57** と **6** 番目の **60** の相加平均だから，

$m_e = \dfrac{57 + 60}{2} = 58.5$　となる。……………(答)

(ウ) モード m_o は，度数が最も大きい **60 ～ 64** の階級の真中の値，つまり **60** と **64** の相加平均だから，

$m_o = \dfrac{60 + 64}{2} = 62$　となる。………………(答)

表 **2**　$\sum x_i$ と $\sum x_i^2$

データ No.	x_i	x_i^2
1	47	2209
2	48	2304
3	50	2500
4	55	3025
5	57	3249
6	60	3600
7	62	3844
8	64	4096
9	68	4624
10	71	5041
Σ	582	34492

次に表 **2** を用いて，この母集団の分布のバラツキの度合を表す**分散（母分散）**σ_x^2 と**標準偏差** σ_x を求める。σ_x^2 と σ_x の定義を次に示す。

n 個のデータから成る母集団について，

(ア) 分散 (母分散) $\sigma_x{}^2 = \underbrace{\frac{1}{n}\sum_{i=1}^{n}(x_i - \overline{x})^2}_{\text{定義式}} = \underbrace{\frac{1}{n}\sum_{i=1}^{n}x_i{}^2 - \overline{x}^2}_{\text{計算式}}$

(イ) 標準偏差 $\sigma_x = \sqrt{\sigma_x{}^2}$

母分散 $\sigma_x{}^2$ は，各値 x_i の平均 $\overline{x}$ からのズレの 2 乗の相加平均で表される。

(ア) 母分散 $\sigma_x{}^2 = \frac{1}{10}\underbrace{\sum_{i=1}^{10}x_i{}^2}_{34492} - \underbrace{\overline{x}^2}_{\left(\frac{582}{10}\right)^2} = \frac{34492}{10} - \left(\frac{582}{10}\right)^2 = 61.96$ ……………(答)

← 表 2 の利用！

(イ) 標準偏差 $\sigma_x = \sqrt{\sigma_x{}^2} = \underline{7.87}$ となる。……………………………………(答)

小数第 3 位を四捨五入した！

母集団が正規分布 $N(\mu_x, \sigma_x{}^2)$ に従うとき，$\mu_x - \sigma_x \leqq x \leqq \mu_x + \sigma_x$，$\mu_x - 2\sigma_x \leqq x \leqq \mu_x + 2\sigma_x$，$\mu_x - 3\sigma_x \leqq x \leqq \mu_x + 3\sigma_x$ の区間に含まれるデータの個数の割合は，それぞれ約 **68.26%**，**95.44%**，**99.73%** になる。

§2. 2 変数データの整理

データが $(x, y) = (x_i, y_i)$ $(i = 1, 2, \cdots, n)$ のように，2 変数データの場合，x と y の**共分散** σ_{xy} や，**相関係数** ρ_{xy} が重要になってくる。大きさ n の母集団の 2 変数データとして $(x, y) = (x_1, y_1)$，(x_2, y_2)，$\cdots$，(x_n, y_n) が得られたとき，xy 座標平面上にこれらのデータをドット (•) で示したものを**散布図**と呼ぶ。

散布図の 3 つの典型例を図 1 に示す。

表 1　2 変数データ

データ No.	x_i	y_i
1	x_1	y_1
2	x_2	y_2
⋮	⋮	⋮
n	x_n	y_n

図 1　散布図のイメージ

(i) 正の相関がある　(ii) 負の相関がある　(iii) 相関がない

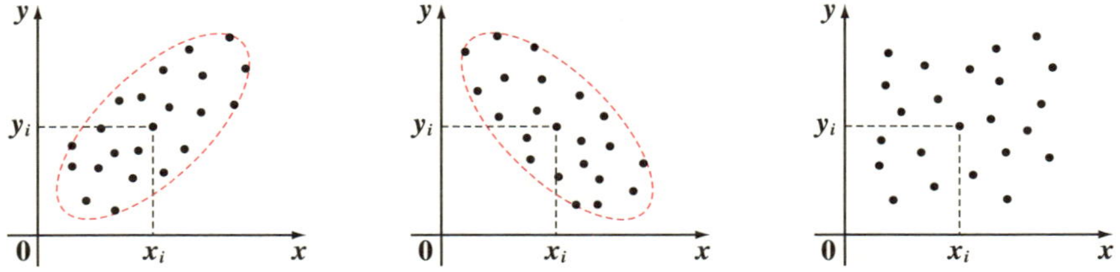

(i) 図1(i)のように，大体次の関係があるとき「正の相関がある」という。

xが増加すると，yが増加する。

(ii) 図1(ii)のように，大体次の関係があるとき「負の相関がある」という。

xが増加すると，yが減少する。

(iii) (i)や(ii)のような顕著な関係が見られないとき「相関がない」という。

この相関関係を数値で表す指標が，**相関係数**ρ_{xy}である。xとyの**分散**，**共分散**と共に，その定義，および計算式を次に示す。

2変数データ (x_i, y_i) $(i = 1, 2, \cdots, n)$ について，

(1) xの分散 $\sigma_x{}^2 = \frac{1}{n}\sum_{i=1}^{n}(x_i - \overline{x})^2 = \frac{1}{n}\sum_{i=1}^{n}x_i{}^2 - \overline{x}^2$ $\left(\overline{x} = \frac{1}{n}\sum_{i=1}^{n}x_i\right)$

yの分散 $\sigma_y{}^2 = \frac{1}{n}\sum_{i=1}^{n}(y_i - \overline{y})^2 = \frac{1}{n}\sum_{i=1}^{n}y_i{}^2 - \overline{y}^2$ $\left(\overline{y} = \frac{1}{n}\sum_{i=1}^{n}y_i\right)$

(2) xとyの共分散σ_{xy}

$$\sigma_{xy} = \underbrace{\frac{1}{n}\sum_{i=1}^{n}(x_i - \overline{x})(y_i - \overline{y})}_{\text{定義式}} = \underbrace{\frac{1}{n}\sum_{i=1}^{n}x_iy_i - \overline{x}\,\overline{y}}_{\text{計算式}}$$

(3) 相関係数ρ_{xy}

$$\rho_{xy} = \frac{\sigma_{xy}}{\sigma_x\sigma_y} \quad \cdots\cdots① \quad (-1 \leqq \rho_{xy} \leqq 1)$$

この相関係数ρ_{xy}は，$-1 \leqq \rho_{xy} \leqq 1$をみたし，①より$\sigma_{xy}$と同符号である。そして，

(i) ρ_{xy}が1に近い程，正の相関が強い。

(ii) ρ_{xy}が-1に近い程，負の相関が強い。

(iii) $\rho_{xy} \fallingdotseq 0$の場合，$x$と$y$に相関はない。 (演習問題80(P148))

ここで，直線$y = ax + b$をとり，データ(x_i, y_i)の点の，この直線上の点$(x_i, ax_i + b)$のy座標に対するズレを**誤差**e_iと定義すると，

$e_i = y_i - (ax_i + b)$となる。e_iの2乗の和をLとおくと，

$L = \sum_{i=1}^{n}e_i{}^2 = \sum_{i=1}^{n}(y_i - ax_i - b)^2$ となる。このLをaとbの2変数関数とみて，Lを最小にするa，bの値を**最小2乗法**で求めると，

$a = \frac{\sigma_{xy}}{\sigma_x{}^2} = \rho_{xy}\cdot\frac{\sigma_y}{\sigma_x}$，$b = \overline{y} - a\overline{x}$ となる。(演習問題79(P146))

このとき，直線$y = ax + b$を，(x_i, y_i) $(i = 1, 2, \cdots, n)$の**yのxへの回帰直線**と呼ぶ。そして，$\overline{y} = a\overline{x} + b$より，回帰直線は必ず点$(\overline{x}, \overline{y})$を通る。

演習問題 77　● 1 変数データの整理 (I) ●

T 先生の担当するクラスの学生は全部で 10 人である。この学生全員が力学のテストを受験した。各学生の得点結果を $x_i \, (i = 1, 2, \cdots, 10)$ の形で表すと，次のようになった。

$x_1 = 70$，$x_2 = 62$，$x_3 = 67$，$x_4 = 56$，$x_5 = 97$，$x_6 = 85$，$x_7 = 20$，

$x_8 = 69$，$x_9 = 74$，$x_{10} = 43$

この 10 個の 1 変数データを母集団とみて，

(1) 20 点以上 30 点未満，30 点以上 40 点未満，40 点以上 50 点未満，…，90 点以上 100 点未満の階級に分けて，度数分布表を作れ。

(2) ヒストグラムを描け。

(3) 母平均，メディアン，モードを小数第 1 位まで求めよ。

(4) 母分散，標準偏差を小数第 1 位まで求めよ。

ヒント！ まず，得点データを階級ごとに分類する。度数分布表から，得点を横軸に，度数をたて軸にとって，ヒストグラムとしてまとめる。母平均，母分散，標準偏差は公式 (計算式) 通りに求めよう。

解答＆解説

(1) これらの得点データを
20 点以上 30 点未満，
30 点以上 40 点未満，
⋮
90 点以上 100 点未満
の各階級に分類して度数をまとめる。このときの度数分布表を表 1 に示す。 …………(答)

表 1　度数分布表

階級	度数		相対度数	累積度数	累積相対度数
20～29	1	一	0.1	1	0.1
30～39	0		0	1	0.1
40～49	1	一	0.1	2	0.2
50～59	1	一	0.1	3	0.3
60～69	3	下	0.3	6	0.6
70～79	2	T	0.2	8	0.8
80～89	1	一	0.1	9	0.9
90～100	1	一	0.1	10	1.0

(2) **(1)** の度数分布表を用いて，図 1 のようにヒストグラムにまとめる。 …………(答)

図 1　ヒストグラム

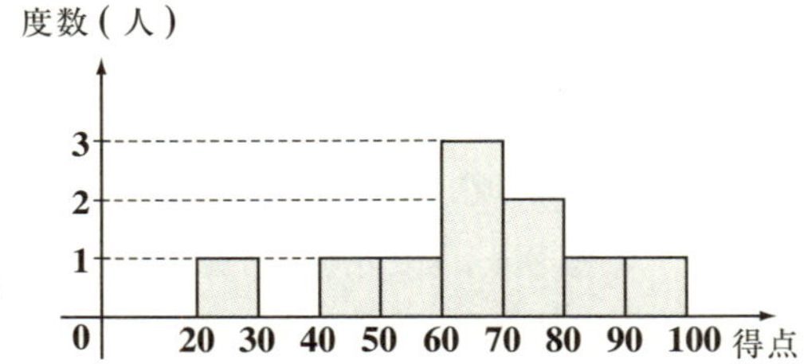

(3) 表 **2** に，x_i と x_i^2 を小さい順に並べたものと，その総和を示す。

表 **2**　$\sum x_i$ と $\sum x_i^2$

データ No.	x_i	x_i^2
1	20	400
2	43	1849
3	56	3136
4	62	3844
5	67	4489
6	69	4761
7	70	4900
8	74	5476
9	85	7225
10	97	9409
Σ	643	45489

(ア) 母平均 $\mu = \overline{x}$ は，x_i $(i = 1, 2, \cdots, 10)$ の相加平均より，

$$\mu = \overline{x} = \frac{1}{10}\sum_{i=1}^{10} x_i = \frac{643}{10} = 64.3 \quad \cdots\cdots(\text{答})$$

(イ) メディアン m_e は，$n = 10$（偶数）より，**5** 番目の得点と **6** 番目の得点の相加平均だから，

$$m_e = \frac{67 + 69}{2} = 68.0 \quad \cdots\cdots(\text{答})$$

(ウ) モード m_o は，度数が最も大きい **60** ～ **69** の階級の真中の値，すなわち **60** と **69** の相加平均より，

$$m_o = \frac{60 + 69}{2} = 64.5 \quad \cdots\cdots(\text{答})$$

(4) 表 **2** より，

(i) 母分散 σ_x^2 は，計算式を用いて，

$$\sigma_x^2 = \frac{1}{10}\underbrace{\sum_{i=1}^{n} x_i^2}_{45489} - \underbrace{\overline{x}^2}_{\left(\frac{643}{10}\right)^2}$$

$$= \frac{45489}{10} - \left(\frac{643}{10}\right)^2$$

$$= 414.4 \quad \cdots\cdots(\text{答})$$

小数第 **2** 位を四捨五入

(ii) 標準偏差 σ_x は，

$$\sigma_x = \sqrt{\sigma_x^2} = 20.4 \quad \cdots\cdots(\text{答})$$

小数第 **2** 位を四捨五入

演習問題 78　●1変数データの整理(Ⅱ)●

ある大学の学生 **16** 人の身長を測定したところ，その測定結果を x_i $(i=1, 2, \cdots, 16)$ の形で表すと，次のようになった。(単位：cm)

$x_1=167$，$x_2=170$，$x_3=173$，$x_4=164$，$x_5=172$，$x_6=168$，
$x_7=171$，$x_8=171$，$x_9=165$，$x_{10}=182$，$x_{11}=176$，$x_{12}=162$，
$x_{13}=178$，$x_{14}=174$，$x_{15}=178$，$x_{16}=180$

この **16** 個の **1** 変数データを母集団とみて，

(1) **160cm** 以上 **164cm** 未満，**164cm** 以上 **168cm** 未満，…，**180cm** 以上 **184cm** 未満の階級に分けて，度数分布表を作れ。

(2) ヒストグラムを描け。

(3) 母平均，母分散，標準偏差を小数第 **3** 位まで求めよ。

ヒント！ 演習問題 **77** と同様に解いていけばよい。母平均，母分散，標準偏差は公式(計算式)を使って求める。

解答＆解説

(1) これらの測定データを
160cm 以上 **164cm** 未満，
164cm 以上 **168cm** 未満，
⋮
180cm 以上 **184cm** 未満
の各階級に分類して度数をまとめる。このときの度数分布表を表 **1** に示す。…(答)

表 **1**　度数分布表

階級	度数		相対度数	累積度数	累積相対度数
160〜164	1	一	0.0625	1	0.0625
164〜168	3	下	0.1875	4	0.25
168〜172	4	正	0.250	8	0.5
172〜176	3	下	0.1875	11	0.6875
176〜180	3	下	0.1875	14	0.875
180〜184	2	T	0.125	16	(ア)

(2) **(1)** の度数分布表を用いて，図 **1** のようにヒストグラムにまとめる。 ………(答)

図 **1**　ヒストグラム

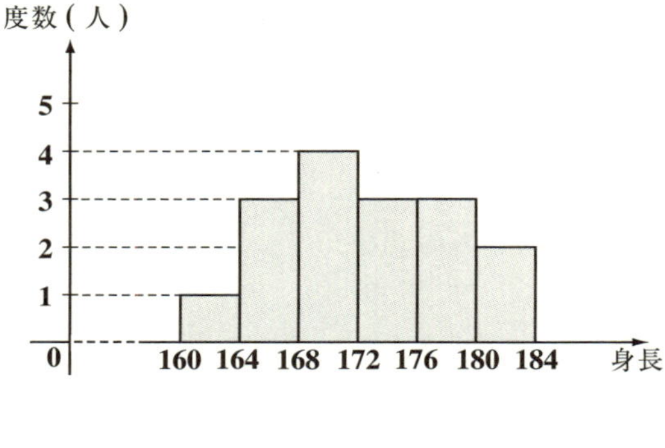

(3) 各身長 x_i $(i = 1, 2, \cdots, 16)$ と x_i^2，および それらの総和を，表 **2** に示す。

表 **2** $\sum x_i$ と $\sum x_i^2$

データ No.	x_i	x_i^2
1	167	27889
2	170	28900
3	173	29929
4	164	26896
5	172	29584
6	168	28224
7	171	29241
8	171	29241
9	165	27225
10	182	33124
11	176	30976
12	162	26244
13	178	31684
14	174	30276
15	178	31684
16	180	32400
Σ	2751	473517

(ア) 母平均 $\mu = \overline{x}$ は，x_i $(i = 1, 2, \cdots, 16)$ の相加平均より，

$$\mu = \overline{x} = \frac{1}{16}\sum_{i=1}^{16} x_i$$

$= \boxed{(イ)}$

$= \boxed{(ウ)}$ ……………………(答)

小数第 **4** 位を四捨五入

(イ) 表 **2** より，

(i) 母分散 σ_x^2 は，計算式より，

$\sigma_x^2 = \boxed{(エ)}$

$$= \frac{473517}{16} - \left(\frac{2751}{16}\right)^2$$

$= \boxed{(オ)}$ ……………………………………………………(答)

小数第 **4** 位を四捨五入

(ii) 標準偏差 σ_x は，

$\sigma_x = \sqrt{\sigma_x^2} = \boxed{(カ)}$ ………………………………………(答)

小数第 **4** 位を四捨五入

……………………………………………………………………………………

解答 (ア) **1.0000** (イ) $\frac{2751}{16}$ (ウ) **171.938** (エ) $\frac{1}{16}\sum_{i=1}^{16} x_i^2 - \overline{x}^2$

(オ) **32.309** (カ) **5.684**

演習問題 79　●回帰直線(最小2乗法)●

xy 平面上に n 個の2変数データ (x_1, y_1), (x_2, y_2), …, (x_n, y_n) をドット(•)で示した散布図が与えられているとき，この2変量 (x_i, y_i) $(i=1, 2, \cdots, n)$ の y の x への回帰直線の方程式は，

$$y-\overline{y}=\rho_{xy}\frac{\sigma_y}{\sigma_x}(x-\overline{x}) \quad \cdots\cdots(*)$$

となる。$(*)$ を導け。

(ただし，$\rho_{xy}=\dfrac{\sigma_{xy}}{\sigma_x\sigma_y}$：$x$ と y との相関係数，σ_x：x の標準偏差，σ_y：y の標準偏差，σ_{xy}：x と y の共分散)

ヒント！ 点 (x_i, y_i) と直線 $y=ax+b$ 上の点 (x_i, ax_i+b) の y 座標の差の2乗の総和を L とおくと，L は a，b の2変数関数とみることができる。
最小2乗法：(i) $\dfrac{\partial L}{\partial a}=0$，かつ (ii) $\dfrac{\partial L}{\partial b}=0$ となる a，b を求めればよい。

解答＆解説

2変数データの点 (x_i, y_i) と，直線 l：$y=ax+b$ 上の点 (x_i, ax_i+b) の y 座標の差の2乗 $\{y_i-(ax_i+b)\}^2$ の総和を L とおくと，

$$L=\sum_{i=1}^{n}(y_i-ax_i-b)^2$$ となる。

ここで，x_i，y_i は与えられた定数である。L を a と b の2変数関数とみると，L が最小となるのは，

(i) $\dfrac{\partial L}{\partial a}=0$　，かつ (ii) $\dfrac{\partial L}{\partial b}=0$

となるときである。

2変量(x_i, y_i)のyのxへの回帰直線

(i)

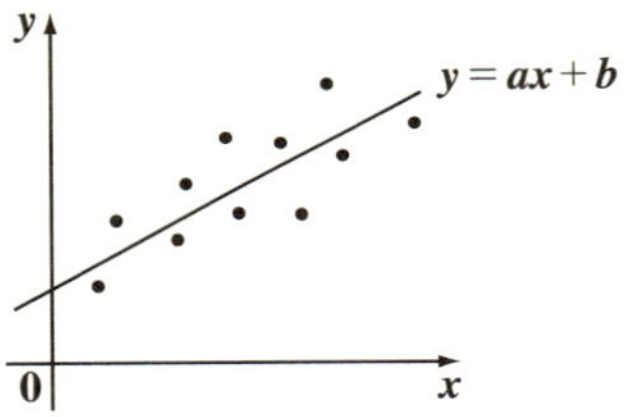

(ii)

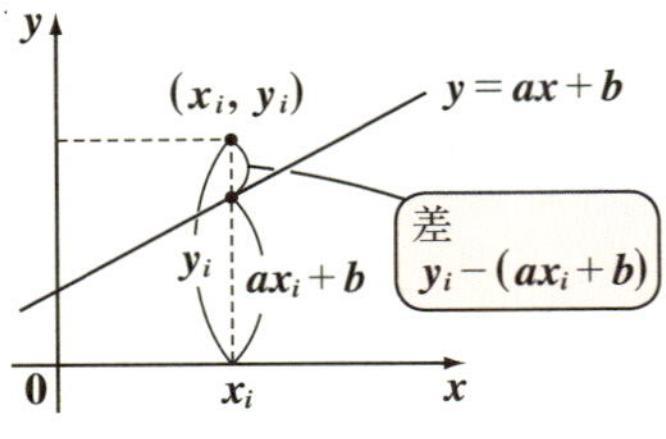

(i) $$\frac{\partial L}{\partial a}=\frac{\partial}{\partial a}\sum_{i=1}^{n}(y_i-ax_i-b)^2=\sum_{i=1}^{n}\frac{\partial}{\partial a}(y_i-ax_i-b)^2$$

$$=\sum_{i=1}^{n}2(y_i-ax_i-b)\cdot(-x_i)=2\sum_{i=1}^{n}(ax_i^2+bx_i-x_iy_i)=0$$

$\therefore$ $\displaystyle\sum_{i=1}^{n}(ax_i^2+bx_i-x_iy_i)=0$　より，　$a\displaystyle\sum_{i=1}^{n}x_i^2+b\sum_{i=1}^{n}x_i-\sum_{i=1}^{n}x_iy_i=0$　……①

（$\displaystyle\sum_{i=1}^{n}x_i^2=n(\sigma_x^2+\overline{x}^2)$，$\displaystyle\sum_{i=1}^{n}x_i=n\overline{x}$，$\displaystyle\sum_{i=1}^{n}x_iy_i=n(\sigma_{xy}+\overline{x}\overline{y})$）

(ii) $\frac{\partial L}{\partial b}=\frac{\partial}{\partial b}\sum_{i=1}^{n}(y_i-ax_i-b)^2=\sum_{i=1}^{n}\frac{\partial}{\partial b}(y_i-ax_i-b)^2$

$=\sum_{i=1}^{n}2(y_i-ax_i-b)\cdot(-1)=\boxed{2\sum_{i=1}^{n}(b+ax_i-y_i)=0}$

$\therefore\ \sum_{i=1}^{n}(b+ax_i-y_i)=0$　より，$b\underbrace{\sum_{i=1}^{n}1}_{n}+a\underbrace{\sum_{i=1}^{n}x_i}_{n\overline{x}}-\underbrace{\sum_{i=1}^{n}y_i}_{n\overline{y}}=0$ ……②

ここで，

$$\begin{cases}\cdot\ \overline{x}=\frac{1}{n}\sum_{i=1}^{n}x_i \text{ より，} \sum_{i=1}^{n}x_i=n\overline{x} & \cdots\cdots③\\ \cdot\ \sigma_x{}^2=\frac{1}{n}\sum_{i=1}^{n}x_i{}^2-\overline{x}^2 \text{ より，} \sum_{i=1}^{n}x_i{}^2=n(\sigma_x{}^2+\overline{x}^2) & \cdots\cdots④\\ \cdot\ \overline{y}=\frac{1}{n}\sum_{i=1}^{n}y_i \text{ より，} \sum_{i=1}^{n}y_i=n\overline{y} & \cdots\cdots⑤\\ \cdot\ \sigma_{xy}=\frac{1}{n}\sum_{i=1}^{n}x_iy_i-\overline{x}\overline{y} \text{ より，} \sum_{i=1}^{n}x_iy_i=n(\sigma_{xy}+\overline{x}\overline{y}) & \cdots\cdots⑥\end{cases}$$

①に③，④，⑥を，②に③，⑤を代入して，

$$\begin{cases}an(\sigma_x{}^2+\overline{x}^2)+bn\overline{x}-n(\sigma_{xy}+\overline{x}\overline{y})=0 & \cdots\cdots①'\\ bn+an\overline{x}-n\overline{y}=0 & \cdots\cdots②'\end{cases}$$

$$\therefore\begin{cases}(\sigma_x{}^2+\overline{x}^2)a+\overline{x}b-\sigma_{xy}-\overline{x}\overline{y}=0 & \cdots\cdots①''\\ b=\overline{y}-a\overline{x} & \cdots\cdots②''\end{cases}$$

②″を①″に代入して，

$(\sigma_x{}^2+\overline{x}^2)a+\overline{x}(\overline{y}-a\overline{x})-\sigma_{xy}-\overline{x}\overline{y}=0$　$\therefore\ a=\frac{\sigma_{xy}}{\sigma_x{}^2}$ ……⑦　（回帰係数と呼ぶ）

⑦を②″に代入して，$b=\overline{y}-\frac{\sigma_{xy}}{\sigma_x{}^2}\overline{x}$ ……⑧

⑦，⑧を $l:y=ax+b$ に代入して，y の x への回帰直線の方程式は，

$y=\frac{\sigma_{xy}}{\sigma_x{}^2}x+\overline{y}-\frac{\sigma_{xy}}{\sigma_x{}^2}\overline{x}$　$\therefore\ y-\overline{y}=\frac{\sigma_{xy}}{\sigma_x{}^2}(x-\overline{x})$ ……⑨　となる。

ここで，$\rho_{xy}=\frac{\sigma_{xy}}{\sigma_x\sigma_y}$より，$\sigma_{xy}=\rho_{xy}\sigma_x\sigma_y$ ……⑩　⑩を⑨に代入して，

2 変量 (x_i, y_i) $(i=1, 2, \cdots, n)$ の y の x への回帰直線の方程式は，

$y-\overline{y}=\rho_{xy}\frac{\sigma_y}{\sigma_x}(x-\overline{x})$ ……(＊)　となる。 ……………………………(終)

回帰直線は，点 $(\overline{x}, \overline{y})$ を通る傾き $a=\frac{\sigma_{xy}}{\sigma_x{}^2}=\rho_{xy}\frac{\sigma_y}{\sigma_x}$ の直線

演習問題 80 ● 誤差の平均と分散 ●

xy 平面上に n 個の 2 変数データ (x_i, y_i) $(i=1, 2, \cdots, n)$ をドット(•)で表した散布図と，これらのデータの y の x への回帰直線 $y=ax+b$ が与えられている。点 (x_i, y_i) の，回帰直線からの誤差 e_i を，
$e_i = y_i - (ax_i + b)$ $(i=1, 2, \cdots, n)$ で定義するとき，

(1) 誤差 e_i の平均 $\overline{e} = \frac{1}{n}\sum_{i=1}^{n} e_i$ を求めよ。

(2) 誤差 e_i の分散 $\sigma_e{}^2 = \frac{1}{n}\sum_{i=1}^{n}(e_i - \overline{e})^2$ を，y の分散 $\sigma_y{}^2$，x と y の相関係数 ρ_{xy} で表し，$-1 \leqq \rho_{xy} \leqq 1$ を示せ。

ヒント！ (1) $\overline{e} = \frac{1}{n}\sum_{i=1}^{n}(y_i - ax_i - b) = \frac{1}{n}\sum_{i=1}^{n} y_i - \frac{a}{n}\sum_{i=1}^{n} x_i - \frac{b}{n}\sum_{i=1}^{n} 1$ と計算する。
(2) $b = \overline{y} - a\overline{x}$，$a = \frac{\sigma_{xy}}{\sigma_x{}^2} = \rho_{xy}\frac{\sigma_y}{\sigma_x}$，$\sigma_{xy} = \rho_{xy}\sigma_x\sigma_y$ を使う。

解答＆解説

誤差 e_i $(i=1, 2, \cdots, n)$

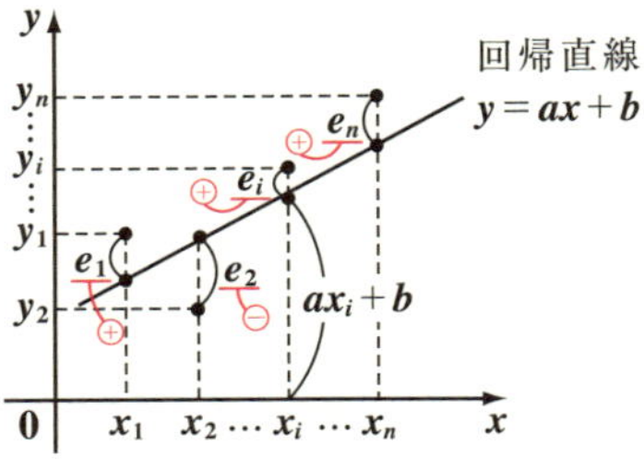

(1) 誤差 e_i の平均 $\overline{e}$ は，

$$\overline{e} = \frac{1}{n}\sum_{i=1}^{n}(y_i - ax_i - b)$$

$$= \underbrace{\frac{1}{n}\sum_{i=1}^{n} y_i}_{\overline{y}} - a \cdot \underbrace{\frac{1}{n}\sum_{i=1}^{n} x_i}_{\overline{x}} - \frac{b}{n}\underbrace{\sum_{i=1}^{n} 1}_{n}$$

$$= \underbrace{\overline{y} - a\overline{x}}_{b} - b \quad \text{(P147 の結果より)}$$

$$= b - b = 0 \quad \cdots\cdots\text{(答)}$$

(2) 誤差 e_i の分散 $\sigma_e{}^2$ は，

$$\sigma_e{}^2 = \frac{1}{n}\sum_{i=1}^{n}(e_i - \underbrace{\overline{e}}_{0})^2 = \frac{1}{n}\sum_{i=1}^{n} e_i{}^2$$

$$= \frac{1}{n}\sum_{i=1}^{n}(y_i - ax_i - \underbrace{b}_{(\overline{y} - a\overline{x})})^2$$

$$\sigma_e{}^2 = \frac{1}{n}\sum_{i=1}^{n}\{(y_i - ax_i) - (\overline{y} - a\overline{x})\}^2$$

$$= \frac{1}{n}\sum_{i=1}^{n}\{(y_i - \overline{y}) - a(x_i - \overline{x})\}^2$$

$$= \underbrace{\frac{1}{n}\sum_{i=1}^{n}(y_i - \overline{y})^2}_{\sigma_y{}^2} - 2a\cdot\underbrace{\frac{1}{n}\sum_{i=1}^{n}(x_i - \overline{x})(y_i - \overline{y})}_{\sigma_{xy}} + a^2\cdot\underbrace{\frac{1}{n}\sum_{i=1}^{n}(x_i - \overline{x})^2}_{\sigma_x{}^2}$$

$$= \sigma_y{}^2 - 2a\sigma_{xy} + a^2\sigma_x{}^2 \quad \cdots\cdots ①$$

$\rho_{xy}\sigma_x\sigma_y$ ← $\rho_{xy} = \dfrac{\sigma_{xy}}{\sigma_x\sigma_y}$ より

ここで，$a = \dfrac{\sigma_{xy}}{\sigma_x{}^2}$

$$= \frac{\rho_{xy}\sigma_x\sigma_y}{\sigma_x{}^2} = \rho_{xy}\cdot\frac{\sigma_y}{\sigma_x} \quad \cdots\cdots ②$$

$$\sigma_{xy} = \rho_{xy}\sigma_x\sigma_y \quad \cdots\cdots ③$$

②，③を①に代入して a と σ_{xy} を消去すると，

$$\sigma_e{}^2 = \sigma_y{}^2 - 2a\,\sigma_{xy} + a^2\sigma_x{}^2$$

$$= \sigma_y{}^2 - 2\cdot\rho_{xy}\cdot\frac{\sigma_y}{\sigma_x}\cdot\rho_{xy}\sigma_x\sigma_y + \rho_{xy}{}^2\cdot\frac{\sigma_y{}^2}{\sigma_x{}^2}\cdot\sigma_x{}^2$$

$$= \sigma_y{}^2 - 2\sigma_y{}^2\cdot\rho_{xy}{}^2 + \sigma_y{}^2\rho_{xy}{}^2$$

$$= \sigma_y{}^2 - \sigma_y{}^2\cdot\rho_{xy}{}^2 = -\sigma_y{}^2(\rho_{xy}{}^2 - 1)$$

$$\therefore\ \sigma_e{}^2 = -\sigma_y{}^2(\rho_{xy} + 1)(\rho_{xy} - 1) \quad \cdots(答)$$

となる。ここで，$\sigma_e{}^2 \geqq 0$ より，

$$\underbrace{-\sigma_y{}^2}_{\ominus}(\rho_{xy} + 1)(\rho_{xy} - 1) \geqq 0$$

$-1 \leqq \rho_{xy} \leqq 1$

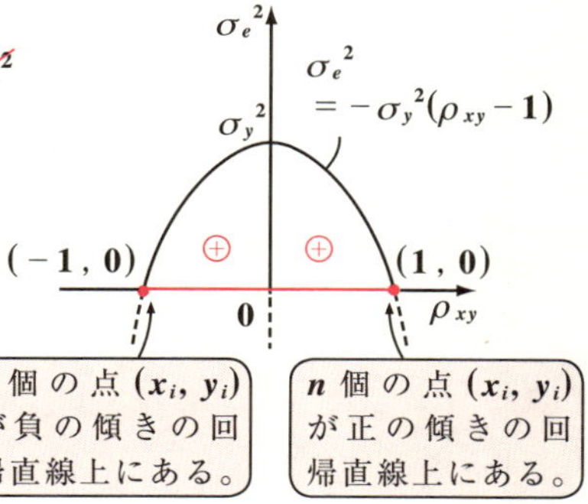

$\therefore\ (\rho_{xy} + 1)(\rho_{xy} - 1) \leqq 0$ より，$-1 \leqq \rho_{xy} \leqq 1$ となる。 ……………(終)

$\sigma_e{}^2 = -\sigma_y{}^2(\rho_{xy}+1)(\rho_{xy}-1)$ のグラフ（放物線）より，
$\rho_{xy} = \pm 1$ のとき，$\sigma_e{}^2 = 0$ より，(x_i, y_i) の点はすべて $y = ax + b$ の回帰直線上にある。$a = \rho_{xy}\cdot\dfrac{\sigma_y}{\sigma_x}$ …②において，$\sigma_y > 0$，$\sigma_x > 0$ だから，回帰直線の傾き a は，相関係数 ρ_{xy} と同符号になる。(ⅰ) $\rho_{xy} > 0$ のとき，$a > 0$ で，「正の相関がある」といい，(ⅱ) $\rho_{xy} < 0$ のとき，$a < 0$ で，「負の相関がある」という。また，ρ_{xy} が ± 1 に近い程，$\sigma_e{}^2$ は 0 に近づくので，散布図は $y = ax + b$ の近くにあり，ρ_{xy} が 0 に近づく程，$\sigma_e{}^2$ は大きくなるので，散布図はばらつきが大きくなる。

次に，演習問題 **80(2)** $-1 \leqq \rho_{xy} \leqq 1$ の別証明を示す。

別証明

t を任意の実数とすると，　（(実数)$^2 \geqq 0$ より）

$\dfrac{1}{n}\displaystyle\sum_{i=1}^{n}\{(x_i-\overline{x})t+(y_i-\overline{y})\}^2 \geqq 0$　…①　となる。①を変形して，

$\dfrac{1}{n}\displaystyle\sum_{i=1}^{n}\{(x_i-\overline{x})^2t^2+2(x_i-\overline{x})t(y_i-\overline{y})+(y_i-\overline{y})^2\} \geqq 0$

$\underbrace{\left\{\dfrac{1}{n}\displaystyle\sum_{i=1}^{n}(x_i-\overline{x})^2\right\}}_{\sigma_x{}^2}t^2+2\cdot\underbrace{\left\{\dfrac{1}{n}\displaystyle\sum_{i=1}^{n}(x_i-\overline{x})(y_i-\overline{y})\right\}}_{\sigma_{xy}}t+\underbrace{\dfrac{1}{n}\displaystyle\sum_{i=1}^{n}(y_i-\overline{y})^2}_{\sigma_y{}^2} \geqq 0$　…①´

①´に $\dfrac{1}{n}\displaystyle\sum_{i=1}^{n}(x_i-\overline{x})^2=\sigma_x{}^2$，$\dfrac{1}{n}\displaystyle\sum_{i=1}^{n}(x_i-\overline{x})(y_i-\overline{y})=\sigma_{xy}$，

$\dfrac{1}{n}\displaystyle\sum_{i=1}^{n}(y_i-\overline{y})^2=\sigma_y{}^2$ を代入して，

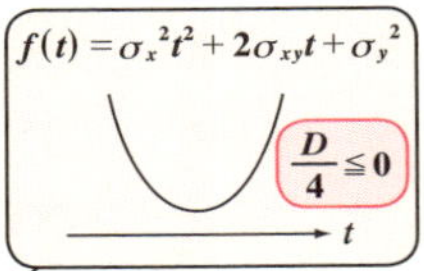

$\sigma_x{}^2t^2+2\sigma_{xy}\cdot t+\sigma_y{}^2 \geqq 0$　……①´´

①´´を t の **2** 次不等式とみると，①´´がすべての実数 t について成り立つための条件は，t の **2** 次方程式

$\sigma_x{}^2t^2+2\sigma_{xy}\cdot t+\sigma_y{}^2=0$　の判別式を D とおくと，

$\dfrac{D}{4}=\boxed{\sigma_{xy}{}^2-\sigma_x{}^2\sigma_y{}^2 \leqq 0}$ である。これより，

$(\sigma_{xy}+\sigma_x\sigma_y)(\sigma_{xy}-\sigma_x\sigma_y) \leqq 0$

$\therefore -\sigma_x\sigma_y \leqq \sigma_{xy} \leqq \sigma_x\sigma_y$ より，この両辺を $\sigma_x\sigma_y\,(>0)$ で割って，

$-1 \leqq \underbrace{\rho_{xy}}_{\frac{\sigma_{xy}}{\sigma_x\sigma_y}} \leqq 1$ となる。　………………………………………………(終)

演習問題 81 ● 分散，共分散の計算式 ●

2変数データ (x_i, y_i) $(i = 1, 2, \cdots, n)$ について，

(1) x の分散 $\sigma_x{}^2 = \dfrac{1}{n}\sum\limits_{i=1}^{n}(x_i - \bar{x})^2$ が，

$$\sigma_x{}^2 = \frac{1}{n}\sum_{i=1}^{n}(x_i - \bar{x})^2 = \frac{1}{n}\sum_{i=1}^{n}x_i{}^2 - \bar{x}^2 \quad \left(\text{ただし，} \ \bar{x} = \frac{1}{n}\sum_{i=1}^{n}x_i\right)$$

と表せることを示せ。

(2) x と y の共分散 $\sigma_{xy} = \dfrac{1}{n}\sum\limits_{i=1}^{n}(x_i - \bar{x})(y_i - \bar{y})$ が，

$$\sigma_{xy} = \frac{1}{n}\sum_{i=1}^{n}(x_i - \bar{x})(y_i - \bar{y}) = \frac{1}{n}\sum_{i=1}^{n}x_iy_i - \bar{x}\bar{y} \quad \left(\text{ただし，} \ \bar{y} = \frac{1}{n}\sum_{i=1}^{n}y_i\right)$$

と表せることを示せ。

ヒント！ (1)(2) $\bar{x}$ と $\bar{y}$ は定数であることに注意する。

解答＆解説

(1) $\sigma_x{}^2 = \dfrac{1}{n}\sum\limits_{i=1}^{n}(x_i - \bar{x})^2 = \dfrac{1}{n}\sum\limits_{i=1}^{n}(x_i{}^2 - 2\bar{x}x_i + \bar{x}^2)$

$= \dfrac{1}{n}\Big(\sum\limits_{i=1}^{n}x_i{}^2 - 2\bar{x}\sum\limits_{i=1}^{n}x_i + \bar{x}^2\sum\limits_{i=1}^{n}1\Big) = \dfrac{1}{n}\sum\limits_{i=1}^{n}x_i{}^2 - 2\bar{x}\cdot\boxed{(ア)} + \dfrac{\bar{x}^2}{n}\cdot\boxed{(イ)}$

$= \dfrac{1}{n}\sum\limits_{i=1}^{n}x_i{}^2 - 2\bar{x}^2 + \bar{x}^2 = \dfrac{1}{n}\sum\limits_{i=1}^{n}x_i{}^2 - \bar{x}^2$　となる。 $\cdots\cdots\cdots\cdots\cdots\cdots$（終）

> 同様に y の分散 $\sigma_y{}^2$ は，
> $\sigma_y{}^2 = \dfrac{1}{n}\sum\limits_{i=1}^{n}(y_i - \bar{y})^2 = \dfrac{1}{n}\sum\limits_{i=1}^{n}y_i{}^2 - \bar{y}^2$ となる。

(2) $\sigma_{xy} = \dfrac{1}{n}\sum\limits_{i=1}^{n}(x_i - \bar{x})(y_i - \bar{y}) = \dfrac{1}{n}\sum\limits_{i=1}^{n}(x_iy_i - \bar{y}x_i - \bar{x}y_i + \bar{x}\bar{y})$

$= \dfrac{1}{n}\sum\limits_{i=1}^{n}x_iy_i - \bar{y}\cdot\boxed{(ウ)} - \bar{x}\cdot\boxed{(エ)} + \dfrac{\bar{x}\cdot\bar{y}}{n}\sum\limits_{i=1}^{n}1$

$= \dfrac{1}{n}\sum\limits_{i=1}^{n}x_iy_i - \bar{y}\cdot\bar{x} - \bar{x}\cdot\bar{y} + \dfrac{\bar{x}\cdot\bar{y}}{n}\cdot\boxed{(イ)} = \dfrac{1}{n}\sum\limits_{i=1}^{n}x_iy_i - \bar{x}\bar{y}$　となる。 $\cdots$（終）

・・

解答 (ア) $\dfrac{1}{n}\sum\limits_{i=1}^{n}x_i$　　(イ) n　　(ウ) $\dfrac{1}{n}\sum\limits_{i=1}^{n}x_i$　　(エ) $\dfrac{1}{n}\sum\limits_{i=1}^{n}y_i$

演習問題 82　● 相関係数と回帰直線 (I) ●

B 先生の担当するクラスの学生は全部で **8** 人である。この学生全員が微分積分と物理学のテストを受験した。各学生の微分積分と物理学の得点結果をそれぞれ $(x, y) = (x_i, y_i)(i = 1, 2, \cdots, 8)$ の形で表すと，次のようになった。

$(82, 65)$，$(45, 60)$，$(56, 58)$，$(78, 67)$，$(50, 48)$，$(96, 88)$，$(64, 80)$，$(72, 87)$

(1) x の分散 σ_x^2，y の分散 σ_y^2，x と y の共分散 σ_{xy} を小数第 **1** 位まで，および x と y の相関係数 ρ_{xy} を小数第 **3** 位まで求めよ。

(2) これらのデータの，y の x への回帰直線 $y = ax + b$ を求めよ。
（ただし，a は小数第 **4** 位を，b は小数第 **2** 位を四捨五入せよ。）

ヒント！ (1) x_i，y_i，x_i^2，y_i^2，x_iy_i の表を作ると，Σ 計算が楽にできる。(2) $a = \dfrac{\sigma_{xy}}{\sigma_x^2}$，$b = \overline{y} - a\overline{x}$ から a，b の値を求めよう。

解答＆解説

$(x_i, y_i)(i = 1, 2, \cdots, 8)$ のデータを基に，x_i^2，y_i^2，x_iy_i の値と，それぞれの総和を表 **1** に示す。

表 **1**

データ No.	x_i	y_i	x_i^2	y_i^2	x_iy_i
1	82	65	6724	4225	5330
2	45	60	2025	3600	2700
3	56	58	3136	3364	3248
4	78	67	6084	4489	5226
5	50	48	2500	2304	2400
6	96	88	9216	7744	8448
7	64	80	4096	6400	5120
8	72	87	5184	7569	6264
Σ	543	553	38965	39695	38736

表 **1** より，$\sum_{i=1}^{8} x_i = 543$，$\sum_{i=1}^{8} y_i = 553$，$\sum_{i=1}^{8} x_i^2 = 38965$
$\sum_{i=1}^{8} y_i^2 = 39695$，$\sum_{i=1}^{8} x_iy_i = 38736$

(1) x の分散 σ_x^2，y の分散 σ_y^2，x と y の共分散 σ_{xy} をそれぞれ求める。

（ⅰ）$\sigma_x^2 = \frac{1}{8}\sum_{i=1}^{8} x_i^2 - \overline{x}^2 = \frac{38965}{8} - \left(\frac{543}{8}\right)^2 = 263.6$ ……………………（答）

小数第 **2** 位を四捨五入した。
σ_y^2，σ_{xy} についても同様。

（ⅱ）$\sigma_y^2 = \frac{1}{8}\sum_{i=1}^{8} y_i^2 - \overline{y}^2 = \frac{39695}{8} - \left(\frac{553}{8}\right)^2 = 183.6$ ……………………（答）

（ⅲ）$\sigma_{xy} = \frac{1}{8}\sum_{i=1}^{8} x_i y_i - \overline{x}\cdot\overline{y} = \frac{38736}{8} - \frac{543}{8}\cdot\frac{553}{8} = 150.1$ …………（答）

以上（ⅰ）（ⅱ）（ⅲ）より，x と y の相関係数 ρ_{xy} は，

小数第 **4** 位を四捨五入

$\rho_{xy} = \frac{\sigma_{xy}}{\sigma_x\sigma_y} = 0.682$ ……………………………………………………（答）

x と y には正の相関がある。つまり，
微分積分に強い人は物理学にも強い！

(2) 与えられた **2** 変数データの，y の x への回帰直線を $y = ax + b$ とおくと，

$a = \frac{\sigma_{xy}}{\sigma_x^2} = 0.569$

小数第 **4** 位を四捨五入

$b = \overline{y} - a\overline{x} = 30.5$

小数第 **2** 位を四捨五入

散布図と回帰直線

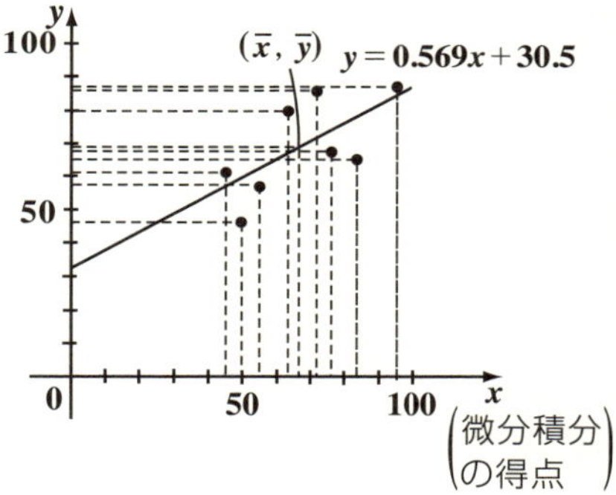

以上より，求める回帰直線の方程式は，

$y = 0.569x + 30.5$　となる。 ……………………………………………（答）

演習問題 83	● 相関係数と回帰直線 (Ⅱ) ●

ある日に T 総合病院が行った人間ドックのオプションで，骨密度の測定に申し込んだ人が 7 人いた。この 7 人の年齢とスティフネス (骨密度の高低を表す指標) をそれぞれ $(x, y) = (x_i, y_i)(i = 1, 2, \cdots, 7)$ の形で表すと，次のようであった。

$(55, 98)$, $(48, 82)$, $(20, 105)$, $(64, 79)$, $(72, 76)$, $(80, 84)$, $(30, 100)$

(1) x の分散 σ_x^2，y の分散 σ_y^2，x と y の共分散 σ_{xy}，および x と y の相関係数 ρ_{xy} を小数第 3 位まで求めよ。

(2) これらのデータの，y の x への回帰直線 $y = ax + b$ を求めよ。
(ただし，a は小数第 4 位を，b は小数第 2 位を四捨五入せよ。)

ヒント！ (1) σ_x^2，σ_y^2，σ_{xy} の計算に必要な各数値の表を作る。
(2) 公式 $a = \dfrac{\sigma_{xy}}{\sigma_x^2}$，$b = \overline{y} - a\overline{x}$ から a，b の値を計算すればよい。

解答&解説

$(x_i, y_i)(i = 1, 2, \cdots, 7)$ のデータを基に，x_i^2，y_i^2，x_iy_i の値と，それぞれの総和を表 1 に示す。

表 1

データ No.	x_i	y_i	x_i^2	y_i^2	x_iy_i
1	55	98	3025	9604	5390
2	48	82	2304	6724	3936
3	20	105	400	11025	2100
4	64	79	4096	6241	5056
5	72	76	5184	5776	5472
6	80	84	6400	7056	6720
7	30	100	900	10000	3000
Σ	369	624	22309	56426	31674

表 1 より，$\sum_{i=1}^{7} x_i = 369$，$\sum_{i=1}^{7} y_i = 624$，$\sum_{i=1}^{7} x_i^2 = 22309$

$\sum_{i=1}^{7} y_i^2 = 56426$，$\sum_{i=1}^{7} x_iy_i = 31674$

(1) x の分散 σ_x^2，y の分散 σ_y^2，x と y の共分散 σ_{xy} をそれぞれ求める。

(i) $\sigma_x^2 = \frac{1}{7}\sum_{i=1}^{7} x_i^2 - \overline{x}^2 = \frac{22309}{7} - \left(\frac{369}{7}\right)^2 =$ (ア) ……………(答)

小数第4位を四捨五入した。σ_y^2, σ_{xy}, ρ_{xy} についても同様。

(ii) $\sigma_y^2 = \frac{1}{7}\sum_{i=1}^{7} y_i^2 - \overline{y}^2 = \frac{56426}{7} - \left(\frac{624}{7}\right)^2 =$ (イ) ……………(答)

(iii) $\sigma_{xy} = \frac{1}{7}\sum_{i=1}^{7} x_i y_i - \overline{x}\cdot\overline{y} = \frac{31674}{7} - \frac{369}{7}\cdot\frac{624}{7} =$ (ウ) …(答)

以上 (i)(ii)(iii) より，x と y の相関係数 ρ_{xy} は，

$\rho_{xy} = \frac{\sigma_{xy}}{\sigma_x \sigma_y} =$ (エ) ……………………………………(答)

x と y には負の相関がある。つまり，年齢が高い程，骨密度は低い！

(2) 与えられた2変数データの，y の x への回帰直線を $y = ax + b$ とおくと，

$a = \frac{\sigma_{xy}}{\sigma_x^2} =$ (オ)

小数第4位を四捨五入

$b = \overline{y} - a\overline{x} =$ (カ)

小数第2位を四捨五入

以上より，求める回帰直線の方程式は，

$y =$ (オ) $x +$ (カ) となる。 ……………………(答)

散布図と回帰直線

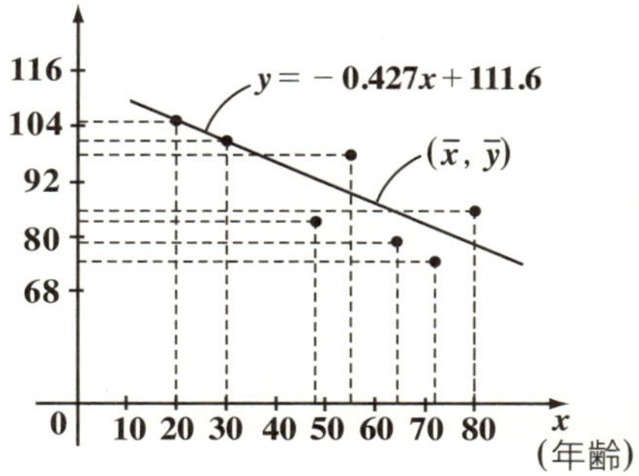

解答　(ア) 408.204　(イ) 114.408　(ウ) −174.245　(エ) −0.806
(オ) −0.427　(カ) 111.6

講義 7 Lecture 統計編 推定 methods & formulae

§ 1. 点推定

母集団の大きさが巨大であれば，母集団を調べる**記述統計**の手法は困難になる。そこで，図 **1**(ⅰ)に示すように，大きな母集団から無作為に n 個の**標本** $X_1, X_2, \cdots, X_n$ を抽出し，それを基に母集団の特徴を調べる**推測統計**の手法を用いる。標本の各要素 X_i は標本の取り方によって変化する確率変数であり，$X_i = x_i (i = 1, 2, \cdots, n)$ とおいて，x_i をその実現値とする。母集団は非常に大きいので，図 **1**(ⅱ)のように，X_1，X_2，…，X_n は同一の確率分布に従う母集団から無作為に抽出された互いに独立な確率変数である。

図 **1** 母集団と標本

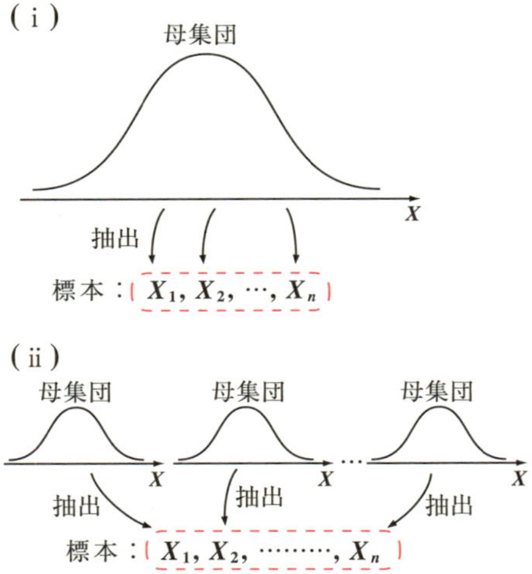

母集団の平均 μ や分散 σ^2 は**母数**と呼ばれ，それぞれ**母平均** μ，**母分散** σ^2 という。この母数を θ で表し，この値を抽出した標本から推定することを**点推定**という。

ここで，母数 θ の値を，標本 X_1，X_2，…，X_n により推定したものを $\tilde{\theta}$ で表すと，

$\tilde{\theta} = F(X_1, X_2, \cdots, X_n)$ と表せる。 ← $\tilde{\theta}$ は，標本 X_1，X_2，…，X_n で求まることを示す。

$\tilde{\theta}$ には，(Ⅰ)**不偏推定量**と，(Ⅱ)**最尤推定量**がある。

$\tilde{\theta} = F(X_1, X_2, \cdots, X_n)$ より，$X_1, X_2, \cdots, X_n$ は確率変数として変化するので，$\tilde{\theta}$ もある分布に従う確率変数となる。

$\tilde{\theta}$ の期待値 $E[\tilde{\theta}] = \theta$ が成り立つとき，この $\tilde{\theta}$ を θ の**不偏推定量**という。

(ⅰ) 母平均 μ の不偏推定量は，$\overline{X} = \frac{1}{n}\sum_{i=1}^{n} X_i = \frac{1}{n}(X_1 + X_2 + \cdots + X_n)$ である。

これを**標本平均**という。 ($E[\overline{X}] = \mu$ となる)

(ⅱ) 母分散 σ^2 の不偏推定量は，

$$S^2 = \frac{1}{n-1}\sum_{i=1}^{n}(X_i - \overline{X})^2 = \frac{1}{n-1}\{(X_1 - \overline{X})^2 + (X_2 - \overline{X})^2 + \cdots + (X_n - \overline{X})^2\}$$

である。これを**標本分散**，または**不偏分散**と呼ぶ。 ($E[S^2] = \sigma^2$ となる)

もう 1 つの点推定として**最尤法**(さいゆうほう)がある。最尤法とは，母集団が従う確率密度 (または確率関数) を予(あらかじ)め仮定する。そして，この母集団から無作為に抽出した標本の実現値を x_1，x_2，…，x_n とおくと，これらが出てくる確率を最大にするように母数 θ (μ と σ^2) を決定する。

ここで，$x_1, x_2, \cdots, x_n$ が出現する確率 $f(x_i)$ (実現値より定数) をさらに母数 θ (変数となる) の関数とみて，$f(x_i,\ \theta)$ とおく。この $f(x_i,\ \theta)$ $(i = 1,\ 2,\ \cdots,\ n)$ の積を $L(\theta)$ とおくと，

$L(\theta) = f(x_1,\ \theta)\cdot f(x_2,\ \theta)\cdot\cdots\cdot f(x_n,\ \theta)$ …① ← (この右辺を $\prod_{i=1}^{n} f(x_i,\ \theta)$ とも表す)

この $L(\theta)$ を**尤度関数**と呼び，$L(\theta)$ を最大にする θ の推定量を $\tilde{\theta}$ で表し，**最尤推定量**という。

①の両辺は正より，両辺の自然対数をとったものを**対数尤度**という。

対数尤度 $\log L(\theta) = \log \prod_{i=1}^{n} f(x_i,\ \theta) = \sum_{i=1}^{n} \log f(x_i,\ \theta)$

$$= \log f(x_1,\ \theta) + \log f(x_2,\ \theta) + \cdots + \log f(x_n,\ \theta)$$

$L(\theta)$ が最大のとき，$\log L(\theta)$ も最大となり，

$\frac{d}{d\theta}\log L(\theta) = 0$ ……②　　これを**尤度方程式**という。②を θ について解いて，母数 θ の最尤推定量 $\tilde{\theta}$ が求められる。

§2. 区間推定

点推定は母集団の母数 θ の値を推定するが，**区間推定**では，ある確率に対して母数 θ の取り得る値の範囲を求める。この確率を**信頼係数**と呼び，$1 - \alpha$ $(0 < \alpha < 1)$ で表す。この α は**有意水準**と呼ばれ，一般に $\alpha = 0.05$，または $\alpha = 0.01$ を用いる。

母集団の未知の母数 θ に対して，$P(\theta_1 \leqq \theta \leqq \theta_2) = 1 - \alpha$ のとき，区間 $[\theta_1,\ \theta_2]$ を，信頼係数 $1 - \alpha$ の $100\cdot(1 - \alpha)$%**信頼区間**と呼ぶ。θ_1 を**下側信頼限界**，θ_2 を**上側信頼限界**という。

・図1に示すように，正規分布 $N(\mu,\ \sigma^2)$（σ^2 は既知）に従う母集団から無作為に抽出した標本を $X_1,\ X_2,\ \cdots,\ X_n$ とおくと，標本平均 $\overline{X}=\dfrac{1}{n}\sum_{i=1}^{n}X_i$ は，正規分布 $N\left(\mu,\ \dfrac{\sigma^2}{n}\right)$ に従う。
（演習問題 **91**（**P170**））
よって，この確率変数 $\overline{X}$ を標準化した変数

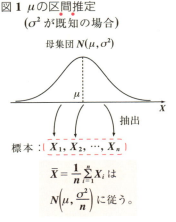

図1 μ の区間推定
（σ^2 が既知の場合）

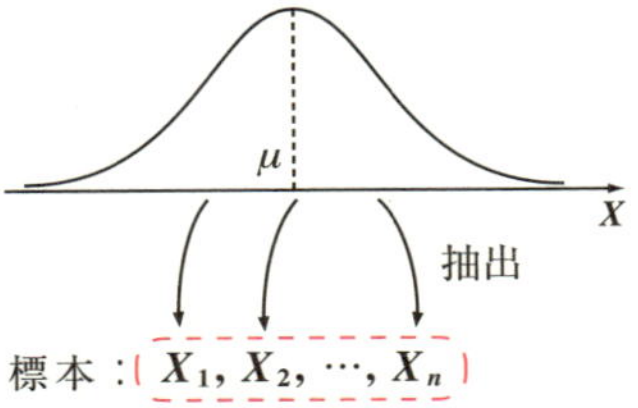

$\overline{X}=\dfrac{1}{n}\sum_{i=1}^{n}X_i$ は $N\left(\mu,\dfrac{\sigma^2}{n}\right)$ に従う。

$$Z=\frac{\overline{X}-\mu}{\sqrt{\dfrac{\sigma^2}{n}}}\cdots①$$ は，標準正規分布 $N(0,\ 1)$ に従う。（演習問題 **56**（**P98**））

これから，信頼係数 $1-\alpha$ が与えられたならば，**P212** の標準正規分布 $N(0,\ 1)$ の数表を用いて，$z\left(\dfrac{\alpha}{2}\right)$ の値を求め，

$$P\left(-z\left(\frac{\alpha}{2}\right)\leqq Z\leqq z\left(\frac{\alpha}{2}\right)\right)=1-\alpha \text{ より，}$$

$$-z\left(\frac{\alpha}{2}\right)\leqq\frac{\overline{X}-\mu}{\sqrt{\dfrac{\sigma^2}{n}}}\leqq z\left(\frac{\alpha}{2}\right)\quad(①\text{より})$$

図2 標準正規分布

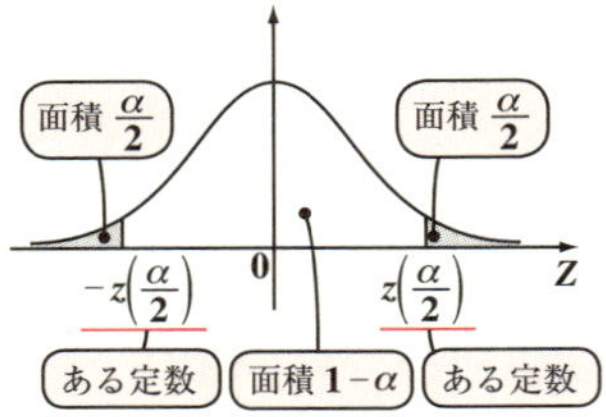

これから，母平均 μ の信頼係数 $1-\alpha$ の $100\cdot(1-\alpha)\%$ 信頼区間は，

$$\overline{X}-z\left(\frac{\alpha}{2}\right)\cdot\sqrt{\frac{\sigma^2}{n}}\leqq\mu\leqq\overline{X}+z\left(\frac{\alpha}{2}\right)\cdot\sqrt{\frac{\sigma^2}{n}}$$ となる。

正規母集団で
σ^2：既知の場合

・正規分布 $N(\mu,\ \sigma^2)$（σ^2 は未知）に従う母集団から無作為に抽出した標本 $X_1,\ X_2,\ \cdots,\ X_n$ に対して，確率変数

$$U=\frac{\overline{X}-\mu}{\sqrt{\dfrac{S^2}{n}}}\cdots②$$ は，自由度 $n-1$ の t 分布に従う。（演習問題 **89**（**P166**））

$\left(\text{ただし，}S^2=\dfrac{1}{n-1}\sum_{i=1}^{n}(X_i-\overline{X})^2\text{：不偏分散}\right)$

図 3 自由度 $n-1$ の t 分布
(左右対称なグラフ)

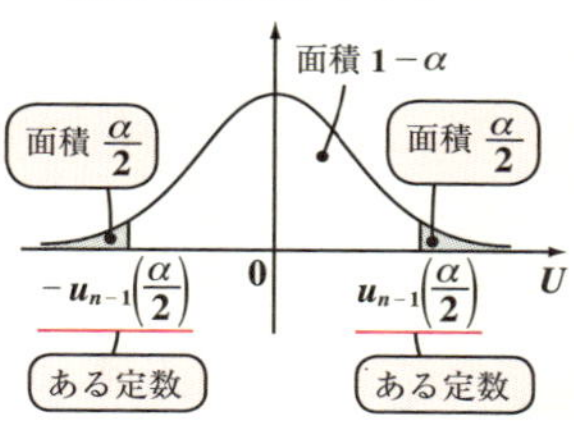

これから，信頼係数 $1-\alpha$ が与えられたならば，P213 の t 分布の数表から $u_{n-1}\left(\frac{\alpha}{2}\right)$ を求め，

$$P\left(-u_{n-1}\left(\frac{\alpha}{2}\right) \leqq U \leqq u_{n-1}\left(\frac{\alpha}{2}\right)\right)=1-\alpha$$

より，

$$-u_{n-1}\left(\frac{\alpha}{2}\right) \leqq \frac{\bar{X}-\mu}{\sqrt{\frac{S^2}{n}}} \leqq u_{n-1}\left(\frac{\alpha}{2}\right) \quad (②より)$$

これより，母平均 μ の信頼係数 $1-\alpha$ の $100\cdot(1-\alpha)\%$ 信頼区間は

$$\bar{X}-u_{n-1}\left(\frac{\alpha}{2}\right)\sqrt{\frac{S^2}{n}} \leqq \mu \leqq \bar{X}+u_{n-1}\left(\frac{\alpha}{2}\right)\sqrt{\frac{S^2}{n}}$$

となる。 ← 正規母集団で，σ^2：未知の場合

・正規分布 $N(\mu,\ \sigma^2)$ (μ は未知) に従う母集団から無作為に抽出した標本 $X_1,\ X_2,\ \cdots,\ X_n$ に対して，確率変数

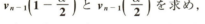

$$V=\sum_{i=1}^{n}\left(\frac{X_i-\bar{X}}{\sigma}\right)^2 \cdots ③$$

は，自由度 $n-1$ の χ^2 分布に従う。

(演習問題 92(P172))

図 4 自由度 $n-1$ の χ^2 分布

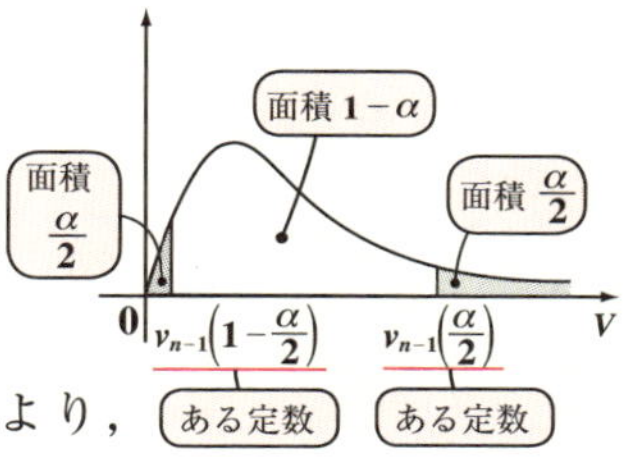

これから，信頼係数 $1-\alpha$ が与えられたならば，P214 の χ^2 分布の数表を用いて，

$v_{n-1}\left(1-\frac{\alpha}{2}\right)$ と $v_{n-1}\left(\frac{\alpha}{2}\right)$ を求め，

$$P\left(v_{n-1}\left(1-\frac{\alpha}{2}\right) \leqq V \leqq v_{n-1}\left(\frac{\alpha}{2}\right)\right)=1-\alpha \text{ より，}$$

$$v_{n-1}\left(1-\frac{\alpha}{2}\right) \leqq \sum_{i=1}^{n}\frac{(X_i-\bar{X})^2}{\sigma^2} \leqq v_{n-1}\left(\frac{\alpha}{2}\right) \quad (③より)$$

これより，母分散 σ^2 の信頼係数 $1-\alpha$ の $100\cdot(1-\alpha)\%$ 信頼区間は，

$$\frac{(n-1)S^2}{v_{n-1}\left(\frac{\alpha}{2}\right)} \leqq \sigma^2 \leqq \frac{(n-1)S^2}{v_{n-1}\left(1-\frac{\alpha}{2}\right)}$$

となる。 ← 正規母集団で，μ：未知の場合

$\left(\text{ただし，} S^2=\frac{1}{n-1}\sum_{i=1}^{n}(X_i-\bar{X})^2 \text{：不偏分散}\right)$

演習問題 84　● 母数の不偏推定量 ●

母平均 μ，母分散 σ^2 の母集団から無作為に抽出した大きさ n の標本 X_1，X_2，…，X_n について，

(1) 標本平均 $\overline{X}=\frac{1}{n}(X_1+X_2+\cdots+X_n)$ は母平均 μ の不偏推定量であることを示せ。

(2) 不偏分散 $S^2=\frac{1}{n-1}\sum_{i=1}^{n}(X_i-\overline{X})^2$ は母分散 σ^2 の不偏推定量であることを示せ。

ヒント！　(1) $E[\overline{X}]=\mu$ を示す。(2) $E[S^2]=\sigma^2$ を示す。

解答＆解説

標本 X_1，X_2，…，X_n は母平均 μ，母分散 σ^2 をもつ母集団から無作為に抽出されるので，それぞれ様々な値をとる n 個の変数とみることができる。よって，X_1，X_2，…，X_n は，平均 μ，分散 σ^2 の同一の確率分布に従う互いに独立な確率変数であるから，

$$\begin{cases} E[X_i]=\boxed{(ア)} & \cdots\cdots① \\ V[X_i]=E[(X_i-\mu)^2]=\boxed{(イ)} & \cdots\cdots② \end{cases}$$

$(n=1,\ 2,\ \cdots,\ n)$ となる。

(1) $E[\overline{X}]=E\left[\frac{1}{n}(X_1+X_2+\cdots+X_n)\right]$　← $E[aX+b]=aE[X]+b$

$=\frac{1}{n}E[X_1+X_2+\cdots+X_n]$　← $E[X+Y]=E[X]+E[Y]$

$=\frac{1}{n}(E[X_1]+E[X_2]+\cdots+E[X_n])$

（$E[X_1]$，$E[X_2]$，…，$E[X_n]$ はいずれも μ（①より））

$=\frac{1}{n}\cdot n\cdot\mu=\mu$　（①より）

$\therefore E[\overline{X}]=\mu$ だから，$\overline{X}$ は母平均 μ の不偏推定量である。……………(終)

（$\overline{X}$ 自体が確率変数）

(2) $E[S^2]=E\left[\frac{1}{n-1}\sum_{i=1}^{n}(X_i-\overline{X})^2\right]=\frac{1}{n-1}E\left[\sum_{i=1}^{n}(X_i-\overline{X})^2\right]$ ……③

（S^2：これも確率変数とみる）

ここで,

$$\sum_{i=1}^{n}(X_i-\overline{X})^2=\sum_{i=1}^{n}\{(X_i-\mu)-(\overline{X}-\mu)\}^2$$

$$=\sum_{i=1}^{n}\{(X_i-\mu)^2-2(X_i-\mu)(\overline{X}-\mu)+(\overline{X}-\mu)^2\}$$

$$=\sum_{i=1}^{n}(X_i-\mu)^2-2(\overline{X}-\mu)\underbrace{\sum_{i=1}^{n}(X_i-\mu)}_{\sum_{i=1}^{n}X_i-\mu\sum_{i=1}^{n}=n\overline{X}-n\mu}+(\overline{X}-\mu)^2\underbrace{\sum_{i=1}^{n}1}_{n}$$

$$=\sum_{i=1}^{n}(X_i-\mu)^2-2n(\overline{X}-\mu)^2+n(\overline{X}-\mu)^2$$

$$=\sum_{i=1}^{n}(X_i-\mu)^2-n(\overline{X}-\mu)^2 \quad \cdots\cdots ④$$

④を③に代入して,

$$E[S^2]=\frac{1}{n-1}E\left[\sum_{i=1}^{n}(X_i-\mu)^2-n(\overline{X}-\mu)^2\right]$$

$$=\frac{1}{n-1}\left\{\underbrace{E\left[\sum_{i=1}^{n}(X_i-\mu)^2\right]}_{(\mathrm{i})}-n\underbrace{E[(\overline{X}-\mu)^2]}_{(\mathrm{ii})}\right\} \quad \cdots\cdots ③'$$

ここで,

(ⅰ) $E\left[\sum_{i=1}^{n}(X_i-\mu)^2\right]=\sum_{i=1}^{n}\underbrace{E[(X_i-\mu)^2]}_{\sigma^2\text{（②より）}}=\sum_{i=1}^{n}\sigma^2=$ (ウ) $\boxed{}$ ……⑤

(ⅱ) $E[(\overline{X}-\mu)^2]=V[\overline{X}]$

$$=V\left[\frac{1}{n}\sum_{i=1}^{n}X_i\right]$$

$V[aX+b]=a^2V[X]$

$$=\frac{1}{n^2}V\left[\sum_{i=1}^{n}X_i\right]$$

X と Y が独立のとき,
$V[aX+bY+c]=a^2V[X]+b^2V[Y]$

$$=\frac{1}{n^2}\sum_{i=1}^{n}\underbrace{V[X_i]}_{\sigma^2\text{（②より）}}$$

$$=\frac{1}{n^2}\cdot\sum_{i=1}^{n}\sigma^2=\frac{1}{n^2}\cdot\text{(ウ)}\boxed{}=\text{(エ)}\boxed{} \quad \cdots\cdots ⑥$$

⑤, ⑥を③′に代入して,

$$E[S^2]=\frac{1}{n-1}\left(\underbrace{n\sigma^2}_{(\mathrm{i})}-n\cdot\underbrace{\frac{\sigma^2}{n}}_{(\mathrm{ii})}\right)=\frac{n-1}{n-1}\sigma^2=\sigma^2$$

∴ $E[S^2]=\sigma^2$ より, S^2 は母分散 σ^2 の不偏推定量である。 ………………(終)

解答 (ア) μ (イ) σ^2 (ウ) $n\sigma^2$ (エ) $\frac{\sigma^2}{n}$

演習問題 85 ● ポアソン母集団の最尤推定量 ●

ポアソン分布 $P_P(x) = e^{-\mu} \cdot \frac{\mu^x}{x!}$ $(x = 0,\ 1,\ 2,\ \cdots)$ に従う母集団から n 個の互いに独立な標本 $x_1,\ x_2,\ \cdots,\ x_n$ を無作為に抽出する。この $x_1,\ x_2,\ \cdots,\ x_n$ に対する母数 μ の最尤推定量 $\tilde{\mu}$ を求めよ。

ヒント！ n 個の標本 x_i $(i = 1,\ 2,\ \cdots,\ n)$ に対する尤度関数 $L(\mu)$ の自然対数，つまり対数尤度 $\log L(\mu)$ を最大にする μ を求めればよい。

解答&解説

ポアソン分布 $P_o(\mu)$：$P_P(x) = e^{-\mu} \cdot \frac{\mu^x}{x!}$ $(x = 0,\ 1,\ 2,\ \cdots)$ に従う母集団から大きさ n の互いに独立な標本 $x_1,\ x_2,\ \cdots,\ x_n$ を無作為に抽出したとき，この x_i $(i = 1,\ 2,\ \cdots,\ n)$ に対する尤度関数 $L(\mu)$ は，

$$L(\mu) = P_P(x_1) \cdot P_P(x_2) \cdot \cdots \cdot P_P(x_n)$$

$$= e^{-\mu} \cdot \frac{\mu^{x_1}}{x_1!} \cdot e^{-\mu} \cdot \frac{\mu^{x_2}}{x_2!} \cdot \cdots \cdot e^{-\mu} \cdot \frac{\mu^{x_n}}{x_n!}$$

（この積を，$\prod_{i=1}^{n} e^{-\mu} \cdot \frac{\mu^{x_i}}{x_i!}$ と表すこともある。）

$$= (e^{-\mu})^n \cdot \frac{\mu^{x_1 + x_2 + \cdots + x_n}}{x_1! \cdot x_2! \cdot \cdots \cdot x_n!}$$

（$\sum_{i=1}^{n} x_i = n\bar{x}$）

$$L(\mu) = e^{-n\mu} \cdot \frac{\mu^{n\bar{x}}}{x_1! \cdot x_2! \cdot \cdots \cdot x_n!} = C \cdot e^{-n\mu} \cdot \mu^{n\bar{x}}$$

$$\left(\text{ただし，} C = \frac{1}{x_1! \cdot x_2! \cdot \cdots \cdot x_n!},\ \bar{x} = \frac{1}{n}\sum_{i=1}^{n} x_i \text{ とする} \right)$$

よって，対数尤度は，

$$\log L(\mu) = \log C \cdot e^{-n\mu} \cdot \mu^{n\bar{x}} = \underbrace{\log C}_{\text{定数}} \underbrace{- n\mu}_{\log e^{-n\mu}} + \underbrace{n\bar{x}}_{\text{定数}} \log \mu$$

この両辺を μ で微分して，

$$\frac{d}{d\mu} \log L(\mu) = -n + \frac{n\bar{x}}{\mu}$$

よって，尤度方程式 $\frac{d}{d\mu} \log L(\mu) = 0$ は，

$$-n + \frac{n\bar{x}}{\mu} = 0 \quad \therefore \frac{\bar{x}}{\mu} = 1 \text{ より，} \mu = \bar{x} = \frac{1}{n}\sum_{i=1}^{n} x_i$$

← **最尤推定値**という

よって，求める x_i $(i = 1,\ 2,\ \cdots,\ n)$ に対する母数 μ の最尤推定量 $\tilde{\mu}$ は，

$\tilde{\mu} = \bar{x} = \frac{1}{n}\sum_{i=1}^{n} x_i$ である。 ……………………………(答)

演習問題 86 ● 正規母集団の最尤推定量 ●

正規分布 $f_N(x) = \frac{1}{\sqrt{2\pi}\sigma} e^{-\frac{(x-\mu)^2}{2\sigma^2}}$ に従う母集団から n 個の互いに独立な標本 x_1, x_2, …, x_n を無作為に抽出する。母分散 σ^2 が既知のとき，この x_1, x_2, …, x_n に対する母平均 μ の最尤推定量 $\tilde{\mu}$ を求めよ。

ヒント！ σ^2 が既知より，尤度関数は，μ の関数として，$L(\mu)$ と表される。尤度方程式 $\frac{d}{d\mu}\log L(\mu) = 0$ を μ について解けばいい。

解答＆解説

正規分布 $f_N(x) = \frac{1}{\sqrt{2\pi}\sigma} e^{-\frac{(x-\mu)^2}{2\sigma^2}}$ に従う母集団から大きさ n の互いに独立な標本 x_1, x_2, …, x_n を無作為に抽出したとき，この x_i $(i = 1, 2, \cdots, n)$ に対する尤度関数 $L(\mu)$ は，

$$L(\mu) = \prod_{i=1}^{n} f_N(x_i) \quad \leftarrow \boxed{\prod_{i=1}^{n} f_N(x_i) = f_N(x_1) \cdot f_N(x_2) \cdot \cdots \cdot f_N(x_n)}$$

$$= \frac{1}{\sqrt{2\pi\sigma^2}} e^{-\frac{(x_1-\mu)^2}{2\sigma^2}} \cdot \frac{1}{\sqrt{2\pi\sigma^2}} e^{-\frac{(x_2-\mu)^2}{2\sigma^2}} \cdot \cdots \cdot \frac{1}{\sqrt{2\pi\sigma^2}} e^{-\frac{(x_n-\mu)^2}{2\sigma^2}}$$

$$= \left\{(2\pi\sigma^2)^{-\frac{1}{2}}\right\}^n \cdot e^{-\frac{1}{2\sigma^2}\sum_{i=1}^{n}(x_i-\mu)^2} = (2\pi\sigma^2)^{-\frac{n}{2}} \cdot e^{-\frac{1}{2\sigma^2}\sum_{i=1}^{n}(x_i-\mu)^2}$$

対数尤度は，

$$\log L(\mu) = \underbrace{-\frac{n}{2}\log(2\pi\sigma^2)}_{} - \frac{1}{\underbrace{2\sigma^2}_{}}\sum_{i=1}^{n}(x_i-\mu)^2$$

定数（σ^2 は既知）

よって，尤度方程式は，

$$\frac{d}{d\mu}\log L(\mu) = -\frac{1}{2\sigma^2}\sum_{i=1}^{n}\frac{d}{d\mu}(x_i-\mu)^2 = -\frac{1}{2\sigma^2}\sum_{i=1}^{n}2(x_i-\mu)\cdot(-1)$$

$$= \frac{1}{\sigma^2}\sum_{i=1}^{n}(x_i-\mu) = \frac{1}{\sigma^2}\left(\sum_{i=1}^{n}x_i - \mu\cdot\sum_{i=1}^{n}1\right)$$

$$= \boxed{\frac{1}{\sigma^2}\Big(\underbrace{\sum_{i=1}^{n}x_i - n\mu}_{0}\Big) = 0}$$

$\therefore \sum_{i=1}^{n} x_i = n\mu$ より，求める母平均 μ の最尤推定量 $\tilde{\mu}$ は，

$\tilde{\mu} = \frac{1}{n}\sum_{i=1}^{n} x_i = \bar{x}$ である。……………………………………(答)

演習問題 87　● 母平均の区間推定（σ^2 は既知）(Ⅰ) ●

正規分布 $N(\mu,\ 25)$ に従う正規母集団から，**16** 個の標本 $X_1,\ X_2,\ \cdots,\ X_{16}$ を無作為に抽出したとき，この標本平均 $\overline{X}=63$ であった。母平均 μ の **95**％信頼区間を小数第 **2** 位まで求めよ。

ヒント！ $X_1,\ \cdots,\ X_n$ を使って，新たな確率変数 Z を，$Z=\dfrac{\overline{X}-\mu}{\sqrt{\dfrac{\sigma^2}{n}}}$ と定義すると，Z は標準正規分布 $N(0,\ 1)$ に従う。(σ^2：既知のとき)

解答＆解説

母平均 μ の **95**％信頼区間より，$1-\alpha=0.95$　すなわち，

有意水準 $\alpha=0.05$ となる。また，

標本の大きさ $n=16$

標本平均 $\overline{X}=63$

母分散 $\sigma^2=25$（既知）

よって，**P212** の標準正規分布表より，

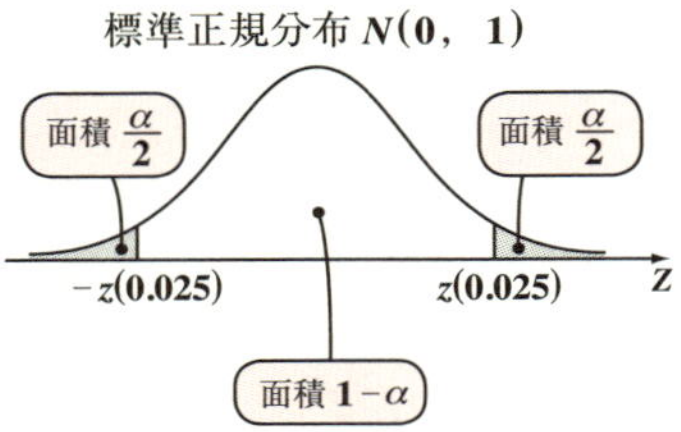

$z\left(\dfrac{\alpha}{2}\right)=z(0.025)$ の値を求めると，

$z(0.025)=1.96$　となる。

標準正規分布表

z	……	0.06
⋮		⋮
1.9	……	0.025

以上より，母平均 μ の **95**％信頼区間は，

$$63-1.96\times\sqrt{\frac{25}{16}}\leqq\mu\leqq 63+1.96\times\sqrt{\frac{25}{16}}\quad より，$$

$$\left[\overline{X}-z\left(\frac{\alpha}{2}\right)\cdot\sqrt{\frac{\sigma^2}{n}}\leqq\mu\leqq\overline{X}+z\left(\frac{\alpha}{2}\right)\cdot\sqrt{\frac{\sigma^2}{n}}\right]$$

$60.55\leqq\mu\leqq 65.45$　となる。……………………………………(答)

確率変数 $Z=\dfrac{\overline{X}-\mu}{\sqrt{\dfrac{\sigma^2}{n}}}$ は標準正規分布 $N(0,\ 1)$ に従う（**P158**）ので，

$P\left(-z\left(\dfrac{\alpha}{2}\right)\leqq Z\leqq z\left(\dfrac{\alpha}{2}\right)\right)=\underbrace{1-\alpha}_{0.95}$ より，

$-z\left(\dfrac{\alpha}{2}\right)\leqq\dfrac{\overline{X}-\mu}{\sqrt{\dfrac{\sigma^2}{n}}}\leqq z\left(\dfrac{\alpha}{2}\right)$　$\therefore\ \overline{X}-z\left(\dfrac{\alpha}{2}\right)\cdot\sqrt{\dfrac{\sigma^2}{n}}\leqq\mu\leqq\overline{X}+z\left(\dfrac{\alpha}{2}\right)\cdot\sqrt{\dfrac{\sigma^2}{n}}$

演習問題 88　● 母平均の区間推定（σ^2 は既知）（Ⅱ）●

正規分布 $N(\mu, 36)$ に従う正規母集団から，7 個の標本 $X_1, X_2, \cdots, X_7$ を無作為に抽出したとき，この標本平均 $\bar{X} = 155$ であった。母平均 μ の 95% 信頼区間を小数第 2 位まで求めよ。

ヒント！ 前問と同様，$Z = \dfrac{\bar{X} - \mu}{\sqrt{\dfrac{\sigma^2}{n}}}$ は $N(0, 1)$ に従うことを用いる。（σ^2：既知のとき）

解答＆解説

母平均 μ の 95% 信頼区間より，$1 - \alpha = 0.95$　すなわち，
有意水準 $\alpha = 0.05$ となる。また，

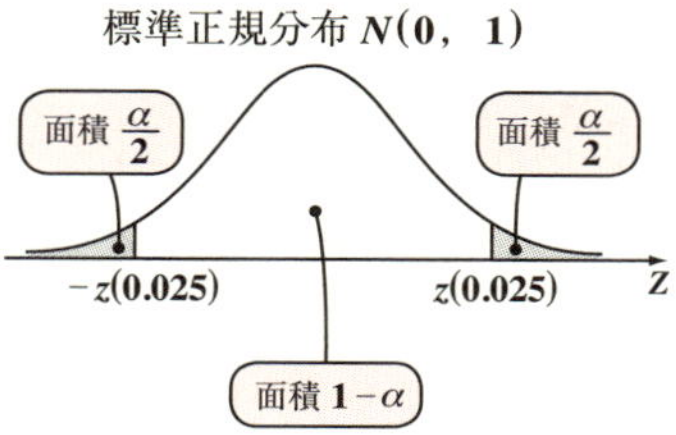

標本の大きさ $n =$ (ア)

標本平均 $\bar{X} =$ (イ)

母分散 $\sigma^2 =$ (ウ)（既知）

よって，P212 の標準正規分布表より，

$z\left(\dfrac{\alpha}{2}\right) = z(0.025)$ の値を求めると，

$z(0.025) =$ (エ) となる。

標準正規分布表

z	……	0.06
⋮		⋮
1.9	……	0.025

以上より，母平均 μ の 95% 信頼区間は，

(オ)　より，

$$\left[\bar{X} - z\left(\frac{\alpha}{2}\right)\cdot\sqrt{\frac{\sigma^2}{n}} \leqq \mu \leqq \bar{X} + z\left(\frac{\alpha}{2}\right)\cdot\sqrt{\frac{\sigma^2}{n}}\right]$$

(カ)　となる。 ……………………………………………（答）

解答　(ア) 7　(イ) 155　(ウ) 36　(エ) 1.96

(オ) $155 - 1.96 \times \sqrt{\dfrac{36}{7}} \leqq \mu \leqq 155 + 1.96 \times \sqrt{\dfrac{36}{7}}$

(カ) $150.56 \leqq \mu \leqq 159.44$

演習問題 89　●スチューデントの t 統計量●

互いに独立な n 個の確率変数 X_1, X_2, …, X_n が正規分布 $N(\mu, \sigma^2)$ に従うものとする。標本平均 $\overline{X}$ と，標本分散 S^2 を，

$\overline{X} = \frac{1}{n}\sum_{i=1}^{n} X_i$,　$S^2 = \frac{1}{n-1}\sum_{i=1}^{n}(X_i - \overline{X})^2$　で定義するとき，

確率変数 $U = \frac{\overline{X} - \mu}{\sqrt{\frac{S^2}{n}}}$ は，自由度 $n-1$ の t 分布に従うことを示せ。

ヒント！ $\overline{X} = \frac{1}{n}\sum_{i=1}^{n} X_i$ は $N\left(\mu, \frac{\sigma^2}{n}\right)$ に従う（演習問題 **91(P170)**）ので，これを標準化した $Y = \frac{\overline{X} - \mu}{\sqrt{\frac{\sigma^2}{n}}}$ は，$N(0, 1)$ に従う。（演習問題 **56(P98)**）　また，$\frac{(n-1)S^2}{\sigma^2} = \sum_{i=1}^{n}\left(\frac{X_i - \overline{X}}{\sigma}\right)^2$ から，変数 Z を $Z = \frac{(n-1)S^2}{\sigma^2}$ で定義すると，Z は自由度 $n-1$ の χ^2 分布に従う。（演習問題 **92(P172)**）　よって，$U = \frac{Y}{\sqrt{\frac{Z}{n-1}}}$ は自由度 $n-1$ の t 分布に従うんだね。（演習問題 **74(P134)**）

解答＆解説

X_1, X_2, …, X_n は正規分布 $N(\mu, \sigma^2)$ に従う互いに独立な変数より，この標本平均 $\overline{X} = \frac{1}{n}\sum_{i=1}^{n} X_i$ は，正規分布 (ア)［　　　］ に従う。

よって，変数を標準化して，

$Y =$ (イ)［　　　］ ……① とおくと，

「Y は標準正規分布 $N(0, 1)$ に従う。」……②

ここで，標本分散 $S^2 = \frac{1}{n-1}\sum_{i=1}^{n}(X_i - \overline{X})^2$ を変形して，

$$(n-1)S^2 = \sum_{i=1}^{n}(X_i - \overline{X})^2$$

この両辺を σ^2 で割って，

$\dfrac{(n-1)S^2}{\sigma^2} = \sum_{i=1}^{n} \left(\dfrac{X_i - \overline{X}}{\sigma} \right)^2$ ……③

これは，自由度 $n-1$ の χ^2 分布に従う

実は，この証明は大変なので，
この後の演習問題 **92** で証明している。

③の右辺は自由度 $n-1$ の (ウ) ＿＿＿ に従う。よって，③の左辺を

$Z = \dfrac{(n-1)S^2}{\sigma^2}$ ……③′ とおくと，

「Z は自由度 $n-1$ の χ^2 分布に従う。」……④

以上②，④より，

「Y は $N(0,\ 1)$ に従い，Z は自由度 $n-1$ の χ^2 分布に従うので，

$U = \dfrac{Y}{\sqrt{\dfrac{Z}{n-1}}}$ ……⑤は，自由度 $n-1$ の (エ) ＿＿＿ に従う。」……⑥

自由度 n の t 分布の定義
「**2** つの独立な変数 Y と Z がそれぞれ $N(0,\ 1)$，自由度 n の χ^2 分布に従うとき，$\dfrac{Y}{\sqrt{\dfrac{Z}{n}}}$ は，自由度 n の t 分布に従う」という。
(演習問題 **74** (**P134**))

ここで，$Z = \dfrac{(n-1)S^2}{\sigma^2}$ ……③′ を変形して，

$\dfrac{Z}{n-1} = \dfrac{S^2}{\sigma^2}$ ……③″

①と③″を⑤に代入すると，U は

$\dfrac{\overline{X}-\mu}{\sqrt{\dfrac{\sigma^2}{n}}} = \dfrac{\sqrt{n}(\overline{X}-\mu)}{\sigma}$ (①より)

$U = \dfrac{Y}{\sqrt{\dfrac{Z}{n-1}}} = \dfrac{\dfrac{\sqrt{n}(\overline{X}-\mu)}{\sigma}}{\dfrac{\sqrt{S^2}}{\sigma}} = \dfrac{\overline{X}-\mu}{\sqrt{\dfrac{S^2}{n}}}$ となる。

$\sqrt{\dfrac{S^2}{\sigma^2}} = \dfrac{\sqrt{S^2}}{\sigma}$ (③″より)

よって，⑥より，$U = \dfrac{\overline{X}-\mu}{\sqrt{\dfrac{S^2}{n}}}$ は，自由度 $n-1$ の (エ) ＿＿＿ に従う。…(終)

解答 (ア) $N\left(\mu,\ \dfrac{\sigma^2}{n}\right)$　(イ) $\dfrac{\overline{X}-\mu}{\sqrt{\dfrac{\sigma^2}{n}}}$　(ウ) χ^2 分布　(エ) t 分布

演習問題 90 ● 母平均の区間推定（σ^2 は未知）●

ある年の 1 年間で誕生した全国の新生児から 8 人の新生児を無作為に抽出して，体重を測定した結果を下に示す。

2.82，3.01，3.24，3.16，3.34，3.57，2.98，3.28（単位：kg）

この年の全国の新生児の体重を母集団とし，これが正規分布 $N(\mu,\ \sigma^2)$ に従うものとする。このとき，母平均 μ(kg) の 95% 信頼区間を，小数第 2 位まで求めよ。

ヒント！ まず，標本 x_i $(i=1,\ 2,\ \cdots,\ 8)$ を基に，$\sum_{i=1}^{8} x_i$，$\sum_{i=1}^{8} x_i^2$ を表にし，μ の信頼区間を求めるための各数値を順次求めていこう。

解答&解説

母平均 μ の区間推定に必要な標本平均 $\bar{x}$ と標本分散 S^2 を求めるために，標本 x_i $(i=1,\ 2,\ \cdots,\ 8)$ を基に，$\sum_{i=1}^{n} x_i$，$\sum_{i=1}^{n} x_i^2$ を計算すると，表 1 より

$$\sum_{i=1}^{n} x_i = 25.40,\quad \sum_{i=1}^{n} x_i^2 = 81.035$$

標本数 $n = 8$

以上より，

・標本平均 $\bar{x}$ は，

$$\bar{x} = \frac{1}{n}\sum_{i=1}^{n} x_i = \frac{25.40}{8} = 3.175$$

・標本分散 S^2 は，

$$S^2 = \frac{1}{n-1}\sum_{i=1}^{n}(x_i - \bar{x})^2$$
$$= \frac{1}{n-1}\left(\sum_{i=1}^{n} x_i^2 - n\cdot\bar{x}^2\right)$$
$$= \frac{1}{8-1}(81.035 - 8\times 3.175^2)$$
$$= 0.055714$$

表 1

データ No	x_i	x_i^2
1	2.82	7.9524
2	3.01	9.0601
3	3.24	10.4976
4	3.16	9.9856
5	3.34	11.1556
6	3.57	12.7449
7	2.98	8.8804
8	3.28	10.7584
Σ	25.40	81.035

$$\frac{1}{n-1}\sum_{i=1}^{n}(x_i - \bar{x})^2$$
$$= \frac{1}{n-1}\sum_{i=1}^{n}(x_i^2 - 2\bar{x}x_i + \bar{x}^2)$$
$$= \frac{1}{n-1}\left(\sum_{i=1}^{n} x_i^2 - 2\bar{x}\cdot\sum_{i=1}^{n} x_i + \bar{x}^2\cdot\sum_{i=1}^{n} 1\right)$$
$$= \frac{1}{n-1}\left(\sum_{i=1}^{n} x_i^2 - 2\bar{x}\cdot n\bar{x} + n\bar{x}^2\right)$$
$$= \frac{1}{n-1}\left(\sum_{i=1}^{n} x_i^2 - n\bar{x}^2\right)$$

母平均 μ の95%信頼区間を求めるために，表2に従って数値を埋めていく。

表2　μ の信頼区間

有意水準 α	0.05
標本数 n	8
標本平均 $\bar{x}$	3.175
標本分散 S^2	0.055714
$\sqrt{\frac{S^2}{n}}$	0.08345
$u_{n-1}\left(\frac{\alpha}{2}\right)$	2.365
μ の信頼区間	$0.56 \leqq \mu \leqq 3.94$

信頼係数 $1-\alpha = 0.95$ より，

有意水準 $\alpha = 0.05$

標本数 $n = 8$

標本平均 $\bar{x} = 3.175$

標本分散 $S^2 = 0.055714$

$$\sqrt{\frac{S^2}{n}} = \sqrt{\frac{0.055714}{8}} = 0.08345$$

ここで，確率変数 $u = \dfrac{\bar{x}-\mu}{\sqrt{\frac{S^2}{n}}}$ とおくと，

これは自由度7の t 分布に従うので，

$$P(-u_7(0.025) \leqq u \leqq u_7(0.025)) = 0.95$$

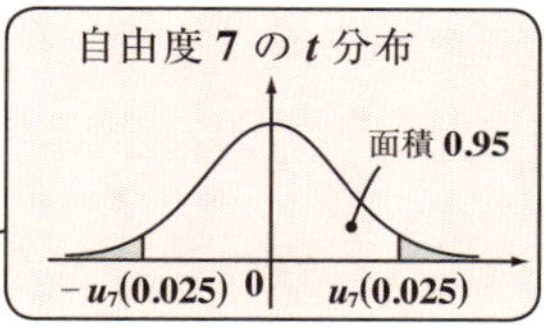

$$\left[P\left(-u_{n-1}\left(\frac{\alpha}{2}\right) \leqq u \leqq u_{n-1}\left(\frac{\alpha}{2}\right)\right) = 1-\alpha\right]$$

$$-u_7(0.025) \leqq \frac{\bar{x}-\mu}{\sqrt{\frac{S^2}{n}}} \leqq u_7(0.025) \text{ より，}$$

$$\bar{x} - \sqrt{\frac{S^2}{n}} \cdot u_7(0.025) \leqq \mu \leqq \bar{x} + \sqrt{\frac{S^2}{n}} \cdot u_7(0.025) \cdots\cdots ①$$

ここで，$u_7(0.025)$ の値を P213 の t 分布の表から求めると，

$n \backslash \alpha$	……	0.025
⋮		⋮
7	……	2.365

$u_7(0.025) = 2.365$

以上より，①は，

$$3.175 - 0.08345 \times 2.365 \leqq \mu \leqq 3.175 + 0.08345 \times 2.365$$

∴母平均 μ の95%信頼区間は，

$2.98 \leqq \mu \leqq 3.37$　となる。 ……………………………………………(答)

演習問題 91　●正規分布の再生性の定理●

互いに独立な n 個の確率変数 X_1, X_2, …, X_n がそれぞれ正規分布 $N(\mu_1,\ \sigma_1^2)$, $N(\mu_2,\ \sigma_2^2)$, …, $N(\mu_n,\ \sigma_n^2)$ に従うとき，新たな確率変数 $a_1X_1 + a_2X_2 + \cdots + a_nX_n + b$ ……① (a_1, a_2, …, a_n, b : 定数) は，正規分布 $N(a_1\mu_1 + a_2\mu_2 + \cdots + a_n\mu_n + b,\ a_1^2\sigma_1^2 + a_2^2\sigma_2^2 + \cdots + a_n^2\sigma_n^2)$ に従うことを，①のモーメント母関数 $M(\theta)$ を求めることによって示せ。

ヒント！ $N(\mu,\ \sigma^2)$ に従う確率変数 X のモーメント母関数は，$e^{\mu\theta + \frac{\sigma^2}{2}\theta^2}$ となる。(P82)　よって，①のモーメント母関数 $M(\theta)$ が，

$$M(\theta) = E\left[e^{\theta(a_1X_1 + a_2X_2 + \cdots + a_nX_n + b)}\right]$$

$$= e^{(a_1\mu_1 + a_2\mu_2 + \cdots + a_n\mu_n + b)\theta + \frac{a_1^2\sigma_1^2 + a_2^2\sigma_2^2 + \cdots + a_n^2\sigma_n^2}{2}\theta^2}$$

となることを示せばよい。

解答＆解説

X_1, X_2, …, X_n それぞれの確率密度を $f_{X_1}(x_1)$, $f_{X_2}(x_2)$, …, $f_{X_n}(x_n)$ とおく。
また，n 変数 X_1, X_2, …, X_n の確率密度を $h(x_1,\ x_2,\ \cdots,\ x_n)$ とおくと，
X_1, X_2, …, X_n が互いに独立より，
$h(x_1,\ x_2,\ \cdots,\ x_n) = f_{X_1}(x_1)\cdot f_{X_2}(x_2)\cdot\cdots\cdot f_{X_n}(x_n)$ ……②となる。
X_1, X_2, …, X_n はそれぞれ $N(\mu_1,\ \sigma_1^2)$, $N(\mu_2,\ \sigma_2^2)$, …, $N(\mu_n,\ \sigma_n^2)$ に従うので，X_1, X_2, …, X_n のモーメント母関数をそれぞれ $M_1(\theta)$, $M_2(\theta)$, …, $M_n(\theta)$ とおくと，

$$\begin{cases} M_1(\theta) = E\left[e^{\theta X_1}\right] = \int_{-\infty}^{\infty} e^{\theta x_1}\cdot f_{X_1}(x_1)dx_1 = e^{\mu_1\theta + \frac{\sigma_1^2}{2}\theta^2} \cdots\cdots③ \\ M_2(\theta) = E\left[e^{\theta X_2}\right] = \int_{-\infty}^{\infty} e^{\theta x_2}\cdot f_{X_2}(x_2)dx_2 = e^{\mu_2\theta + \frac{\sigma_2^2}{2}\theta^2} \cdots\cdots④ \\ \text{-------------------------} \\ M_n(\theta) = E\left[e^{\theta X_n}\right] = \int_{-\infty}^{\infty} e^{\theta x_n}\cdot f_{X_n}(x_n)dx_n = e^{\mu_n\theta + \frac{\sigma_n^2}{2}\theta^2} \cdots\cdots⑤ \end{cases}$$

ここで，$a_1X_1 + a_2X_2 + \cdots + a_nX_n + b$ …①のモーメント母関数を $M(\theta)$ とおくと，②より

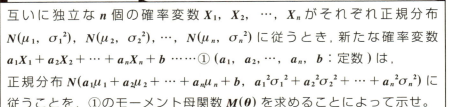

$$M(\theta) = E\left[e^{\theta(a_1X_1 + a_2X_2 + \cdots + a_nX_n + b)}\right]$$

$$= \int_{-\infty}^{\infty}\int_{-\infty}^{\infty}\cdots\int_{-\infty}^{\infty} \underbrace{e^{\theta(a_1x_1 + a_2x_2 + \cdots + a_nx_n + b)}} \cdot \underbrace{f_{X_1}(x_1)f_{X_2}(x_2)\cdots f_{X_n}(x_n)}\,dx_1 dx_2 \cdots dx_n$$

$$\underbrace{e^{a_1\theta x_1} \cdot e^{a_2\theta x_2} \cdot \cdots \cdot e^{a_n\theta x_n} \cdot \underbrace{e^{b\theta}}_{\text{定数}}} \qquad \underbrace{h(x_1,\ x_2,\ \cdots,\ x_n)} \leftarrow \boxed{②より}$$

$$= e^{b\theta} \cdot \underbrace{\int_{-\infty}^{\infty} e^{a_1\theta x_1} f_{X_1}(x_1)\,dx_1} \cdot \underbrace{\int_{-\infty}^{\infty} e^{a_2\theta x_2} f_{X_2}(x_2)\,dx_2} \cdot \cdots \cdot \underbrace{\int_{-\infty}^{\infty} e^{a_n\theta x_n} f_{X_n}(x_n)\,dx_n}$$

$$\boxed{\begin{array}{c} M_1(a_1\theta) \\ = e^{\mu_1 \cdot a_1\theta + \frac{\sigma_1^2}{2}(a_1\theta)^2} \end{array}} \qquad \boxed{\begin{array}{c} M_2(a_2\theta) \\ = e^{\mu_2 \cdot a_2\theta + \frac{\sigma_2^2}{2}(a_2\theta)^2} \end{array}} \qquad \boxed{\begin{array}{c} M_n(a_n\theta) \\ = e^{\mu_n \cdot a_n\theta + \frac{\sigma_n^2}{2}(a_n\theta)^2} \end{array}}$$

$$\boxed{③ の \theta に a_1\theta を代入} \qquad \boxed{④ の \theta に a_2\theta を代入} \qquad \boxed{⑤ の \theta に a_n\theta を代入}$$

$$= e^{b\theta} \cdot e^{a_1\mu_1\theta + \frac{(a_1\sigma_1)^2}{2}\theta^2} \cdot e^{a_2\mu_2\theta + \frac{(a_2\sigma_2)^2}{2}\theta^2} \cdot \cdots \cdot e^{a_n\mu_n\theta + \frac{(a_n\sigma_n)^2}{2}\theta^2}$$

よって，$a_1X_1 + a_2X_2 + \cdots + a_nX_n + b$ ……① のモーメント母関数 $M(\theta)$ は，

$$M(\theta) = e^{(a_1\mu_1 + a_2\mu_2 + \cdots + a_n\mu_n + b)\theta + \frac{a_1^2\sigma_1^2 + a_2^2\sigma_2^2 + \cdots + a_n^2\sigma_n^2}{2}\theta^2} \cdots\cdots ⑥$$

この⑥の右辺は，平均 $a_1\mu_1 + a_2\mu_2 + \cdots + a_n\mu_n + b$，分散

$a_1^2\sigma_1^2 + a_2^2\sigma_2^2 + \cdots + a_n^2\sigma_n^2$ の正規分布のモーメント母関数であるから，

$a_1X_1 + a_2X_2 + \cdots + a_nX_n + b$ ……① は，正規分布

$N(a_1\mu_1 + a_2\mu_2 + \cdots + a_n\mu_n + b,\ a_1^2\sigma_1^2 + a_2^2\sigma_2^2 + \cdots + a_n^2\sigma_n^2)$ に従う。…(終)

$\boxed{\text{これを正規分布の再生性の定理と呼ぶ。}}$

$n = 2$，$a_1 = a_2 = 1$，$b = 0$ の場合，次が成り立つ。

「互いに独立な2つの変数 X_1，X_2 がそれぞれ $N(\mu_1,\ \sigma_1^2)$，$N(\mu_2,\ \sigma_2^2)$ に従うとき，変数 $X_1 + X_2$ は，正規分布 $N(\mu_1 + \mu_2,\ \sigma_1^2 + \sigma_2^2)$ に従う。」

これを，**正規分布の再生性**という。

また，$n = 1$，$a_1 = a$，の場合，$X_1 = X$，$\mu_1 = \mu$，$\sigma_1^2 = \sigma^2$ とおくと，次が成り立つ。

「変数 X が $N(\mu,\ \sigma^2)$ に従うとき，変数 $aX + b$ は，正規分布 $N(a\mu + b,\ a^2\sigma^2)$ に従う。」

正規分布の再生性の定理より，互いに独立な n 個の変数 X_1，X_2，$\cdots$，X_n がすべて同一の

正規分布 $N(\mu,\ \sigma^2)$ に従うとき，これらの相加平均 $\overline{X} = \dfrac{1}{n}(X_1 + X_2 + \cdots + X_n)$ は，

正規分布 $N\left(\dfrac{1}{n}\mu + \dfrac{1}{n}\mu + \cdots + \dfrac{1}{n}\mu,\ \dfrac{1}{n^2}\sigma^2 + \dfrac{1}{n^2}\sigma^2 + \cdots + \dfrac{1}{n^2}\sigma^2\right)$，すなわち，$N\left(\mu,\ \dfrac{\sigma^2}{n}\right)$ に

従うことが分かる。

演習問題 92　● 統計量 $\sum_{i=1}^{n}\left(\frac{X_i-\overline{X}}{\sigma}\right)^2=\frac{(n-1)S^2}{\sigma^2}$ ●　難

「互いに独立な n 個の変数 X_1, X_2, …, X_n が正規分布 $N(\mu,\ \sigma^2)$ に従うとき，X_1, X_2, …, X_n の相加平均

$\overline{X}=\frac{X_1+X_2+\cdots+X_n}{n}$ に対して，

$V=\sum_{i=1}^{n}\left(\frac{X_i-\overline{X}}{\sigma}\right)^2$ は自由度 $n-1$ の χ^2 分布に従う。」……$(**)$

この $(**)$ を，次の順序で示せ。

(1)

$$\begin{cases} X_1-\overline{X}=\frac{1}{\sqrt{1\cdot 2}}\xi_1+\frac{1}{\sqrt{2\cdot 3}}\xi_2+\frac{1}{\sqrt{3\cdot 4}}\xi_3+\frac{1}{\sqrt{4\cdot 5}}\xi_4+\cdots+\frac{1}{\sqrt{(n-1)n}}\xi_{n-1}\cdots① \\ X_2-\overline{X}=\frac{-1}{\sqrt{1\cdot 2}}\xi_1+\frac{1}{\sqrt{2\cdot 3}}\xi_2+\frac{1}{\sqrt{3\cdot 4}}\xi_3+\frac{1}{\sqrt{4\cdot 5}}\xi_4+\cdots+\frac{1}{\sqrt{(n-1)n}}\xi_{n-1}\cdots② \\ X_3-\overline{X}=\frac{-2}{\sqrt{2\cdot 3}}\xi_2+\frac{1}{\sqrt{3\cdot 4}}\xi_3+\frac{1}{\sqrt{4\cdot 5}}\xi_4+\cdots+\frac{1}{\sqrt{(n-1)n}}\xi_{n-1}\cdots③ \\ X_4-\overline{X}=\frac{-3}{\sqrt{3\cdot 4}}\xi_3+\frac{1}{\sqrt{4\cdot 5}}\xi_4+\cdots+\frac{1}{\sqrt{(n-1)n}}\xi_{n-1}\cdots④ \\ \text{- - - - - - - - - - - -} \\ X_n-\overline{X}=\frac{-(n-1)}{\sqrt{(n-1)n}}\xi_{n-1}\cdots ⓝ \end{cases}$$

で $n-1$ 個の確率変数 ξ_1, ξ_2, …, ξ_{n-1} を定義するとき，

「ξ_1, ξ_2, …, ξ_{n-1} は正規分布 $N(0,\sigma^2)$ に従う互いに独立な変数である」…(a)

ことを示せ。

(2) $\sum_{i=1}^{n}(X_i-\overline{X})^2=\sum_{i=1}^{n-1}\xi_i^2$……(f) が成り立つことを示せ。

(3) $V=\sum_{i=1}^{n}\left(\frac{X_i-\overline{X}}{\sigma}\right)^2$ は，自由度 $n-1$ の χ^2 分布に従うことを示せ。

ヒント！ (1) ①＋②＋…＋ⓘ－i×($i+1$)より，

$X_1+X_2+\cdots+X_i-i\cdot X_{i+1}=\sqrt{i(i+1)}\xi_i\cdots$ⓘ$'$ $(i=1,\ 2,\ \cdots,\ n-1)$ となる。この左辺を Y_i とおくと，Y_i は正規分布の再生性の定理 (演習問題 91) より，正規分布 $N(0,\ i(i+1)\sigma^2)$ に従う。これとⓘ$'$の関係から，ξ_i は $N(0,\ \sigma^2)$ に従うことが分かる。(2) ①^2＋②^2 より ξ_1^2 を取り出せ，①^2＋②^2＋③^2 より $\xi_1^2+\xi_2^2$ の項が取り出せる。以下同様にして，(f) を導く。

解答&解説

(1) 問題文の①～ⓝの n 個の等式で定義された $n-1$ 個の確率変数 ξ_1, ξ_2, …, ξ_{n-1} に対して,

①－②より, $1+1^2=1\cdot(1+1)$

$$X_1-1\cdot X_2=\frac{2}{\sqrt{1\cdot 2}}\xi_1=\sqrt{1\cdot 2}\xi_1 \cdots\cdots ①'$$

①＋②－2×③より, $2+2^2=2\cdot(1+2)$

$$X_1+X_2-2X_3=\frac{6}{\sqrt{2\cdot 3}}\xi_2=\sqrt{2\cdot 3}\xi_2 \cdots\cdots ②'$$

①＋②＋③－3×④より, $3+3^2=3\cdot(1+3)$

$$X_1+X_2+X_3-3X_4=\frac{12}{\sqrt{3\cdot 4}}\xi_3=\sqrt{3\cdot 4}\xi_3 \cdots\cdots ③'$$

---

①＋②＋…＋$(n-1)$－$(n-1)$×ⓝより, $(n-1)+(n-1)^2=(n-1)(1+n-1)$

$$X_1+X_2+\cdots+X_{n-1}-(n-1)\cdot X_n=\frac{(n-1)\cdot n}{\sqrt{(n-1)\cdot n}}\xi_{n-1}=\sqrt{(n-1)n}\xi_{n-1}\cdots (n-1)'$$

①′～$(n-1)'$はまとめて次式で表すことができる。

$$X_1+X_2+\cdots+X_i-i\cdot X_{i+1}=\sqrt{i(i+1)}\xi_i\cdots\cdots ⓘ' \quad (i=1,\ 2,\ \cdots,\ n-1)$$

ここで, X_1, X_2, …, X_n は正規分布 $N(\mu,\ \sigma^2)$ に従う互いに独立な確率変数だから, 正規分布の再生性の定理より,

$1\cdot X_1-1\cdot X_2=\sqrt{2}\xi_1\cdots①'$ の左辺を Y_1 とおく

$Y_1=\underbrace{1}_{a_1}\cdot X_1\underbrace{-1}_{a_2}\cdot X_2$ とおくと, Y_1 は

正規分布

$$N(\underbrace{1}_{a_1}\cdot\mu\underbrace{-1}_{a_2}\cdot\mu,\ \underbrace{1^2}_{a_1^2}\cdot\sigma^2+\underbrace{(-1)^2}_{a_2^2}\sigma^2),$$

すなわち $N(0,\ 2\sigma^2)$ に従う。

> 正規分布の再生性の定理
> 互いに独立な n 個の確率変数 X_1, X_2, …, X_n が, それぞれ正規分布 $N(\mu_1,\ \sigma_1^2)$, $N(\mu_2,\ \sigma_2^2)$, …, $N(\mu_n,\ \sigma_n^2)$ に従うとき, $a_1X_1+a_2X_2+\cdots+a_nX_n+b$ は,
> 正規分布
> $N(a_1\mu_1+a_2\mu_2+\cdots+a_n\mu_n,$
> $a_1^2\sigma_1^2+a_2^2\sigma_2^2+\cdots+a_n^2\sigma_n^2)$
> に従う。(演習問題91(P170))

ここで, $Y_1=\sqrt{2}\xi_1\cdots\cdots①'$ より、$\xi_1=\dfrac{1}{\sqrt{2}}Y_1$

よって, 正規分布の再生性の定理より, ξ_1 は

$N\left(\dfrac{1}{\sqrt{2}}\cdot 0,\ \left(\dfrac{1}{\sqrt{2}}\right)^2\cdot 2\sigma^2\right)$, すなわち正規分布 $N(0,\ \sigma^2)$ に従う。

同様に，

$\underbrace{1}_{a_1}\cdot X_1+\underbrace{1}_{a_2}\cdot X_2\underbrace{-2}_{a_3}\cdot X_3=\sqrt{6}\cdot\xi_2\cdots\cdots②'$ の左辺を Y_2 とおくと，

Y_2 は，正規分布の再生性の定理より，正規分布

$N(\underbrace{1}_{a_1}\cdot\mu+\underbrace{1}_{a_2}\cdot\mu\underbrace{-2}_{a_3}\cdot\mu,\ \underbrace{1^2}_{a_1{}^2}\cdot\sigma^2+\underbrace{1^2}_{a_2{}^2}\cdot\sigma^2+\underbrace{(-2)^2}_{a_3{}^2}\sigma^2)$，すなわち

$N(0,\ 6\sigma^2)$ に従う。

また，$Y_2=\sqrt{6}\cdot\xi_2\cdots\cdots②'$ より，$\xi_2=\dfrac{1}{\sqrt{6}}\cdot Y_2$

よって，正規分布の再生性の定理より，ξ_2 は

$N\left(\dfrac{1}{\sqrt{6}}\cdot 0,\ \left(\dfrac{1}{\sqrt{6}}\right)^2\cdot 6\sigma^2\right)$，すなわち正規分布 $N(0,\ \sigma^2)$ に従う。

同様に，$i=1,\ 2,\ \cdots,\ n-1$ に対して，

$\underbrace{1}_{a_1}\cdot X_1+\underbrace{1}_{a_2}\cdot X_2+\cdots+\underbrace{1}_{a_i}\cdot X_i\underbrace{-i}_{a_{i+1}}\cdot X_{i+1}=\sqrt{i(i+1)}\xi_i\cdots ⓘ'$ の左辺を Y_i とおくと，

Y_i は，正規分布の再生性の定理より，

$N(\underbrace{1}_{a_1}\cdot\mu+\underbrace{1}_{a_2}\cdot\mu+\cdots+\underbrace{1}_{a_i}\cdot\mu\underbrace{-i}_{a_{i+1}}\cdot\mu,\ \underbrace{1^2}_{a_1{}^2}\sigma^2+\underbrace{1^2}_{a_2{}^2}\sigma^2+\cdots+\underbrace{1^2}_{a_i{}^2}\sigma^2+\underbrace{(-i)^2}_{a_{i+1}{}^2}\sigma^2)$，

すなわち，$N(0,\ i(i+1)\sigma^2)$ に従う。

また，$Y_i=\sqrt{i(i+1)}\xi_i\cdots\cdots ⓘ'$ より，$\xi_i=\dfrac{1}{\sqrt{i(i+1)}}Y_i$

よって，正規分布の再生性の定理より，$\xi_i\ (i=1,\ 2,\ \cdots,\ n-1)$ は，

$N\left(\dfrac{1}{\sqrt{i(i+1)}}\cdot 0,\ \left(\dfrac{1}{\sqrt{i(i+1)}}\right)^2\cdot i(i+1)\sigma^2\right)$，

すなわち，正規分布 $N(0,\ \sigma^2)$ に従う。

以上より，

「$\xi_1,\ \xi_2,\ \cdots,\ \xi_{n-1}$ は，いずれも正規分布 $N(0,\ \sigma^2)$ に従う互いに独立な確率変数である」……(a) ことが示された。……………………………(終)

$$\begin{cases} X_1-\overline{X}=\dfrac{1}{\sqrt{1\cdot 2}}\xi_1+\dfrac{1}{\sqrt{2\cdot 3}}\xi_2+\dfrac{1}{\sqrt{3\cdot 4}}\xi_3+\dfrac{1}{\sqrt{4\cdot 5}}\xi_4+\cdots+\dfrac{1}{\sqrt{(n-1)n}}\xi_{n-1}\cdots\text{①} \\ X_2-\overline{X}=\dfrac{-1}{\sqrt{1\cdot 2}}\xi_1+\dfrac{1}{\sqrt{2\cdot 3}}\xi_2+\dfrac{1}{\sqrt{3\cdot 4}}\xi_3+\dfrac{1}{\sqrt{4\cdot 5}}\xi_4+\cdots+\dfrac{1}{\sqrt{(n-1)n}}\xi_{n-1}\cdots\text{②} \\ X_3-\overline{X}=\dfrac{-2}{\sqrt{2\cdot 3}}\xi_2+\dfrac{1}{\sqrt{3\cdot 4}}\xi_3+\dfrac{1}{\sqrt{4\cdot 5}}\xi_4+\cdots+\dfrac{1}{\sqrt{(n-1)n}}\xi_{n-1}\cdots\text{③} \\ X_4-\overline{X}=\dfrac{-3}{\sqrt{3\cdot 4}}\xi_3+\dfrac{1}{\sqrt{4\cdot 5}}\xi_4+\cdots+\dfrac{1}{\sqrt{(n-1)n}}\xi_{n-1}\cdots\text{④} \\ \text{-------------------------------} \\ X_n-\overline{X}=\dfrac{-(n-1)}{\sqrt{(n-1)n}}\xi_{n-1}\cdots\text{ⓝ} \end{cases}$$

(2) $X_1-\overline{X}=\dfrac{1}{\sqrt{1\cdot 2}}\xi_1+B_1\cdots\cdots$①

$\left(ただし，B_1=\dfrac{1}{\sqrt{2\cdot 3}}\xi_2+\dfrac{1}{\sqrt{3\cdot 4}}\xi_3+\cdots+\dfrac{1}{\sqrt{(n-1)n}}\xi_{n-1}\right)$

$X_2-\overline{X}=\dfrac{-1}{\sqrt{1\cdot 2}}\xi_1+B_1\cdots\cdots$②　より，①^2＋②^{2}を作ると，

$$\underbrace{(X_1-\overline{X})^2+(X_2-\overline{X})^2}_{\sum_{i=1}^{2}(X_i-\overline{X})^2}=\left(\frac{1}{\sqrt{1\cdot 2}}\xi_1+B_1\right)^2+\left(\frac{-1}{\sqrt{1\cdot 2}}\xi_1+B_1\right)^2$$

$$=\frac{1\cdot 2}{1\cdot 2}\xi_1{}^2+2B_1{}^2=\xi_1{}^2+2B_1{}^2$$

$$\therefore\ \sum_{i=1}^{2}(X_i-\overline{X})^2=\xi_1{}^2+2\Big(\underbrace{\frac{1}{\sqrt{2\cdot 3}}\xi_2+B_2}_{B_1\text{のこと}}\Big)^2\cdots\cdots\text{(b)}$$

$\left(ただし，B_2=\dfrac{1}{\sqrt{3\cdot 4}}\xi_3+\cdots+\dfrac{1}{\sqrt{(n-1)n}}\xi_{n-1}\right)$

$X_3-\overline{X}=\dfrac{-2}{\sqrt{2\cdot 3}}\xi_2+B_2\cdots\cdots$③より，(b)＋③^{2}を作ると，

$$\sum_{i=1}^{3}(X_i-\overline{X})^2=\xi_1{}^2+2\left(\frac{1}{\sqrt{2\cdot 3}}\xi_2+B_2\right)^2+\left(\frac{-2}{\sqrt{2\cdot 3}}\xi_2+B_2\right)^2$$

$$=\xi_1{}^2+\frac{\overset{2+2^2}{\boxed{2\cdot 3}}}{2\cdot 3}\xi_2{}^2+3B_2{}^2=\xi_1{}^2+\xi_2{}^2+3B_2{}^2$$

$$\sum_{i=1}^{3}(X_i-\overline{X})^2=\xi_1{}^2+\xi_2{}^2+3\Big(\underbrace{\frac{1}{\sqrt{3\cdot 4}}\xi_3+B_3}_{B_2\text{のこと}}\Big)^2\cdots\cdots\text{(c)}$$

$\left(ただし，B_3=\dfrac{1}{\sqrt{4\cdot 5}}\xi_4+\cdots+\dfrac{1}{\sqrt{(n-1)n}}\xi_{n-1}\right)$

$X_4-\overline{X}=\dfrac{-3}{\sqrt{3\cdot 4}}\xi_3+B_3\cdots\cdots$④より，(c)＋④^{2}を作ると，

$$\sum_{i=1}^{4}(X_i-\bar{X})^2=\xi_1{}^2+\xi_2{}^2+3\left(\frac{1}{\sqrt{3\cdot 4}}\xi_3+B_3\right)^2+\left(\frac{-3}{\sqrt{3\cdot 4}}\xi_3+B_3\right)^2$$

$$=\xi_1{}^2+\xi_2{}^2+\frac{\overset{3+3^2}{\overset{\|}{3\cdot 4}}}{3\cdot 4}\xi_3{}^2+4B_3{}^2$$

$$\sum_{i=1}^{4}(X_i-\bar{X})^2=\xi_1{}^2+\xi_2{}^2+\xi_3{}^2+4\underbrace{\left(\frac{1}{\sqrt{4\cdot 5}}\xi_4+B_4\right)^2}_{B_3\text{のこと}}$$

$$\left(\text{ただし，}B_4=\frac{1}{\sqrt{5\cdot 6}}\xi_5+\cdots+\frac{1}{\sqrt{(n-1)n}}\xi_{n-1}\right)$$

ここで，$n=k\ (k=4,\ 5,\ \cdots,\ n-1)$ のとき，

$$\sum_{i=1}^{k}(X_i-\bar{X})^2=\xi_1{}^2+\xi_2{}^2+\cdots+\xi_{k-1}{}^2+k\left(\frac{1}{\sqrt{k(k+1)}}\xi_k+B_k\right)^2\cdots\cdots(\mathrm{d})$$

$$\left(\begin{array}{l} k=4,5,\cdots,n-2\text{ のとき},B_k=\dfrac{1}{\sqrt{(k+1)(k+2)}}\xi_{k+1}+\cdots+\dfrac{1}{\sqrt{(n-1)n}}\xi_{n-1} \\ k=n-1\text{ のとき，}B_k=B_{n-1}=0\text{ とする。}\end{array}\right)$$

が成り立つと仮定すると，

$X_{k+1}-\bar{X}=\dfrac{-k}{\sqrt{k(k+1)}}\xi_k+B_k\cdots$ $\textcircled{k+1}$ より，

$(\mathrm{d})+\textcircled{k+1}^2$ を作ると，

$$\sum_{i=1}^{k+1}(X_i-\bar{X})^2=\xi_1{}^2+\xi_2{}^2+\cdots+\xi_{k-1}{}^2+k\left(\frac{1}{\sqrt{k(k+1)}}\xi_k+B_k\right)^2+\left(\frac{-k}{\sqrt{k(k+1)}}\xi_k+B_k\right)^2$$

$$\sum_{i=1}^{k+1}(X_i-\bar{X})^2=\xi_1{}^2+\xi_2{}^2+\cdots+\xi_{k-1}{}^2+\frac{\overset{k+k^2}{\overset{\|}{k(k+1)}}}{k(k+1)}\xi_k{}^2+(k+1)B_k{}^2$$

$$\therefore\sum_{i=1}^{k+1}(X_i-\bar{X})^2=\xi_1{}^2+\xi_2{}^2+\cdots+\xi_k{}^2+(k+1)B_k{}^2\cdots\cdots(\mathrm{e})$$

$(k=4,\ 5,\ \cdots,\ n-1)$ となる。

ここで，$k=n-1$ のとき，$B_k=B_{n-1}=0$ より，(e) は，

$$\sum_{i=1}^{n}(X_i-\bar{X})^2=\xi_1{}^2+\xi_2{}^2+\cdots+\xi_{n-1}{}^2+\cancel{n\cdot\underbrace{0^2}_{B_{n-1}{}^2}}=\sum_{i=1}^{n-1}\xi_i{}^2$$

$\therefore\displaystyle\sum_{i=1}^{n}(X_i-\bar{X})^2=\sum_{i=1}^{n-1}\xi_i{}^2\cdots\cdots(\mathrm{f})$ となる。…………………………………(終)

(3) ここで，**(1)** の結果：

「ξ_1，ξ_2，…，ξ_{n-1} は正規分布 $N(0,\ \sigma^2)$ に従う互いに独立な確率変数である」……(a) ことから，

$Z_i = \dfrac{\xi_i - 0}{\sigma} = \dfrac{\xi_i}{\sigma}$ $(i = 1,\ 2,\ \cdots,\ n-1)$ と，変数を標準化すると，

$Z_i = \dfrac{\xi_i}{\sigma}$ は，標準正規分布 $N(0,\ 1)$ に従う。← 演習問題 56 (P98) より

そして，ξ_1，ξ_2，…，ξ_{n-1} は互いに独立より，$Z_i = \dfrac{\xi_i}{\sigma}$ も互いに独立である。よって，

「$\displaystyle\sum_{i=1}^{n-1} Z_i^2 = \sum_{i=1}^{n-1}\left(\frac{\xi_i}{\sigma}\right)^2$ は，自由度 $n-1$ の χ^2 分布に従う。」……(g)

$\displaystyle\sum_{i=1}^{n-1}\left(\frac{\xi_i}{\sigma}\right)^2 = \sum_{i=1}^{n}\left(\frac{X_i - \overline{X}}{\sigma}\right)^2$ （(f) より）

Z_1，Z_2，…，Z_n が $N(0,\ 1)$ に従うとき，$\displaystyle\sum_{i=1}^{n} Z_i^2$ は自由度 n の χ^2 分布に従う。(P119)

ここで，$\displaystyle\sum_{i=1}^{n}(X_i - \overline{X})^2 = \sum_{i=1}^{n-1}\xi_i^2$……(f) の両辺を σ^2 で割って，

$$\sum_{i=1}^{n}\left(\frac{X_i - \overline{X}}{\sigma}\right)^2 = \sum_{i=1}^{n-1}\left(\frac{\xi_i}{\sigma}\right)^2$$

であるから，(g) より，

（左辺）$= V$，（右辺）$= \displaystyle\sum_{i=1}^{n-1} Z_i^2$ ← 自由度 $n-1$ の χ^2 分布に従う。（(g) より）

$V = \displaystyle\sum_{i=1}^{n}\left(\frac{X_i - \overline{X}}{\sigma}\right)^2$ は，自由度 $n-1$ の χ^2 分布に従う。……………(終)

$V = \dfrac{(n-1)S^2}{\sigma^2}$ $\left(S^2 = \dfrac{1}{n-1}\displaystyle\sum_{i=1}^{n}(X_i - \overline{X})^2\right)$

演習問題 93　● 母分散の区間推定（μ は未知）●

日本に生息するある種のチョウから **8** 匹のチョウを無作為に抽出して，前翅長（ぜんしちょう）（片方の前羽の付け根から先までの長さ）を測った結果を，下に示す。

25.3，29.2，31.4，26.8，32.3，24.3，27.6，28.5　（単位：mm）

日本に生息するこの種のすべてのチョウの前翅長を母集団とし，これが正規分布 $N(\mu,\ \sigma^2)$ に従うものとする。このとき，母分散 σ^2 の **99**%信頼区間を小数第 **2** 位まで求めよ。

ヒント！ まず，標本 $x_i\ (i=1,\ 2,\ \cdots,\ 8)$ について，$\sum_{i=1}^{8} x_i$，$\sum_{i=1}^{8} x_i^2$ の表を作り，σ^2 の信頼区間を手順通りに求めていく。

解答＆解説

母分散 σ^2 の区間推定に必要な標本平均 $\bar{x}$ と標本分散 S^2 を求めるために，標本 x_i $(i=1,\ 2,\ \cdots,\ 8)$ を基に，$\sum_{i=1}^{n} x_i$，$\sum_{i=1}^{n} x_i^2$ を計算すると，表 **1** より

$$\sum_{i=1}^{n} x_i = 225.4,\quad \sum_{i=1}^{n} x_i^2 = 6404.72$$

標本数 $n=8$

以上より，

・標本平均 $\bar{x}$ は，

$$\bar{x} = \frac{1}{n}\sum_{i=1}^{n} x_i = \frac{225.4}{8} = \boxed{(ア)\qquad}$$

・標本分散 S^2 は，

$$S^2 = \frac{1}{n-1}\sum_{i=1}^{n}(x_i-\bar{x})^2 = \frac{1}{n-1}\left(\sum_{i=1}^{n} x_i^2 - n\bar{x}^2\right)$$

$$= \frac{1}{8-1}(6404.72 - 8\times 28.175^2) = \boxed{(イ)\qquad}$$

表 **1**

データ No	x_i	x_i^2
1	25.3	640.09
2	29.2	852.64
3	31.4	985.96
4	26.8	718.24
5	32.3	1043.29
6	24.3	590.49
7	27.6	761.76
8	28.5	812.25
Σ	225.4	6404.72

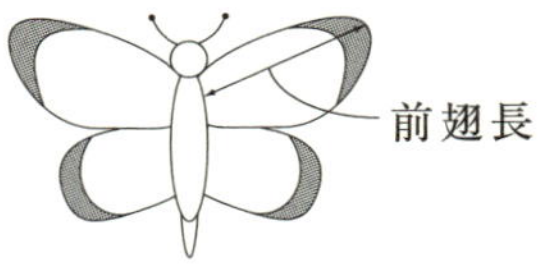

母分散 σ^2 の 99%信頼区間を求めるため，表 2 に従って数値を埋めていく。

信頼係数 $1-\alpha = 0.99$　より，

有意水準 $\alpha = 0.01$

標本数 $n = 8$

標本分散 $S^2 =$ (イ)

確率変数 $v = \sum_{i=1}^{n} \frac{(x_i - \bar{x})^2}{\sigma^2}$

$= (n-1)\cdot\frac{S^2}{\sigma^2}$

とおくと，これは (ウ) に従うので，

$P($ (エ) $) \leqq v \leqq$ (オ) $) = 0.99$

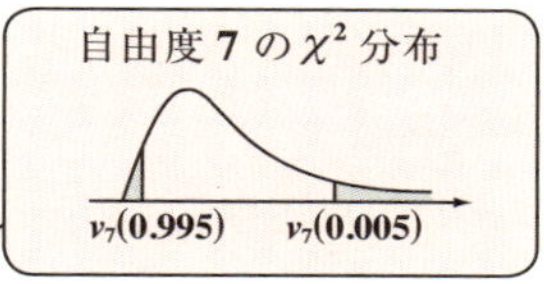

表 2　σ^2 の信頼区間

有意水準 α	0.01
標本数 n	8
標本分散 S^2	(イ)
$v_{n-1}\left(\frac{\alpha}{2}\right)$	(カ)
$v_{n-1}\left(1-\frac{\alpha}{2}\right)$	(キ)
σ^2 の信頼区間	(ク) $\leqq \sigma^2 \leqq$ (ケ)

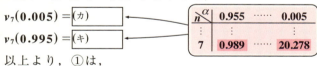

$\left[P\left(v_{n-1}\left(1-\frac{\alpha}{2}\right) \leqq (n-1)\cdot\frac{S^2}{\sigma^2} \leqq v_{n-1}\left(\frac{\alpha}{2}\right)\right) = 1-\alpha\right]$

$P\left(v_7(0.995) \leqq \frac{(n-1)S^2}{\sigma^2} \leqq v_7(0.005)\right) = 0.99$　（$\frac{(n-1)S^2}{\sigma^2}$ は v）

$\frac{(n-1)S^2}{\text{(オ)}} \leqq \sigma^2 \leqq \frac{(n-1)S^2}{\text{(エ)}}$ ……①

ここで，$v_7(0.005)$ と $v_7(0.995)$ の値を P214 の χ^2 分布の表から求めると，

$v_7(0.005) =$ (カ)

$v_7(0.995) =$ (キ)

n \ α	0.955	……	0.005
⋮	⋮		⋮
7	0.989	……	20.278

以上より，①は，

$\frac{7 \times 7.725}{20.278} \leqq \sigma^2 \leqq \frac{7 \times 7.725}{0.989}$

∴母分散 σ^2 の 99%信頼区間は，

(ク) $\leqq \sigma^2 \leqq$ (ケ) となる。 ……………………………………………(答)

解答　(ア) 28.175　(イ) 7.725　(ウ) 自由度 7 の χ^2 分布

(エ) $v_7(0.995)$　(オ) $v_7(0.005)$　(カ) 20.278

(キ) 0.989　(ク) 2.67　(ケ) 54.68

講義 Lecture 8 統計編 検定 methods & formulae

§1. 母平均と母分散の検定

例えば，ある食品メーカーの牛乳の乳脂肪分が3.8%と表示してあったとき，本当にそうなのかどうかを，無作為に抽出した標本データを基に，**検定**(テスト)することができる。このように，母集団の母数(母平均と母分散)についてある**仮説**を立て，それを**棄却**するかどうかを，統計的に検定することができる。

まず，この検定の手続きを下に示す。

母集団の母数θについて，
「仮説H_0：$\theta=\theta_0$」を立てる。 ← この仮説H_0を**帰無仮説**という
母集団から無作為に抽出した標本$X_1, X_2, \cdots\cdots, X_n$を基に，この仮説を棄却するかどうかを統計的に判断する。

検定の具体的な手順を次に示す。

(Ⅰ) まず，「**仮説**H_0：$\theta=\theta_0$」を立てる。
(**対立仮説**H_1：$\theta\neq\theta_0$ など)

(Ⅱ) **有意水準**α，または**危険率**αを，予め(あらかじ)0.05または0.01などに定める。

(Ⅲ) 無作為に抽出した標本$X_1, X_2, \cdots\cdots, X_n$を基に，**検定統計量**$T$を作る。

$\dfrac{\overline{X}-\mu_0}{\sqrt{\dfrac{S^2}{n}}}$ や $\displaystyle\sum_{i=1}^{n}\frac{(X_i-\overline{X})^2}{{\sigma_0}^2}$ など，$X_1, X_2, \cdots\cdots, X_n$から新たに定義される確率変数のこと

(Ⅳ) 検定統計量Tが従う分布(標準正規分布，t分布，χ^2分布など)の数表から，有意水準αによる**棄却域**Rを定める。

(Ⅴ) 標本の具体的な数値による検定統計量Tの実現値tが，
- (ⅰ) 棄却域Rに入るとき，仮説H_0は棄却される。
- (ⅱ) 棄却域Rに入らないとき，仮説H_0は棄却されない。

(Ⅴ)の(ⅱ)で，仮説H_0が棄却されなかった場合，仮説H_0が真であることを証明したことにならないことに注意しよう。有意水準αが0.05や0.01に定められているので，これに対応する棄却域に入る確率は非常に低く，

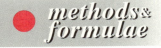

T の実現値 t が棄却域に入らないのは当たり前であること，そして，t が棄却域に入らないような仮説は，H_0 以外に無数に存在するからだ。

仮説 $H_0 : \theta = \theta_0$ の対立仮説 H_1 には，次の 3 通りがある。

(i) $\theta \neq \theta_0$ (ii) $\theta < \theta_0$ (iii) $\theta > \theta_0$

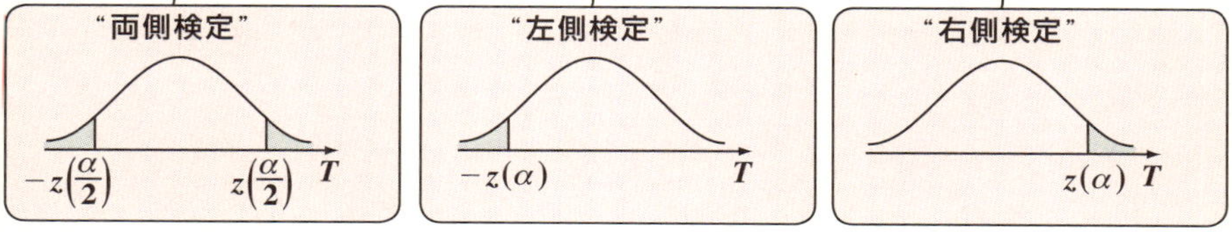

(ii) 例えば，$T = \dfrac{\overline{X} - \mu_0}{\sqrt{\dfrac{\sigma^2}{n}}}$ の場合，対立仮説 H_1：$\mu < \mu_0$（μ が θ，μ_0 が θ_0）とすると，

$$\frac{\overline{X} - \mu}{\sqrt{\dfrac{\sigma^2}{n}}} > \frac{\overline{X} - \mu_0}{\sqrt{\dfrac{\sigma^2}{n}}}$$

（T の実現値 t：小さい方に出てくる。）

となって，T の実現値 t は小さい方に出てくる可能性が高いので，棄却域 R は左側に，$T < -z(\alpha)$ と取ればいい。(iii) についても同様に考えれば，R を右側に，$z(\alpha) < T$ と取ればいい。(i) を**両側検定**といい，(ii)(iii) を合わせて**片側検定**と呼ぶ。

母集団が正規分布 $N(\mu, \sigma^2)$ に従うとき，

(1) 母分散 σ^2 が既知のときの母平均 μ の検定には，検定統計量

$$T = \frac{\overline{X} - \mu_0}{\sqrt{\dfrac{\sigma^2}{n}}}$$

を使う。← $N(0, 1)$ に従う。(P158)

(2) 母分散 σ^2 が未知のときの母平均 μ の検定には，検定統計量

$$T = \frac{\overline{X} - \mu_0}{\sqrt{\dfrac{S^2}{n}}}$$

を使う。← 自由度 $n-1$ の t 分布に従う。(P166)

未知の σ^2 の代わりに標本分散 $S^2 = \dfrac{1}{n-1}\displaystyle\sum_{i=1}^{n}(X_i - \overline{X})^2$ を使う。

(3) 母分散 σ^2 の検定には，検定統計量

$$T = \sum_{i=1}^{n}\left(\frac{X_i - \overline{X}}{\sigma_0}\right)^2 = \frac{(n-1)S^2}{{\sigma_0}^2}$$

を使う。← 自由度 $n-1$ の χ^2 分布に従う。(P172)

§2. 母平均の差の検定

2つの正規母集団が従う正規分布 $N(\mu_X, \sigma_X^2)$，$N(\mu_Y, \sigma_Y^2)$ の2つの母平均について，仮説 $H_0 : \mu_X = \mu_Y$ を，次のように検定することができる。

2つの正規分布 $N(\mu_X, \sigma_X^2)$，$N(\mu_Y, \sigma_Y^2)$ （σ_X^2 と σ_Y^2 は既知）に従う，2つの正規母集団からそれぞれ無作為に抽出した大きさ m, n の2組の標本 $X_1, X_2, \cdots\cdots, X_m$ と $Y_1, Y_2, \cdots\cdots, Y_n$ を基に，

仮説 $H_0 : \mu_X = \mu_Y$

（対立仮説 $H_1 : \mu_X \neq \mu_Y$，または $\mu_X < \mu_Y$，または $\mu_X > \mu_Y$）

を検定することができる。

この場合，検定統計量として，$T = \dfrac{\overline{X} - \overline{Y}}{\sqrt{\dfrac{\sigma_X^2}{m} + \dfrac{\sigma_Y^2}{n}}}$ を用いると，

T は標準正規分布 $N(0, 1)$ に従う。（演習問題97（P190））

2つの正規母集団が従う正規分布 $N(\mu_X, \sigma_X^2)$，$N(\mu_Y, \sigma_Y^2)$ の2つの母分散が未知のとき，$\sigma_X^2 = \sigma_Y^2 = \sigma^2$ という仮定の下で，仮説 $H_0 : \mu_X = \mu_Y$ を検定することができる。これについてまとめて下に示す。

2つの正規分布 $N(\mu_X, \sigma_X^2)$，$N(\mu_Y, \sigma_Y^2)$ （σ_X^2 と σ_Y^2 は共に未知。ただし，$\sigma_X^2 = \sigma_Y^2 = \sigma^2$ とする）に従う2つの正規母集団からそれぞれ無作為に抽出した大きさ m, n の標本 $X_1, X_2, \cdots\cdots, X_m$ と $Y_1, Y_2, \cdots\cdots, Y_n$ を基に，

仮説 $H_0 : \mu_X = \mu_Y$

（対立仮説 $H_1 : \mu_X \neq \mu_Y$，または $\mu_X < \mu_Y$，または $\mu_X > \mu_Y$）

を検定することができる。

この場合，検定統計量として，$T = \dfrac{\overline{X} - \overline{Y}}{\sqrt{\left(\dfrac{1}{m} + \dfrac{1}{n}\right) S_{XY}^2}}$ を用いると，

T は自由度 $m + n - 2$ の t 分布に従う。（演習問題97（P190））

（ただし，$S_{XY}^2 = \dfrac{\sum_{i=1}^{m}(X_i - \overline{X})^2 + \sum_{i=1}^{n}(Y_i - \overline{Y})^2}{m + n - 2} = \dfrac{(m-1)S_X^2 + (n-1)S_Y^2}{m + n - 2}$

ここで，$S_X^2 = \dfrac{1}{m-1}\sum_{i=1}^{m}(X_i - \overline{X})^2$，$S_Y^2 = \dfrac{1}{n-1}\sum_{i=1}^{n}(Y_i - \overline{Y})^2$ である。）

§3. 母分散の比の検定

2つの正規母集団が従う正規分布 $N(\mu_X, \sigma_X^2)$, $N(\mu_Y, \sigma_Y^2)$ の2つの母分散について，仮説 $H_0 : \sigma_X^2 = \sigma_Y^2$ を次のように検定することができる。

2つの正規分布 $N(\mu_X, \sigma_X^2)$, $N(\mu_Y, \sigma_Y^2)$ （μ_X, μ_Y は共に未知）に従う，2つの正規母集団からそれぞれ無作為に抽出した大きさ m, n の標本 $X_1, X_2, \cdots\cdots, X_m$ と $Y_1, Y_2, \cdots\cdots, Y_n$ を基に，

仮説 $H_0 : \sigma_X^2 = \sigma_Y^2$

（対立仮説 $H_1 : \sigma_X^2 \neq \sigma_Y^2$，または $\sigma_X^2 < \sigma_Y^2$，または $\sigma_X^2 > \sigma_Y^2$）

を検定することができる。

この場合，検定統計量として $T = \dfrac{S_X^2}{S_Y^2}$ を用いると，T は自由度 $(m-1, n-1)$ の F 分布に従う。（演習問題 101 (P200)）

$$\left(\text{ただし，} S_X^2 = \frac{1}{m-1}\sum_{i=1}^{m}(X_i - \overline{X})^2,\ S_Y^2 = \frac{1}{n-1}\sum_{i=1}^{n}(Y_i - \overline{Y})^2 \right)$$

検定統計量

$$T = \frac{\dfrac{1}{m-1}\boxed{\displaystyle\sum_{i=1}^{m}\left(\frac{X_i - \overline{X}}{\sigma_X}\right)^2}}{\dfrac{1}{n-1}\boxed{\displaystyle\sum_{i=1}^{n}\left(\frac{Y_i - \overline{Y}}{\sigma_Y}\right)^2}} \quad \cdots ①$$

（分子の枠：自由度 $m-1$ の χ^2 分布に従う）（分母の枠：自由度 $n-1$ の χ^2 分布に従う）

…① は，自由度 $(m-1, n-1)$ の F 分布に従う。

①は，
$$T = \frac{\dfrac{1}{\sigma_X^2}\boxed{\dfrac{1}{m-1}\displaystyle\sum_{i=1}^{m}(X_i - \overline{X})^2}}{\dfrac{1}{\sigma_Y^2}\boxed{\dfrac{1}{n-1}\displaystyle\sum_{i=1}^{n}(Y_i - \overline{Y})^2}} = \frac{\dfrac{S_X^2}{\sigma_X^2}}{\dfrac{S_Y^2}{\sigma_Y^2}} \quad \cdots\cdots ①'$$

（上の枠：S_X^2）（下の枠：S_Y^2）

と変形できるので，仮説 $H_0 : \sigma_X^2 = \sigma_Y^2$ を検定するために，これを①′に代入した $T = \dfrac{S_X^2}{S_Y^2}$ を検定統計量として用いるのである。

また，この両側検定で，F 分布の数表を用いて棄却域 R を定めるとき，公式 $w_{m,n}(\alpha) = \dfrac{1}{w_{n,m}(1-\alpha)}$ を使う。（有意水準 $\alpha = 0.01$，または 0.05）

（演習問題 100 (P198) 参照）

演習問題 94　● 母平均 μ の検定（σ^2 は既知）●

ある電子製品の充電時間が **2.00** 時間と表示されている。この表示に問題がないかを調べるために，無作為に **16** 個の製品を抽出して，これらの充電時間を測定した結果，平均の充電時間は **2.12** 時間であった。この製品全体の充電時間は，正規分布 $N(\mu,\ 0.04)$ に従うものとする。
このとき，「仮説 $H_0 : \mu = 2.00$（時間）」を，

対立仮説　(1)「$H_1 : \mu \neq 2.00$（時間）」として，または，

(2)「$H_1' : \mu > 2.00$（時間）」として，それぞれ

有意水準 $\alpha = 0.01$ で検定せよ。

ヒント！ 母分散 $\sigma^2 = 0.04 = \frac{1}{25}$ は既知なので，検定統計量 $T = \frac{\overline{X} - \mu_0}{\sqrt{\frac{\sigma^2}{n}}}$ とおくと，T は標準正規分布 $N(0,\ 1)$ に従う。よって，これから，(1) では両側検定を行い，(2) では右側検定を行えばいいんだね。

解答＆解説

(1) 正規分布 $N(\mu,\ \underset{\sigma^2}{0.04})$ に従う母集団から，$n = 16$ 個の標本を無作為に抽出して，$X = X_1, X_2, \cdots, X_{16}$ としたとき，標本平均 $\overline{X}$ は，

$$\overline{X} = \frac{1}{16}\sum_{k=1}^{16} X_k = 2.12\text{（時間）}$$

であった。標本平均 $\overline{X}$ は，正規分布 $N\left(\mu,\ \frac{0.04}{16}\right)$ に従うので，検定 $\left(\frac{\sigma^2}{n} = \frac{1}{16 \times 25}\right)$

統計量 T を，

$$T = \frac{\overline{X} - \mu_0}{\sqrt{\frac{\sigma^2}{n}}} = \frac{\overline{X} - 2.00}{\sqrt{\frac{1}{16 \times 25}}} = \frac{\overline{X} - 2}{\frac{1}{20}}$$

より，

表 1

仮説 H_0	$\mu = 2.00$
対立仮説 H_1	$\mu \neq 2.00$（両側検定）
有意水準 α	0.01
標本数 n	16
標本平均 $\overline{X}$	2.12
母分散 σ^2	0.04
検定統計量 T	$20(\overline{X} - 2.00)$
$u\left(\frac{\alpha}{2}\right)$	2.58
棄却域 R	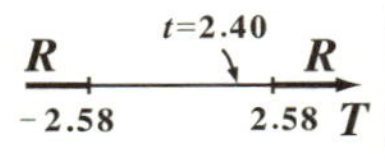
検定結果	仮説 H_0 は棄却されない

$T = 20(\overline{X} - 2)$ とおくと，T は標準正規分布 $N(0, 1)$ に従う。
ここで，「仮説 H_0：$\mu = 2.00$」を
（対立仮説 H_1：$\mu \neq 2.00$） ←（両側検定）
有意水準 $\alpha = 0.01$ で検定すると，
$u\left(\frac{\alpha}{2}\right) = u(0.005) = 2.58$ より，
棄却域 R は，
$T < -2.58$ または $2.58 < T$ となる。

標準正規分布表（P212）

z	……	0.08
⋮		⋮
2.5	……	0.00494
		≒ 0.005

$\overline{X} = 2.12$ より，T の実現値 t は，
$t = 20(2.12 - 2) = 2.4$ となって，
これは棄却域 R には入らない。
∴「仮説 H_0：$\mu = 2.00$」は棄却されない。
…………(答)

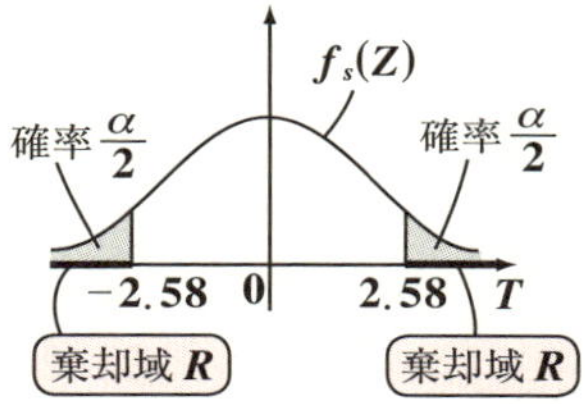

(2) 次に，「仮説 H_0：$\mu = 2.00$」を
（対立仮説 $H_1{}'$：$\mu > 2.00$）
（右側検定）
有意水準 $\alpha = 0.01$ で検定すると，
$u(\alpha)$
$= u(0.01)$
$= 2.33$ より，
棄却域 R は，
$2.33 < T$ となる。

z	……	0.03
⋮		⋮
2.3	……	0.0099
		≒ 0.01

$\overline{X} = 2.12$ より，T の実現値 t は，
$t = 20 \cdot (2.12 - 2) = 2.4$ となって，これは棄却域 R に入る。
∴「仮説 H_0：$\mu = 2.00$」は
棄却される。 ………………(答)

表 2

仮説 H_0	$\mu = 2.00$
対立仮説 H_1	$\mu > 2.00$（右側検定）
有意水準 α	0.01
標本数 n	16
標本平均 $\overline{X}$	2.12
母分散 σ^2	0.04
検定統計量 T	$20(\overline{X} - 2.00)$
$u(\alpha)$	2.33
棄却域 R	$t = 2.40$, R, 2.33, T
検定結果	仮説 H_0 は棄却される

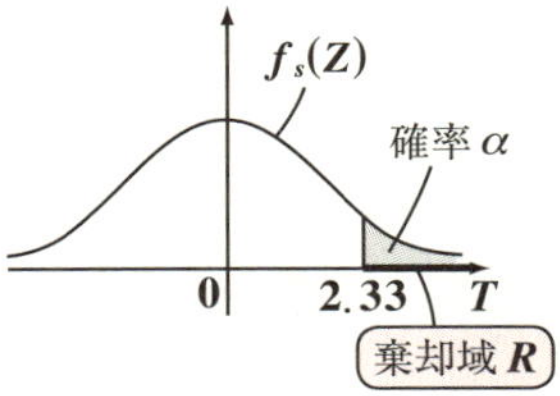

演習問題 95　● 母平均 μ の検定（σ^2 は未知）●

ある年の 1 年間で誕生した全国の新生児から 8 人の新生児を無作為に抽出して，体重を測定した結果を，下に示す。

2.82, 3.01, 3.24, 3.16, 3.34, 3.57, 2.98, 3.28　（単位：kg）

この年の全国の新生児の体重を母集団とし，これが正規分布 $N(\mu, \sigma^2)$ に従うものとする。

このとき，「仮説 $H_0 : \mu = 3.35$ (kg)」

（対立仮説 $H_1 : \mu < 3.35$ (kg)）

を有意水準 0.05 で検定せよ。

ヒント！ データは，演習問題 90 (P168) のものと全く同じだ。今回は，検定統計量を $T = \dfrac{\overline{X} - \mu_0}{\sqrt{\dfrac{S^2}{n}}}$ とおいて，これが棄却域に入るかどうかを調べる。

解答＆解説

8 個の標本 $X_1, X_2, \cdots\cdots, X_8$ より，x_i と x_i^2 のデータを表 1 に示す。

$\sum_{i=1}^{8} x_i = 25.40$　$\sum_{i=1}^{8} x_i^2 = 81.035$

表 1

データ No.	x_i	x_i^2
1	2.82	7.9524
2	3.01	9.0601
3	3.24	10.4976
4	3.16	9.9856
5	3.34	11.1556
6	3.57	12.7449
7	2.98	8.8804
8	3.28	10.7584
Σ	25.40	81.035

(Ⅰ) 仮説 $H_0 : \mu = 3.35$（μ_0）

（対立仮説 $H_1 : \mu < 3.35$）← 左側検定

(Ⅱ) 有意水準 $\alpha = 0.05$

(Ⅲ) 標本数 $n = 8$

標本平均 $\overline{x} = \dfrac{1}{n}\sum_{i=1}^{n} x_i = \dfrac{25.40}{8}$

$= 3.175$

標本分散 $S^2 = \frac{1}{n-1}\left(\sum_{i=1}^{n} x_i^{\,2} - n \cdot \bar{x}^2\right)$

$= \frac{1}{7}(81.035 - 8 \times 3.175^2)$

$= 0.055714$

ここで，検定統計量 T を

$T = \dfrac{\bar{X} - \mu_0}{\sqrt{\dfrac{S^2}{n}}} = \dfrac{\bar{x} - 3.35}{\sqrt{\dfrac{0.055714}{8}}}$ （$\bar{x}$：$\bar{X}$ の実現値）

とおくと，T は自由度 7 の t 分布に従う。

表 2

仮説 H_0	$\mu = 3.35$
対立仮説 H_1	$\mu < 3.35$(左側検定)
有意水準 α	0.05
標本数 n	8
標本平均 $\bar{x}$	3.175
標本分散 S^2	0.055714
検定統計量 T	$\dfrac{\bar{X} - \mu_0}{\sqrt{\dfrac{S^2}{n}}}$
$u_7(\alpha)$	1.895
棄却域 R	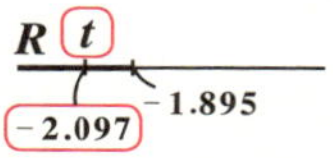
検定結果	仮説 H_0 は棄却される

(Ⅳ) よって，P213 の t 分布の数表より，

$u_{n-1}(\alpha) = u_7(0.05)$

$= 1.895$

$n \backslash \alpha$	……	0.05
⋮		⋮
7	……	1.895

左側検定より，$T < -u_7(0.05)$ が棄却域 R になる。

これから，有意水準 $\alpha = 0.05$ による左側検定の棄却域 R は，

$T < -1.895$

となる。

自由度 7 の t 分布

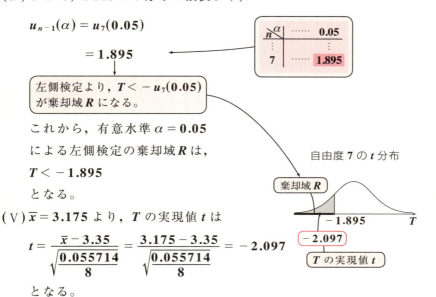

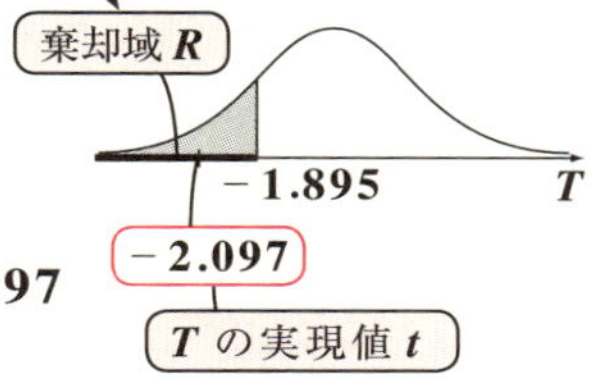

(Ⅴ) $\bar{x} = 3.175$ より，T の実現値 t は

$t = \dfrac{\bar{x} - 3.35}{\sqrt{\dfrac{0.055714}{8}}} = \dfrac{3.175 - 3.35}{\sqrt{\dfrac{0.055714}{8}}} = -2.097$

となる。

よって，検定統計量 T の実現値 $t = -2.097$ は棄却域 R に入るので，
「仮説 H_0：$\mu = 3.35$」は棄却される。………………………………………(答)

演習問題 96　● 母分散 σ^2 の検定 ●

日本に生息するある種のチョウから **8** 匹のチョウを無作為に抽出して，前翅長 (片方の前羽の付け根から先までの長さ) を測った結果を，下に示す。

25.3, 29.2, 31.4, 26.8, 32.3, 24.3, 27.6, 28.5　(単位：mm)

日本に生息するこの種のすべてのチョウの前翅長を母集団とし，これが正規分布 $N(\mu, \sigma^2)$ に従うものとする。

このとき，「仮説 $H_0 : \sigma^2 = 9$」

(対立仮説 $H_1 : \sigma^2 \neq 9$)

を有意水準 **0.01** で検定せよ。

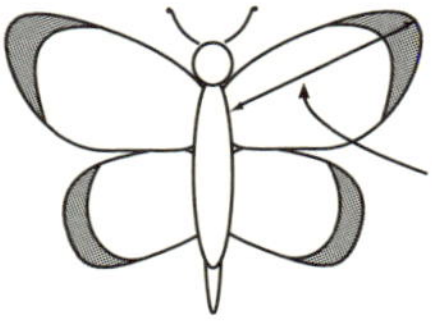

ヒント！ データは，演習問題 **93** (**P178**) と同じだね。今回は，σ^2 の検定なので，検定統計量として，$T = \sum_{i=1}^{n}\left(\frac{X_i - \overline{X}}{\sigma_0}\right)^2 = \frac{(n-1)S^2}{{\sigma_0}^2}$ を使う。

解答＆解説

8 個の標本 $X_1, X_2, \cdots\cdots, X_8$ より，x_i と ${x_i}^2$ のデータを表 **1** に示す。

$\sum_{i=1}^{8} x_i = 225.4 \quad \sum_{i=1}^{8} {x_i}^2 = 6404.72$

(Ⅰ) 仮説 $H_0 : \sigma^2 = 9$ ← ${\sigma_0}^2$

(対立仮説 $H_1 : \sigma^2 \neq 9$) ← 両側検定

(Ⅱ) 有意水準 $\alpha = 0.01$

(Ⅲ) 標本数 $n = 8$

標本平均 $\overline{x} = \frac{1}{8}\sum_{i=1}^{8} x_i = \frac{225.4}{8}$

$=$ (ア)

表 1

データ No.	x_i	${x_i}^2$
1	25.3	640.09
2	29.2	852.64
3	31.4	985.96
4	26.8	718.24
5	32.3	1043.29
6	24.3	590.49
7	27.6	761.76
8	28.5	812.25
Σ	225.4	6404.72

標本分散 $S^2 = \dfrac{1}{7}\left(\sum_{i=1}^{8} x_i^2 - 8\cdot \overline{x}^2\right)$

$= $ (イ)

ここで，検定統計量 T を

$$T = \sum_{i=1}^{8}\left(\frac{X_i - \overline{X}}{\sigma_0}\right)^2 = \frac{7\cdot S^2}{{\sigma_0}^2}$$

とおくと，T は自由度 7 の χ^2 分布に従う。

(Ⅳ) よって，P214 の χ^2 分布の数表より，

$$\begin{cases} v_7\left(\dfrac{\alpha}{2}\right) = v_7(0.005) = \text{(ウ)} \\ v_7\left(1-\dfrac{\alpha}{2}\right) = v_7(0.995) = \text{(エ)} \end{cases}$$

$n \backslash \alpha$	0.995	……	0.005
⋮	⋮		⋮
7	0.989	……	20.278

これから，有意水準 $\alpha = 0.01$ による両側検定の棄却域 R は，

$0 < T < 0.989$,　　$20.278 < T$

となる。

表 2

仮説 H_0	$\sigma^2 = 9$
対立仮説 H_1	$\sigma^2 \neq 9$
有意水準 α	0.01
標本数 n	8
標本平均 $\overline{x}$	(ア)
標本分散 S^2	(イ)
検定統計量 T	$\sum_{i=1}^{8}\left(\dfrac{X_i - \overline{X}}{\sigma_0}\right)^2$
$v_7\left(\dfrac{\alpha}{2}\right)$	(ウ)
$v_7\left(1-\dfrac{\alpha}{2}\right)$	(エ)
棄却域 R	R　t　R 0　0.989　6.008　20.278
検定結果	仮説 H_0 は棄却されない

自由度 7 の χ^2 分布

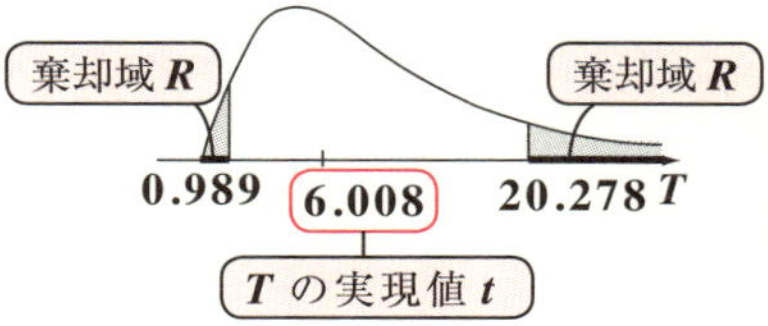

(Ⅴ) $S^2 =$ (イ) より，T の実現値 t は，$t = \dfrac{7\times 7.725}{9} =$ (オ)

となって棄却域 R に入らない。

よって，「仮説 H_0：$\sigma^2 = 9$」は棄却されない。………………………(答)

解答　(ア)　28.175　　(イ)　7.725　　(ウ)　20.278　　(エ)　0.989　　(オ)　6.008

演習問題 97

● 検定統計量 $T=\dfrac{\overline{X}-\overline{Y}}{\sqrt{\left(\frac{1}{m}+\frac{1}{n}\right)S_{XY}{}^2}}$ ●

母分散が等しい **2** つの正規分布 $N(\mu_X,\ \sigma^2)$, $N(\mu_Y,\ \sigma^2)$ に従う **2** つの母集団から，それぞれ無作為に m, n の **2** 組の標本 $X_1, X_2, \cdots\cdots, X_m$ と $Y_1, Y_2, \cdots\cdots, Y_n$ を抽出したとき，$X_1, X_2, \cdots\cdots, X_m$ の標本平均 $\overline{X}$ と $Y_1, Y_2, \cdots\cdots, Y_n$ の標本平均 $\overline{Y}$ に対して，

「$T=\dfrac{\overline{X}-\overline{Y}}{\sqrt{\left(\frac{1}{m}+\frac{1}{n}\right)S_{XY}{}^2}}$ は自由度 $m+n-2$ の t 分布に従う」ことを

次の手順で示せ。

（ただし，$S_{XY}{}^2=\dfrac{(m-1)S_X{}^2+(n-1)S_Y{}^2}{m+n-2}$

ここで，$S_X{}^2=\dfrac{1}{m-1}\displaystyle\sum_{i=1}^{m}(X_i-\overline{X})^2$, $S_Y{}^2=\dfrac{1}{n-1}\displaystyle\sum_{i=1}^{n}(Y_i-\overline{Y})^2$ である。）

(1) $\dfrac{\overline{X}-\overline{Y}}{\sqrt{\left(\frac{1}{m}+\frac{1}{n}\right)\sigma^2}}$ は，標準正規分布 $N(0,\ 1)$ に従うことを示せ。

(2) $\displaystyle\sum_{i=1}^{m}\left(\frac{X_i-\overline{X}}{\sigma}\right)^2+\sum_{i=1}^{n}\left(\frac{Y_i-\overline{Y}}{\sigma}\right)^2$ は，自由度 $m+n-2$ の χ^2 分布に従うことを示せ。

(3) $T=\dfrac{\overline{X}-\overline{Y}}{\sqrt{\left(\frac{1}{m}+\frac{1}{n}\right)S_{XY}{}^2}}$ は自由度 $m+n-2$ の t 分布に従うことを示せ。

ヒント！

(1) $\overline{X}$ は $N\left(\mu_X,\ \dfrac{\sigma^2}{m}\right)$, $\overline{Y}$ は $N\left(\mu_Y,\ \dfrac{\sigma^2}{n}\right)$ に従う。これと正規分布の再生性の定理を用いる。（演習問題91 (P170)）

(2) χ^2 分布の再生性を使う。（演習問題72 (P130)）

解答＆解説

(1) $X_1, X_2, \cdots\cdots, X_m$ の標本平均 $\overline{X}$ は，

$$\overline{X}=\frac{1}{m}(X_1+X_2+\cdots\cdots+X_m)$$

$$\overline{X}=\frac{1}{m}X_1+\frac{1}{m}X_2+\cdots\cdots+\frac{1}{m}X_m$$

よって，$X_1, X_2, \cdots\cdots, X_m$ は $N(\mu_X, \sigma^2)$ に従う互いに独立な変数より，正規分布の再生性の定理から $\overline{X}$ は正規分布

$$N\left(\underbrace{\frac{1}{m}\mu_X+\frac{1}{m}\mu_X+\cdots\cdots+\frac{1}{m}\mu_X}_{\frac{\mu_X}{m}\times m=\mu_X},\ \underbrace{\left(\frac{1}{m}\right)^2\sigma^2+\left(\frac{1}{m}\right)^2\sigma^2+\cdots\cdots+\left(\frac{1}{m}\right)^2\sigma^2}_{\frac{\sigma^2}{m^2}\times m=\frac{\sigma^2}{m}}\right)$$

> 正規分布の再生性の定理
>
> 互いに独立な n 個の変数 $X_1, X_2, \cdots, X_n$ が，それぞれ正規分布 $N(\mu_1, \sigma_1{}^2), N(\mu_2, \sigma_2{}^2), \cdots, N(\mu_n, \sigma_n{}^2)$ に従うとき，
> $a_1X_1+a_2X_2+\cdots+a_nX_n+b$ は，
> 正規分布
> $N(a_1\mu_1+a_2\mu_2+\cdots+a_n\mu_n+b,\ a_1{}^2\sigma_1{}^2+a_2{}^2\sigma_2{}^2+\cdots+a_n{}^2\sigma_n{}^2)$
> に従う。
> ($a_1, a_2, \cdots, a_n, b$：定数)
> (演習問題91 (P170))

すなわち，$N\left(\mu_X, \dfrac{\sigma^2}{m}\right)$ に従う。

同様に，$Y_1, Y_2, \cdots\cdots, Y_n$ は $N(\mu_Y, \sigma^2)$ に従う互いに独立な変数より，この標本平均 $\overline{Y}=\dfrac{1}{n}(Y_1+Y_2+\cdots\cdots+Y_n)$ は，正規分布 $N\left(\mu_Y, \dfrac{\sigma^2}{n}\right)$ に従う。$\overline{X}$ が $\left(\mu_X, \dfrac{\sigma^2}{m}\right)$，$\overline{Y}$ が $\left(\mu_Y, \dfrac{\sigma^2}{n}\right)$ に従うので，再び正規分布の再生性の定理を用いて，

$\overline{X}-\overline{Y}=1\cdot\overline{X}+(-1)\cdot\overline{Y}$ は，正規分布

$N\left(1\cdot\mu_X+(-1)\cdot\mu_Y,\ 1^2\cdot\dfrac{\sigma^2}{m}+(-1)^2\cdot\dfrac{\sigma^2}{n}\right)$，すなわち

$N\left(\mu_X-\mu_Y,\ \left(\dfrac{1}{m}+\dfrac{1}{n}\right)\sigma^2\right)$ に従う。よって，

$\dfrac{(\overline{X}-\overline{Y})-(\mu_X-\mu_Y)}{\sqrt{\left(\dfrac{1}{m}+\dfrac{1}{n}\right)\sigma^2}}$ は，標準正規分布

$N(0, 1)$ に従う。

> 変数 X が $N(\mu, \sigma^2)$ に従うとき，X を標準化した $\dfrac{X-\mu}{\sigma}$ は $N(0, 1)$ に従う。
> (演習問題56 (P98))

よって，$\mu_X=\mu_Y$ の場合，$\mu_X-\mu_Y=0$ より，次が成立つ。

「$\dfrac{\overline{X}-\overline{Y}}{\sqrt{\left(\dfrac{1}{m}+\dfrac{1}{n}\right)\sigma^2}}$ は $N(0, 1)$ に従う。」 ……① ……………………………(終)

(2) $X_1, X_2, \cdots\cdots, X_m$ が $N(\mu_X, \sigma^2)$ に従うので，

$\displaystyle\sum_{i=1}^{m}\left(\frac{X_i-\overline{X}}{\sigma}\right)^2$ は，自由度 $m-1$ の χ^2 分布に従う。

同様に，$Y_1, Y_2, \cdots\cdots, Y_n$ が $N(\mu_Y, \sigma^2)$ に従うので，

$\displaystyle\sum_{i=1}^{n}\left(\frac{Y_i-\overline{Y}}{\sigma}\right)^2$ は，自由度 $n-1$ の χ^2 分布に従う。

演習問題92 (P172)

よって，χ^2 分布の再生性より，

「$\displaystyle\sum_{i=1}^{m}\left(\frac{X_i-\overline{X}}{\sigma}\right)^2+\sum_{i=1}^{n}\left(\frac{Y_i-\overline{Y}}{\sigma}\right)^2$ は，自由度 $m+n-2$ の χ^2 分布に従う。」……②…(終)

$(m-1)+(n-1)$

χ^2 分布の再生性
互いに独立な2つの変数 X, Y が，それぞれ自由度 m, n の χ^2 分布に従うとき，$X+Y$ は自由度 $m+n$ の χ^2 分布に従う。
(演習問題72 (P130))

(3) 以上①，②より，

$$T=\frac{\dfrac{\overline{X}-\overline{Y}}{\sqrt{\left(\dfrac{1}{m}+\dfrac{1}{n}\right)\sigma^2}}}{\sqrt{\dfrac{1}{m+n-2}\left\{\displaystyle\sum_{i=1}^{m}\left(\frac{X_i-\overline{X}}{\sigma}\right)^2+\sum_{i=1}^{n}\left(\frac{Y_i-\overline{Y}}{\sigma}\right)^2\right\}}}\quad\cdots③$$

$N(0, 1)$ に従う（①より）

自由度 $m+n-2$ の χ^2 分布に従う（②より）

は，自由度 $m+n-2$ の t 分布に従う。

Y が $N(0, 1)$ に従い，Z が自由度 n の χ^2 分布に従うとき，$\dfrac{Y}{\sqrt{\dfrac{Z}{n}}}$ は自由度 n の t 分布に従う。
(演習問題74(P134))

ここで，③の分子・分母に $\sqrt{\left(\dfrac{1}{m}+\dfrac{1}{n}\right)\sigma^2}$ をかけると，

$$T=\frac{\overline{X}-\overline{Y}}{\sqrt{\left(\dfrac{1}{m}+\dfrac{1}{n}\right)\cdot\dfrac{1}{m+n-2}\left\{\displaystyle\sum_{i=1}^{m}(X_i-\overline{X})^2+\sum_{i=1}^{n}(Y_i-\overline{Y})^2\right\}}}\quad\cdots③'$$ となる。

$(m-1)S_X{}^2$　　$(n-1)S_Y{}^2$

$X_1, X_2, \cdots\cdots, X_m$ と $Y_1, Y_2, \cdots\cdots, Y_n$ の不偏分散をそれぞれ

$$\begin{cases} S_X{}^2=\dfrac{1}{m-1}\displaystyle\sum_{i=1}^{m}(X_i-\overline{X})^2 \\ S_Y{}^2=\dfrac{1}{n-1}\displaystyle\sum_{i=1}^{n}(Y_i-\overline{Y})^2 \end{cases}$$ とおくと，

$$\begin{cases} \displaystyle\sum_{i=1}^{m}(X_i-\overline{X})^2=(m-1)S_X{}^2 \\ \displaystyle\sum_{i=1}^{n}(Y_i-\overline{Y})^2=(n-1)S_Y{}^2 \end{cases}$$ ……④　となる。

④を③′に代入して，

$$T=\frac{\overline{X}-\overline{Y}}{\sqrt{\left(\frac{1}{m}+\frac{1}{n}\right)\cdot\underbrace{\frac{(m-1)S_X{}^2+(n-1)S_Y{}^2}{m+n-2}}_{S_{XY}{}^2}}}\quad\cdots\cdots③''$$

共通の未知の母分散 σ^2 の代わりにこの合併した分散 $S_{XY}{}^2$ を用いると，③″は $T=\frac{\overline{X}-\overline{Y}}{\sqrt{\left(\frac{1}{m}+\frac{1}{n}\right)S_{XY}{}^2}}$ となる。

これは，未知の母分散 σ^2 の場合のスチューデント t の統計量 $T=\frac{\overline{X}-\mu}{\sqrt{\frac{S^2}{n}}}$ に対応するものである。(S^2：不偏分散)

よって，

$$S_{XY}{}^2=\frac{(m-1)S_X{}^2+(n-1)S_Y{}^2}{m+n-2}$$

とおけば，③″は

$$T=\frac{\overline{X}-\overline{Y}}{\sqrt{\left(\frac{1}{m}+\frac{1}{n}\right)S_{XY}{}^2}}\quad となる。$$

以上より，

「$T=\frac{\overline{X}-\overline{Y}}{\sqrt{\left(\frac{1}{m}+\frac{1}{n}\right)S_{XY}{}^2}}$ は，自由度 $m+n-2$ の t 分布に従う」

ことが示された。 ……………………………………………………(終)

(1)と同様にして，2つの正規分布 $N(\mu_X, \sigma_X{}^2)$, $N(\mu_Y, \sigma_Y{}^2)$ ($\sigma_X{}^2$ と $\sigma_Y{}^2$ は既知) に従う2つの母集団から，それぞれ無作為に大きさ m, n の2組の標本 $X_1, X_2, \cdots\cdots, X_m$ と $Y_1, Y_2, \cdots\cdots, Y_n$ を抽出したとき，この標本平均 $\overline{X}$ と $\overline{Y}$ は，正規分布の再生性の定理より，それぞれ

$N\left(\mu_X, \frac{\sigma_X{}^2}{m}\right)$, $N\left(\mu_Y, \frac{\sigma_Y{}^2}{n}\right)$ に従う。

よって，$\overline{X}-\overline{Y}=1\cdot\overline{X}+(-1)\cdot\overline{Y}$ は，再び正規分布の再生性の定理を用いて，$N\left(\mu_X-\mu_Y, \frac{\sigma_X{}^2}{m}+\frac{\sigma_Y{}^2}{n}\right)$ に従う。

$\therefore T=\frac{\overline{X}-\overline{Y}}{\sqrt{\frac{\sigma_X{}^2}{m}+\frac{\sigma_Y{}^2}{n}}}$ とおくと，T は標準正規分布 $N(0, 1)$ に従う。

演習問題 98 ● 母平均の差の検定（σ^2 は既知）●

正規分布 $N(\mu_X, 49)$ に従う母集団から無作為に **8** 個の標本を抽出した結果，その標本平均は $\overline{X} = 54.2$ であった。また，正規分布 $N(\mu_Y, 49)$ に従う母集団から無作為に **8** 個の標本を抽出した結果，その標本平均は $\overline{Y} = 47.1$ であった。
2 つの母集団の母平均 μ_X, μ_Y について，
「仮説 $H_0 : \mu_X = \mu_Y$」
（対立仮説 $H_1 : \mu_X \neq \mu_Y$）
を有意水準 **0.05** で検定せよ。

ヒント！ 母分散 $\sigma_X{}^2 = \sigma_Y{}^2 = 49$（既知）の場合の，「仮説 $H_0 : \mu_X = \mu_Y$」の検定を行う。検定統計量 $T = \dfrac{\overline{X} - \overline{Y}}{\sqrt{\dfrac{\sigma_X{}^2}{m} + \dfrac{\sigma_Y{}^2}{n}}}$ は $N(0, 1)$ に従うんだね。(P190)

解答＆解説

（Ⅰ）「仮説 $H_0 : \mu_X = \mu_Y$」
（対立仮説 $H_1 : \mu_X \neq \mu_Y$）←両側検定

（Ⅱ）有意水準 $\alpha = 0.05$ で仮説 H_0 を検定する。

（Ⅲ）正規母集団 $N(\mu_X, \underset{}{49})$ から抽出した $m = 8$ 個の標本の標本平均 $\overline{X}$ は，（49 = $\sigma_X{}^2$（既知））

$\overline{X} = 54.2$ である。

正規母集団 $N(\mu_Y, 49)$ から抽出した $n = 8$ 個の標本の標本平均 $\overline{Y}$ は，（49 = $\sigma_Y{}^2$（既知））

$\overline{Y} = 47.1$ である。

ここで，検定統計量 T を

$$T = \frac{\overline{X} - \overline{Y}}{\sqrt{\dfrac{\sigma_X{}^2}{m} + \dfrac{\sigma_Y{}^2}{n}}} = \frac{\overline{X} - \overline{Y}}{\sqrt{\dfrac{49}{8} + \dfrac{49}{8}}} = \frac{\overline{X} - \overline{Y}}{3.5}$$

とおくと，T は標準正規分布 $N(0, 1)$ に従う。(P190)

(Ⅳ) よって，P212 の標準正規分布の数表より，

$z\left(\frac{\alpha}{2}\right) = z(0.025) = 1.96$

となる。

これから，有意水準 $\alpha = 0.05$ による両側検定の棄却域 R は下図のようになる。

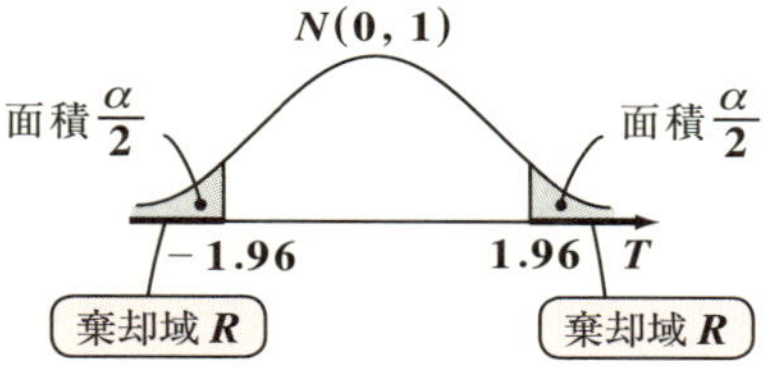

表

仮説 H_0	$\mu_X = \mu_Y$
対立仮説 H_1	$\mu_X \neq \mu_Y$
有意水準 α	0.05
標本数	$m = 8$ ¦ $n = 8$
標本平均	$\overline{x} = 54.2$ ¦ $\overline{y} = 47.1$
母分散	$\sigma_X{}^2 = 49$ ¦ $\sigma_Y{}^2 = 49$
検定統計量 T	$\dfrac{\overline{X} - \overline{Y}}{\sqrt{\dfrac{\sigma_X{}^2}{m} + \dfrac{\sigma_Y{}^2}{n}}}$
$z\left(\frac{\alpha}{2}\right)$	1.96
棄却域 R	R: -1.96 以下, R: 1.96 以上 ／ $2.03 = t$
検定結果	仮説 H_0 は棄却される

(Ⅴ) $\overline{x} = 54.2$，$\overline{y} = 47.1$ より，

T の実現値 t は

$$t = \frac{\overline{x} - \overline{y}}{3.5} = \frac{54.2 - 47.1}{3.5}$$

$$= \frac{7.1}{3.5} = 2.03$$

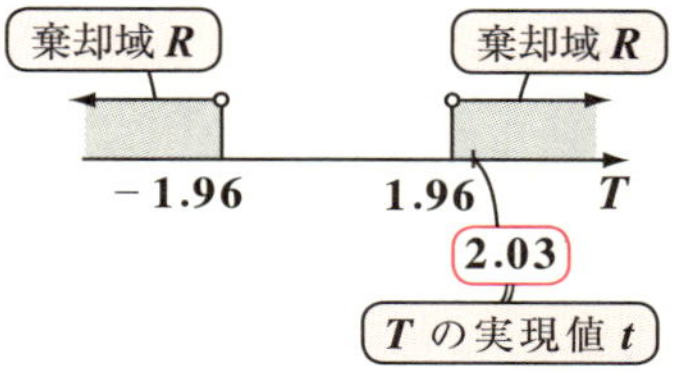

よって，検定統計量 T の実現値 $t = 2.03$ は棄却域 R に入るので，

「仮説 H_0 : $\mu_X = \mu_Y$」は棄却される。 ……………………………(答)

演習問題 99　●母平均の差の検定（σ^2 は未知）●

A 大学と B 大学の学生が，同じ物理学の試験を受験した。各大学の学生の試験結果から，無作為に **5** 人と **6** 人の標本を抽出した結果を以下に示す。

$$\begin{cases} A\ \text{大学}：75, 60, 47, 81, 94 \\ B\ \text{大学}：52, 81, 64, 38, 90, 77 \end{cases}$$

A 大学、B 大学の学生の試験結果はそれぞれ正規分布
$N(\mu_X, \sigma_X{}^2)$，$N(\mu_Y, \sigma_Y{}^2)$ に従い，$\sigma_X{}^2 = \sigma_Y{}^2$ とする。
このとき，「仮説 H_0：$\mu_X = \mu_Y$」
（対立仮説 H_1：$\mu_X > \mu_Y$）
を有意水準 **0.05** で検定せよ。

ヒント！ 母分散 $\sigma_X{}^2$，$\sigma_Y{}^2$ が未知の場合の，仮説 H_0：$\mu_X = \mu_Y$ の検定の問題だね。自由度 $5+6-2=9$ の t 分布を使う。(P190)

解答＆解説

A 大学の標本データ x_i，$x_i{}^2$ $(i=1, 2, \cdots, 5)$ と，B 大学の標本データ y_i，$y_i{}^2$ $(i=1, 2, \cdots, 6)$ を表 **1**, **2** に示す。

表 1

データ No.	x_i	$x_i{}^2$
1	75	5625
2	60	3600
3	47	2209
4	81	6561
5	94	8836
Σ	357	(ア)

$$\sum_{i=1}^{5} x_i = 357 \qquad \sum_{i=1}^{5} x_i{}^2 = \boxed{(ア)}$$

$$\sum_{i=1}^{6} y_i = 402 \qquad \sum_{i=1}^{6} y_i{}^2 = \boxed{(イ)}$$

(Ⅰ) 仮説 H_0：$\mu_X = \mu_Y$
（対立仮説 H_1：$\mu_X > \mu_Y$）←右側検定

(Ⅱ) 有意水準 $\alpha = 0.05$

(Ⅲ) 標本数 $m = 5$, $n = 6$

標本平均 $\overline{x} = \dfrac{1}{5}\displaystyle\sum_{i=1}^{5} x_i = \dfrac{357}{5} = \boxed{(ウ)}$

標本平均 $\overline{y} = \dfrac{1}{6}\displaystyle\sum_{i=1}^{6} y_i = \dfrac{402}{6} = \boxed{(エ)}$

$$S_{XY}^2 = \frac{1}{9}\left\{\sum_{i=1}^{5}(x_i - \overline{x})^2 + \sum_{i=1}^{6}(y_i - \overline{y})^2\right\}$$

$9 = 5 + 6 - 2$

$$= \frac{1}{9}\left(\sum_{i=1}^{5} x_i^2 - 5\cdot\overline{x}^2 + \sum_{i=1}^{6} y_i^2 - 6\cdot\overline{y}^2\right)$$

$$= 360.1333$$

ここで，検定統計量 T を

$$T = \frac{\overline{X} - \overline{Y}}{\sqrt{\left(\frac{1}{m} + \frac{1}{n}\right)S_{XY}^2}}$$ とおくと，T は

自由度 **9** の t 分布に従う。(**P190**)

(Ⅳ) よって，**P213** の t 分布の数表より，

$u_9(\alpha) = u_9(0.05) = 1.833$

これから，有意水準 $\alpha = 0.05$ による右側検定の棄却域 R は，

$1.833 < T$ となる。

(Ⅴ) $\overline{x} =$ (ウ)，$\overline{y} =$ (エ) より，

T の実現値 t は

$$t = \frac{(ウ) - (エ)}{\sqrt{\left(\frac{1}{5} + \frac{1}{6}\right)\times 360.1333}} = (オ)$$

となる。

よって，検定統計量 T の実現値 $t =$ (オ) は棄却域 R に入っていない。

∴「仮説 $H_0 : \mu_X = \mu_Y$」は棄却されない。……(答)

表 2

データ No.	y_i	y_i^2
1	52	2704
2	81	6561
3	64	4096
4	38	1444
5	90	8100
6	77	5929
Σ	402	(イ)

表 3

仮説 H_0	$\mu_X = \mu_Y$	
対立仮説 H_1	$\mu_X > \mu_Y$	
有意水準 α	0.05	
標本数	$m = 5$	$n = 6$
標本平均	$\overline{x} =$ (ウ)	$\overline{y} =$ (エ)
S_{XY}^2	360.1333	
検定統計量 T	$\frac{\overline{X} - \overline{Y}}{\sqrt{\left(\frac{1}{m} + \frac{1}{n}\right)S_{XY}^2}}$	
$u_9(\alpha)$	1.833	
棄却域 R	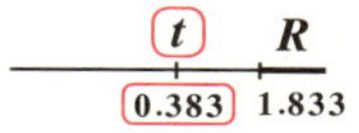	
検定結果	仮説 H_0 は棄却されない	

自由度 **9** の t 分布

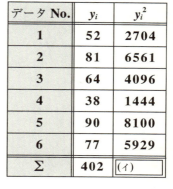

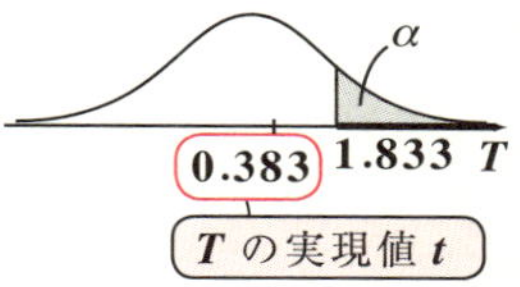

解答 (ア) 26831 (イ) 28834 (ウ) 71.4 (エ) 67.0 (オ) 0.383

演習問題 100	● F 分布の性質 ●

自由度 (m, n) の F 分布：$f_{m,n}(x)$ において，$0 < \alpha < 1$ をみたす定数 α に対して，$\alpha = \int_{w_{m,n}(\alpha)}^{\infty} f_{m,n}(x)\,dx$ ……① となる下端 $w_{m,n}(\alpha)$ を，上側確率 $100\alpha\%$ のパーセント点という。次の $(*)$ を証明せよ。

$$w_{m,n}(\alpha) = \frac{1}{w_{n,m}(1-\alpha)} \quad \cdots\cdots(*)$$

ヒント！ ①の定積分において，$x = \dfrac{1}{t}$ と変数変換しよう。

解答＆解説

$$\alpha = \int_{w_{m,n}(\alpha)}^{\infty} f_{m,n}(x)\,dx \quad \cdots\cdots① \quad (0 < \alpha < 1) \quad について，$$

$x = \dfrac{1}{t}$ と変数を変換すると，$dx = -\dfrac{1}{t^2}\,dt$

$$\begin{cases} x : w_{m,n}(\alpha) \to \infty \text{ のとき，} \\ t : \dfrac{1}{w_{m,n}(\alpha)} \to 0 \end{cases}$$

となる。よって，①は

$$\alpha = \int_{\frac{1}{w_{m,n}(\alpha)}}^{0} f_{m,n}\left(\frac{1}{t}\right)\left(-\frac{1}{t^2}\right) dt$$

$$\alpha = \int_{0}^{\frac{1}{w_{m,n}(\alpha)}} \frac{1}{t^2} \cdot f_{m,n}\left(\frac{1}{t}\right) dt \quad \cdots\cdots①'$$

ここで，

$$f_{m,n}\left(\frac{1}{t}\right) = \underset{L_{n,m}}{L_{m,n}} \cdot \frac{\left(\frac{1}{t}\right)^{\frac{m}{2}-1}}{\left(m \cdot \frac{1}{t} + n\right)^{\frac{m+n}{2}}}$$

$$= L_{n,m} \cdot \frac{t^{-\left(\frac{m}{2}-1\right)}}{\left\{\frac{1}{t}(nt+m)\right\}^{\frac{n+m}{2}}}$$

自由度 (m, n) の F 分布の確率密度

$$f_{m,n}(x) = L_{m,n} \cdot \frac{x^{\frac{m}{2}-1}}{(mx+n)^{\frac{m+n}{2}}}$$

$$\left(L_{m,n} = \frac{m^{\frac{m}{2}} \cdot n^{\frac{n}{2}}}{B\left(\frac{m}{2}, \frac{n}{2}\right)} = L_{n,m} \right)$$

（演習問題73 (P132)）

$$f_{m,n}\left(\frac{1}{t}\right)=L_{n,m}\cdot\frac{t^{-\frac{m}{2}+1}}{(nt+m)^{\frac{n+m}{2}}\cdot t^{-\frac{m+n}{2}}}=L_{n,m}\cdot\frac{t^{\frac{n}{2}+1}}{(nt+m)^{\frac{n+m}{2}}}\quad\cdots\cdots②$$

②を①′に代入して，

$$\alpha=\int_0^{\frac{1}{w_{m,n}(\alpha)}}t^{-2}\cdot L_{n,m}\cdot\frac{t^{\frac{n}{2}+1}}{(nt+m)^{\frac{n+m}{2}}}\,dt$$

$$=\int_0^{\frac{1}{w_{m,n}(\alpha)}}L_{n,m}\cdot\frac{t^{\frac{n}{2}-1}}{(nt+m)^{\frac{n+m}{2}}}\,dt$$

$$=\int_0^{\frac{1}{w_{m,n}(\alpha)}}L_{n,m}\cdot\frac{x^{\frac{n}{2}-1}}{(nx+m)^{\frac{n+m}{2}}}\,dx$$

（$L_{n,m}\cdot\frac{x^{\frac{n}{2}-1}}{(nx+m)^{\frac{n+m}{2}}}$ は $f_{n,m}(x)$ のこと）

$$\therefore\ \alpha=\int_0^{\frac{1}{w_{m,n}(\alpha)}}f_{n,m}(x)\,dx\quad\cdots\cdots①''$$

ここで，α は $0<\alpha<1$ をみたす定数より，この α を $1-\alpha$ とおくと，$(*)$ は，

$$w_{m,n}(1-\alpha)=\frac{1}{w_{n,m}(\alpha)}\quad\cdots(*)'$$

となる。

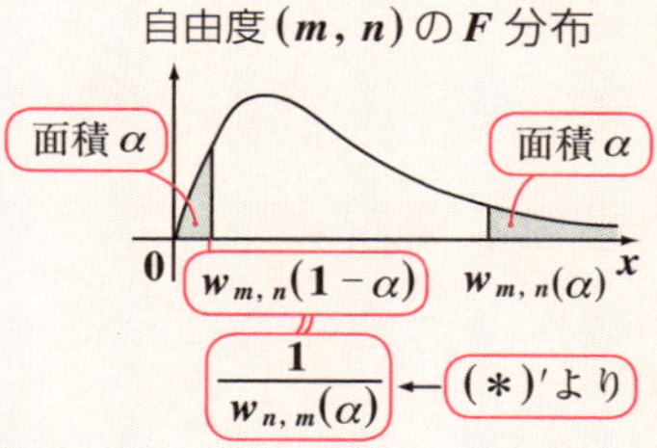

ここで，

$$\int_0^{\frac{1}{w_{m,n}(\alpha)}}f_{n,m}(x)\,dx+\int_{\frac{1}{w_{m,n}(\alpha)}}^{\infty}f_{n,m}(x)\,dx=1\ (\text{全確率})\ \text{より},$$

（第1項は α のこと（①″より））

$$1-\alpha=\int_{\frac{1}{w_{m,n}(\alpha)}}^{\infty}f_{n,m}(x)\,dx$$

（$\frac{1}{w_{m,n}(\alpha)}$ は $w_{n,m}(1-\alpha)$ のこと）

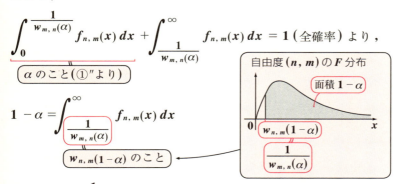

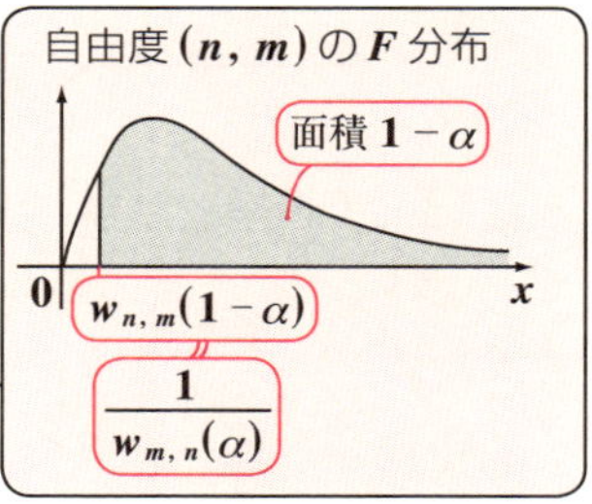

よって，$\frac{1}{w_{m,n}(\alpha)}$ は，自由度 (n, m) の F 分布における上側確率 $100(1-\alpha)\%$ のパーセント点 $w_{n,m}(1-\alpha)$ と一致するから，

$$w_{n,m}(1-\alpha)=\frac{1}{w_{m,n}(\alpha)}$$

$$\therefore\ w_{m,n}(\alpha)=\frac{1}{w_{n,m}(1-\alpha)}\quad\cdots\cdots(*)\ \text{となる。}\ \cdots\cdots\cdots\cdots(\text{終})$$

演習問題 101　● 検定統計量 $T = \frac{S_X{}^2}{S_Y{}^2}$ ●

母分散が等しい2つの正規分布 $N(\mu_X, \sigma^2)$, $N(\mu_Y, \sigma^2)$ に従う2つの母集団から，それぞれ無作為に大きさ m, n の標本 $X_1, X_2, \cdots\cdots, X_m$ と $Y_1, Y_2, \cdots\cdots, Y_n$ を抽出したとき，それぞれの不偏分散の比 $T = \frac{S_X{}^2}{S_Y{}^2}$ は，自由度 $(m-1, n-1)$ の F 分布に従うことを示せ。

$\left(ただし，S_X{}^2 = \frac{1}{m-1}\sum_{i=1}^{m}(X_i - \overline{X})^2,\ S_Y{}^2 = \frac{1}{n-1}\sum_{i=1}^{n}(Y_i - \overline{Y})^2 とする。\right)$

ヒント！ $\sum_{i=1}^{m}\left(\frac{X_i - \overline{X}}{\sigma}\right)^2$ と $\sum_{i=1}^{n}\left(\frac{Y_i - \overline{Y}}{\sigma}\right)^2$ は，それぞれ自由度 $m-1$, $n-1$ の χ^2 分布に従うんだね。(演習問題92 (P172))

解答&解説

$$T = \frac{S_X{}^2}{S_Y{}^2} = \frac{\frac{1}{m-1}\sum_{i=1}^{m}(X_i - \overline{X})^2}{\frac{1}{n-1}\sum_{i=1}^{n}(Y_i - \overline{Y})^2}$$

の分子・分母を σ^2 で割ると，

$$T = \frac{S_X{}^2}{S_Y{}^2} = \frac{\frac{1}{m-1}\sum_{i=1}^{m}\left(\frac{X_i - \overline{X}}{\sigma}\right)^2}{\frac{1}{n-1}\sum_{i=1}^{n}\left(\frac{Y_i - \overline{Y}}{\sigma}\right)^2} \quad \cdots\cdots①$$

となる。

（分子の和：自由度 $m-1$ の χ^2 分布に従う）
（分母の和：自由度 $n-1$ の χ^2 分布に従う）

ここで，$\sum_{i=1}^{m}\left(\frac{X_i - \overline{X}}{\sigma}\right)^2$, $\sum_{i=1}^{n}\left(\frac{X_i - \overline{X}}{\sigma}\right)^2$ は，それぞれ自由度 $m-1$, $n-1$ の χ^2 分布に従う。よって，①より，

$T = \frac{S_X{}^2}{S_Y{}^2}$ は，自由度 $m-1$, $n-1$ の F 分布に従う。 ……………………………………(終)

> Y が自由度 m, Z が自由度 n の χ^2 分布に従うとき，$\frac{\frac{Y}{m}}{\frac{Z}{n}}$ は自由度 (m, n) の F 分布に従う。
> (演習問題 73 (P132))

演習問題 102　● 母分散の比の検定 ●

A 大学と B 大学の学生が，同じ物理学の試験を受験した。各大学の学生の試験結果から，無作為に 5 人と 6 人の標本を抽出した結果を以下に示す。

$$\begin{cases} A\text{ 大学}：75,\ 60,\ 47,\ 81,\ 94 \\ B\text{ 大学}：52,\ 81,\ 64,\ 38,\ 90,\ 77 \end{cases}$$

A 大学，B 大学の学生の試験結果はそれぞれ正規分布 $N(\mu_X,\ \sigma_X{}^2)$，$N(\mu_Y,\ \sigma_Y{}^2)$ に従うものとする。
このとき，「仮説 $H_0：\sigma_X{}^2=\sigma_Y{}^2$」（対立仮説 $H_1：\sigma_X{}^2 \neq \sigma_Y{}^2$）を有意水準 0.05 で検定せよ。

ヒント！ データそのものは P196 の演習問題 99 のものと全く同じだ。今回は仮説 $H_0：\sigma_X{}^2=\sigma_Y{}^2$ の検定より，F 分布を利用するんだね。検定統計量

$$T=\frac{\dfrac{1}{m-1}\displaystyle\sum_{i=1}^{m}\left(\frac{X_i-\overline{X}}{\sigma_X}\right)^2}{\dfrac{1}{n-1}\displaystyle\sum_{i=1}^{n}\left(\frac{Y_i-\overline{Y}}{\sigma_Y}\right)^2}=\frac{\dfrac{S_X{}^2}{\sigma_X{}^2}}{\dfrac{S_Y{}^2}{\sigma_Y{}^2}}$$

は，自由度 $(m-1,\ n-1)$ の F 分布に従う。今回 $\sigma_X{}^2=\sigma_Y{}^2$ と仮定しているので，$T=\dfrac{S_X{}^2}{S_Y{}^2}$ を用いることになる。

解答＆解説

A 大学，B 大学の学生の試験結果の標本データをそれぞれ
$x_i\ (i=1,\ 2,\ \cdots,\ 5)$，$y_i\ (i=1,\ 2,\ \cdots,\ 6)$ とおくと，P196，P197 より

$$\sum_{i=1}^{5}x_i=357,\quad \sum_{i=1}^{5}x_i{}^2=26831,\quad \sum_{i=1}^{6}y_i=402,\quad \sum_{i=1}^{6}y_i{}^2=28834$$

(Ⅰ) 仮説 $H_0：\sigma_X{}^2=\sigma_Y{}^2$（対立仮説 $H_1：\sigma_X{}^2 \neq \sigma_Y{}^2$）← 両側検定

(Ⅱ) 有意水準 $\alpha=0.05$

(Ⅲ) 標本数 $m=5,\ n=6$

標本平均 $\overline{x}=71.4$，$\overline{y}=67.0$

標本分散 $S_X{}^2=\dfrac{1}{5-1}\displaystyle\sum_{i=1}^{5}(x_i-\overline{x})^2=\dfrac{1}{4}\left(\sum_{i=1}^{5}x_i{}^2-5\cdot\overline{x}^2\right)$

$$=\frac{1}{4}(26831-5\times71.4^2)=\boxed{(ア)\quad}$$

$$S_Y{}^2 = \frac{1}{6-1}\sum_{i=1}^{6}(y_i - \overline{y})^2$$
$$= \frac{1}{5}\left(\sum_{i=1}^{6} y_i{}^2 - 6\cdot\overline{y}^2\right)$$
$$= \frac{1}{5}(28834 - 6\times 67.0^2)$$
$$= \boxed{(イ)\quad}$$

ここで，検定統計量 T を

$T = \dfrac{S_X{}^2}{S_Y{}^2}$ とおくと，T は自由度

$(\underset{m-1}{4},\ \underset{n-1}{5})$ の F 分布に従う。

表 1

仮説 H_0	$\sigma_X{}^2 = \sigma_Y{}^2$
対立仮説 H_1	$\sigma_X{}^2 \neq \sigma_Y{}^2$
有意水準 α	0.05
標本数	$m = 5$ ¦ $n = 6$
標本平均	$\overline{x} = 71.4$ ¦ $\overline{y} = 67.0$
標本分散	$S_X{}^2 =$ (ア) ¦ $S_Y{}^2 =$ (イ)
検定統計量 T	$\dfrac{S_X{}^2}{S_Y{}^2}$
$w_{4,5}\left(\dfrac{\alpha}{2}\right)$	(ウ)
$w_{4,5}\left(1-\dfrac{\alpha}{2}\right)$	(エ)
棄却域 R	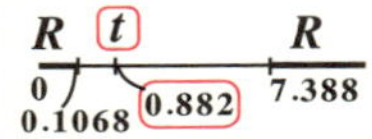
検定結果	仮説 H_0 は棄却 (オ)

(Ⅳ) よって，P216 の F 分布の表より，

$$w_{4,5}(0.025) = \boxed{(ウ)\quad}$$

$$w_{4,5}(0.975) = \frac{1}{w_{5,4}(0.025)} = \frac{1}{9.365} = \boxed{(エ)\quad}$$

公式
$$w_{m,n}(\alpha) = \frac{1}{w_{n,m}(1-\alpha)}$$
より (P198)

$\alpha = 0.025$

n \ m	……	4	5
⋮		⋮	⋮
4	……	……	9.365
5	……	7.388	

自由度 (4, 5) の F 分布 $F(4, 5)$

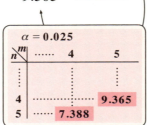

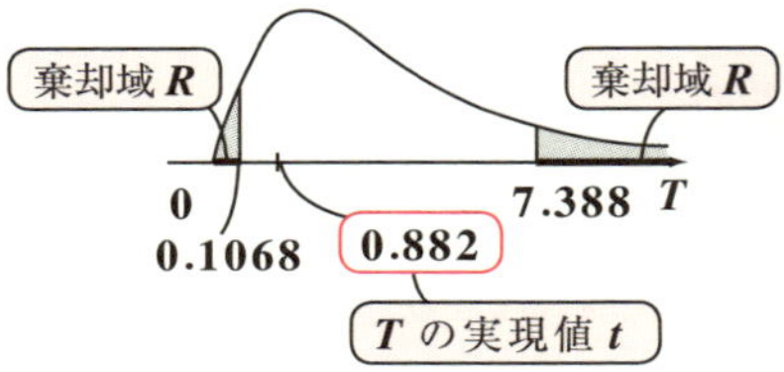

これから，有意水準 $\alpha = 0.05$ による両側検定の棄却域 R は，

$0 < T < 0.1068$，　$7.388 < T$

(Ⅴ) $S_X{}^2 = \boxed{(ア)\quad}$，$S_Y{}^2 = \boxed{(イ)\quad}$ より，

T の実現値 $t = \dfrac{S_X{}^2}{S_Y{}^2} = \dfrac{335.3}{380.0} = 0.882$ は棄却域 R に入らない。

∴「仮説 H_0：$\sigma_X{}^2 = \sigma_Y{}^2$」は棄却 $\boxed{(オ)\quad}$ ……………………………(答)

解答　(ア) 335.3　(イ) 380.0　(ウ) 7.388　(エ) 0.1068　(オ) されない

● Appendix（付録）

◆◆ Appendix（付録）◆◆

| 補充問題 1 | ● マルコフ過程（Ⅰ）● |

確率分布 $\begin{bmatrix} a_n \\ b_n \end{bmatrix}$ $(n = 0, 1, 2, \cdots)$ が次式をみたすものとする。

$$\begin{bmatrix} a_0 \\ b_0 \end{bmatrix} = \begin{bmatrix} \dfrac{1}{4} \\ \dfrac{3}{4} \end{bmatrix}, \quad \begin{bmatrix} a_{n+1} \\ b_{n+1} \end{bmatrix} = \begin{bmatrix} \dfrac{4}{5} & \dfrac{2}{5} \\ \dfrac{1}{5} & \dfrac{3}{5} \end{bmatrix} \begin{bmatrix} a_n \\ b_n \end{bmatrix} \cdots\cdots① \quad (n = 0, 1, 2, \cdots)$$

（ただし，$a_n + b_n = 1$ $(n = 0, 1, 2, \cdots)$ とする。） 次の問いに答えよ。

(1) $\begin{bmatrix} a_1 \\ b_1 \end{bmatrix}$ と $\begin{bmatrix} a_2 \\ b_2 \end{bmatrix}$ を求めよ。

(2) 極限 $\displaystyle\lim_{n \to \infty} \begin{bmatrix} a_n \\ b_n \end{bmatrix} = \begin{bmatrix} \alpha \\ \beta \end{bmatrix}$ が存在するものとして，$\begin{bmatrix} \alpha \\ \beta \end{bmatrix}$ を求めよ。

> ヒント！ マルコフ過程は確率分布の漸化式と考えることができる。第 n 回目の確率分布 $f(n)$ に推移確率行列 M をかけると第 $n+1$ 回目の確率分布 $f(n+1)$ になる。つまり，$f(n+1) = M \cdot f(n)$ が，①式のマルコフ過程の方程式になるんだね。

解答＆解説

(1) (i) $n = 0$ のとき，①は，

$$\begin{bmatrix} a_1 \\ b_1 \end{bmatrix} = \frac{1}{5}\underbrace{\begin{bmatrix} 4 & 2 \\ 1 & 3 \end{bmatrix}}_{\substack{\text{推移確率}\\\text{行列 } M}} \underbrace{\begin{bmatrix} a_0 \\ b_0 \end{bmatrix}}_{\frac{1}{4}\begin{bmatrix} 1 \\ 3 \end{bmatrix} \leftarrow \text{初期の確率分布}} = \frac{1}{20}\begin{bmatrix} 4 & 2 \\ 1 & 3 \end{bmatrix}\begin{bmatrix} 1 \\ 3 \end{bmatrix} = \frac{1}{20}\begin{bmatrix} 4+6 \\ 1+9 \end{bmatrix} = \frac{1}{2}\begin{bmatrix} 1 \\ 1 \end{bmatrix}$$

$$\therefore \begin{bmatrix} a_1 \\ b_1 \end{bmatrix} = \begin{bmatrix} \dfrac{1}{2} \\ \dfrac{1}{2} \end{bmatrix} \quad \text{である。} \cdots\cdots② \cdots\cdots\cdots\cdots\cdots\cdots\cdots\cdots\cdots\cdots\cdots(答)$$

(ii) $n = 1$ のとき，①は，

$$\begin{bmatrix} a_2 \\ b_2 \end{bmatrix} = \frac{1}{5}\underbrace{\begin{bmatrix} 4 & 2 \\ 1 & 3 \end{bmatrix}}_{M} \underbrace{\begin{bmatrix} a_1 \\ b_1 \end{bmatrix}}_{\frac{1}{2}\begin{bmatrix} 1 \\ 1 \end{bmatrix} \, (②より)} = \frac{1}{10}\begin{bmatrix} 4 & 2 \\ 1 & 3 \end{bmatrix}\begin{bmatrix} 1 \\ 1 \end{bmatrix} = \frac{1}{10}\begin{bmatrix} 6 \\ 4 \end{bmatrix} = \frac{1}{5}\begin{bmatrix} 3 \\ 2 \end{bmatrix}$$

$$\therefore \begin{bmatrix} a_2 \\ b_2 \end{bmatrix} = \begin{bmatrix} \frac{3}{5} \\ \frac{2}{5} \end{bmatrix}$$ である。………………………………………………(答)

(2) $\lim_{n\to\infty}\begin{bmatrix} a_n \\ b_n \end{bmatrix} = \begin{bmatrix} \alpha \\ \beta \end{bmatrix}$ であるとき，$\lim_{n\to\infty}\begin{bmatrix} a_{n+1} \\ b_{n+1} \end{bmatrix} = \begin{bmatrix} \alpha \\ \beta \end{bmatrix}$ である。

よって，$n\to\infty$ のとき，

$$\begin{bmatrix} a_{n+1} \\ b_{n+1} \end{bmatrix} = \frac{1}{5}\begin{bmatrix} 4 & 2 \\ 1 & 3 \end{bmatrix}\begin{bmatrix} a_n \\ b_n \end{bmatrix} \quad \cdots\cdots ①$$ は，

$$\begin{bmatrix} \alpha \\ \beta \end{bmatrix} = \frac{1}{5}\begin{bmatrix} 4 & 2 \\ 1 & 3 \end{bmatrix}\begin{bmatrix} \alpha \\ \beta \end{bmatrix} \quad \cdots\cdots ③$$ となる。よって，$M = \frac{1}{5}\begin{bmatrix} 4 & 2 \\ 1 & 3 \end{bmatrix}$ とおくと，

$E\begin{bmatrix} \alpha \\ \beta \end{bmatrix} = \begin{bmatrix} 1 & 0 \\ 0 & 1 \end{bmatrix}\begin{bmatrix} \alpha \\ \beta \end{bmatrix}$　　M(推移確率行列)

$$(E - M)\begin{bmatrix} \alpha \\ \beta \end{bmatrix} = \begin{bmatrix} 0 \\ 0 \end{bmatrix}$$ より，

$\begin{bmatrix} 1 & 0 \\ 0 & 1 \end{bmatrix} - \frac{1}{5}\begin{bmatrix} 4 & 2 \\ 1 & 3 \end{bmatrix} = \frac{1}{5}\begin{bmatrix} 1 & -2 \\ -1 & 2 \end{bmatrix}$

$$\frac{1}{5}\begin{bmatrix} 1 & -2 \\ -1 & 2 \end{bmatrix}\begin{bmatrix} \alpha \\ \beta \end{bmatrix} = \begin{bmatrix} 0 \\ 0 \end{bmatrix}$$

行基本変形

$\begin{bmatrix} 1 & -2 \\ -1 & 2 \end{bmatrix} \to \begin{bmatrix} 1 & -2 \\ 0 & 0 \end{bmatrix}$

両辺に 5 をかけて，$\begin{bmatrix} 1 & -2 \\ 0 & 0 \end{bmatrix}\begin{bmatrix} \alpha \\ \beta \end{bmatrix} = \begin{bmatrix} 0 \\ 0 \end{bmatrix}$

$\therefore \alpha - 2\beta = 0 \quad \cdots\cdots ④$

ここで，$n\to\infty$ のときでも，$a_n + b_n = 1$ は成り立つので，

$\alpha + \beta = 1 \quad \cdots\cdots ⑤$

⑤ − ④より，$3\beta = 1 \quad \therefore \beta = \frac{1}{3}$　　⑤より，$\alpha + \frac{1}{3} = 1 \quad \therefore \alpha = \frac{2}{3}$

以上より，$n\to\infty$ のときの確率分布は，

$$\lim_{n\to\infty}\begin{bmatrix} a_n \\ b_n \end{bmatrix} = \begin{bmatrix} \alpha \\ \beta \end{bmatrix} = \begin{bmatrix} \frac{2}{3} \\ \frac{1}{3} \end{bmatrix}$$ である。………………………………………(答)

参考（演習問題 103）

$M=\begin{bmatrix}\frac{4}{5} & \frac{2}{5}\\ \frac{1}{5} & \frac{3}{5}\end{bmatrix}$ とおくと，$\begin{bmatrix}a_0\\ b_0\end{bmatrix}=\begin{bmatrix}\frac{1}{4}\\ \frac{3}{4}\end{bmatrix}$ で，$\begin{bmatrix}a_{n+1}\\ b_{n+1}\end{bmatrix}=M\begin{bmatrix}a_n\\ b_n\end{bmatrix}$ …①（$n=0,\ 1,\ 2,\ \cdots$）

より，$\begin{bmatrix}a_n\\ b_n\end{bmatrix}=M^n\begin{bmatrix}a_0\\ b_0\end{bmatrix}$ ……② となる。

$F(n+1)=MF(n)$ （$n=0,1,2,\cdots$）のとき，
$F(n)=M^n\cdot F(0)$ となる。（等比関数列の考え方）

よって，②の両辺の $n\to\infty$ の極限をとると，

$\lim_{n\to\infty}\begin{bmatrix}a_n\\ b_n\end{bmatrix}=\lim_{n\to\infty}M^n\begin{bmatrix}a_0\\ b_0\end{bmatrix}$ ……②′ となるので，M^n を求めて，極限 $\lim_{n\to\infty}M^n$ を求めればいいんだね。では実際に M^n を求めてみよう。ケーリー・ハミルトンの定理より，

$$M^2-\left(\frac{4}{5}+\frac{3}{5}\right)M+\left(\frac{4}{5}\times\frac{3}{5}-\frac{2}{5}\times\frac{1}{5}\right)E=O$$

ケーリー・ハミルトンの定理
$A=\begin{bmatrix}a & b\\ c & d\end{bmatrix}$ のとき，
$A^2-(a+d)A+(ad-bc)E=O$

$M^2-\frac{7}{5}M+\frac{2}{5}E=O$ ……④ となる。

ここで，④の M に x，E に 1，O に 0 を代して，x の 2 次方程式に書き換えると，

$x^2-\frac{7}{5}x+\frac{2}{5}=0$ ……⑤ となる。

この⑤の左辺で x^n を割ったときの商を $Q(x)$，余りを $ax+b$ とおくと，

$x^n=\left(x^2-\frac{7}{5}x+\frac{2}{5}\right)Q(x)+ax+b$ ……⑥ となる。よって，

$x^n=(x-1)\left(x-\frac{2}{5}\right)Q(x)+ax+b$ ……⑥′ となる。⑥′は恒等式より，

$x=1$ と $\frac{2}{5}$ を代入しても成り立つ。よって，

$$\begin{cases}1^n=(1-1)\left(1-\frac{2}{5}\right)Q(1)+a\cdot 1+b\\ \left(\frac{2}{5}\right)^n=\left(\frac{2}{5}-1\right)\left(\frac{2}{5}-\frac{2}{5}\right)Q\left(\frac{2}{5}\right)+a\cdot\frac{2}{5}+b\end{cases}$$ より，

$$\begin{cases} a+b=1 & \cdots\cdots\cdots\cdots\cdots ⑦ \\ \frac{2}{5}a+b=\left(\frac{2}{5}\right)^n & \cdots\cdots ⑧ \end{cases}$$ となる。

⑦－⑧より，$\frac{3}{5}a=1-\left(\frac{2}{5}\right)^n$ $\therefore a=\frac{5}{3}\left\{1-\left(\frac{2}{5}\right)^n\right\}$

⑦より，$b=1-a=1-\frac{5}{3}\left\{1-\left(\frac{2}{5}\right)^n\right\}=-\frac{2}{3}+\frac{5}{3}\left(\frac{2}{5}\right)^n$ となる。よって，

$$\lim_{n\to\infty}a_n=\lim_{n\to\infty}\frac{5}{3}\left\{1-\underbrace{\left(\frac{2}{5}\right)^n}_{0}\right\}=\frac{5}{3},\quad \lim_{n\to\infty}b_n=\lim_{n\to\infty}\left\{-\frac{2}{3}+\underbrace{\frac{5}{3}\left(\frac{2}{5}\right)^n}_{0}\right\}=-\frac{2}{3}$$

となる。ここで，行列 M についても，

$x^n=\left(x^2-\frac{7}{5}x+\frac{2}{5}\right)Q(x)+ax+b$ ……⑥ と同様の式：

$$M^n=\underbrace{\left(M^2-\frac{7}{5}M+\frac{2}{5}E\right)}_{O\ (④のケーリー・ハミルトンの式より)}Q(M)+aM+bE \quad \cdots\cdots ⑨$$ が成り立つ。

ケーリー・ハミルトンの式④より，⑨は，$M^n=aM+bE$ ……⑨′ となる。

よって，⑨′ の両辺の $n\to\infty$ の極限を求めると，

$$\lim_{n\to\infty}M^n=\lim_{n\to\infty}(\underbrace{a}_{\frac{5}{3}}M+\underbrace{b}_{-\frac{2}{3}}E)=\frac{5}{3}M-\frac{2}{3}E$$

$$=\frac{5}{3}\begin{bmatrix}\frac{4}{5} & \frac{2}{5}\\ \frac{1}{5} & \frac{3}{5}\end{bmatrix}-\frac{2}{3}\begin{bmatrix}1 & 0\\ 0 & 1\end{bmatrix}=\begin{bmatrix}\frac{4}{3}-\frac{2}{3} & \frac{2}{3}\\ \frac{1}{3} & 1-\frac{2}{3}\end{bmatrix}=\begin{bmatrix}\frac{2}{3} & \frac{2}{3}\\ \frac{1}{3} & \frac{1}{3}\end{bmatrix}$$

が導けるんだね。

以上より，②′から，

$$\lim_{n\to\infty}\begin{bmatrix}a_n\\ b_n\end{bmatrix}=\lim_{n\to\infty}M^n\begin{bmatrix}a_0\\ b_0\end{bmatrix}=\frac{1}{3}\begin{bmatrix}2 & 2\\ 1 & 1\end{bmatrix}\begin{bmatrix}\frac{1}{4}\\ \frac{3}{4}\end{bmatrix}=\begin{bmatrix}\frac{2}{3}\\ \frac{1}{3}\end{bmatrix}$$ となって，

P204 と同じ結果が導けるんだね。面白かった？

補充問題 2　　　　　● マルコフ過程（II）●

確率分布 $\begin{bmatrix} a_n \\ b_n \\ c_n \end{bmatrix}$ $(n = 0, 1, 2, \cdots)$ が次式をみたすものとする。

$$\begin{bmatrix} a_0 \\ b_0 \\ c_0 \end{bmatrix} = \begin{bmatrix} 0.1 \\ 0.5 \\ 0.4 \end{bmatrix}, \quad \begin{bmatrix} a_{n+1} \\ b_{n+1} \\ c_{n+1} \end{bmatrix} = \begin{bmatrix} 0.7 & 0.3 & 0.3 \\ 0.2 & 0.5 & 0.1 \\ 0.1 & 0.2 & 0.6 \end{bmatrix} \begin{bmatrix} a_n \\ b_n \\ c_n \end{bmatrix} \cdots\cdots ① \quad (n = 0, 1, 2, \cdots)$$

（ただし，$a_n + b_n + c_n = 1$ $(n = 0, 1, 2, \cdots)$ とする。）

このとき，極限 $\lim_{n \to \infty} \begin{bmatrix} a_n \\ b_n \\ c_n \end{bmatrix} = \begin{bmatrix} \alpha \\ \beta \\ \gamma \end{bmatrix}$ が存在するものとして，$\begin{bmatrix} \alpha \\ \beta \\ \gamma \end{bmatrix}$ を求めよ。

ヒント！

極限 $\lim_{n \to \infty} \begin{bmatrix} a_n \\ b_n \\ c_n \end{bmatrix} = \begin{bmatrix} \alpha \\ \beta \\ \gamma \end{bmatrix}$ であるとき，極限 $\lim_{n \to \infty} \begin{bmatrix} a_{n+1} \\ b_{n+1} \\ c_{n+1} \end{bmatrix} = \begin{bmatrix} \alpha \\ \beta \\ \gamma \end{bmatrix}$ となる。

よって，$n \to \infty$ のとき①に，これらを代入すれば，α, β, γ の連立方程式が得られる。ただし，これは実質的に 2 つの方程式なので，これと，$\alpha + \beta + \gamma = 1$（全確率）の条件式を併せて，$\alpha$, β, γ の値を求めることができるんだね。

解答＆解説

$\lim_{n \to \infty} \begin{bmatrix} a_n \\ b_n \\ c_n \end{bmatrix} = \begin{bmatrix} \alpha \\ \beta \\ \gamma \end{bmatrix}$ であるとき，$\lim_{n \to \infty} \begin{bmatrix} a_{n+1} \\ b_{n+1} \\ c_{n+1} \end{bmatrix} = \begin{bmatrix} \alpha \\ \beta \\ \gamma \end{bmatrix}$ となる。

よって，$n \to \infty$ のとき，①は，

$$\underset{E \begin{bmatrix} \alpha \\ \beta \\ \gamma \end{bmatrix}}{\begin{bmatrix} \alpha \\ \beta \\ \gamma \end{bmatrix}} = \underset{M（推移確率行列）}{\begin{bmatrix} 0.7 & 0.3 & 0.3 \\ 0.2 & 0.5 & 0.1 \\ 0.1 & 0.2 & 0.6 \end{bmatrix}} \begin{bmatrix} \alpha \\ \beta \\ \gamma \end{bmatrix} \cdots② \quad$$ となる。よって，$M = \begin{bmatrix} 0.7 & 0.3 & 0.3 \\ 0.2 & 0.5 & 0.1 \\ 0.1 & 0.2 & 0.6 \end{bmatrix}$ とおくと，

②を変形して，

$$(E - M) \begin{bmatrix} \alpha \\ \beta \\ \gamma \end{bmatrix} = \begin{bmatrix} 0 \\ 0 \\ 0 \end{bmatrix} \cdots\cdots③ \quad$$ となる。

$$E - M = \begin{bmatrix} 1 & 0 & 0 \\ 0 & 1 & 0 \\ 0 & 0 & 1 \end{bmatrix} - \begin{bmatrix} 0.7 & 0.3 & 0.3 \\ 0.2 & 0.5 & 0.1 \\ 0.1 & 0.2 & 0.6 \end{bmatrix}$$
$$= \begin{bmatrix} 0.3 & -0.3 & -0.3 \\ -0.2 & 0.5 & -0.1 \\ -0.1 & -0.2 & 0.4 \end{bmatrix}$$

よって，③は，

$$\begin{bmatrix} 0.3 & -0.3 & -0.3 \\ -0.2 & 0.5 & -0.1 \\ -0.1 & -0.2 & 0.4 \end{bmatrix}\begin{bmatrix} \alpha \\ \beta \\ \gamma \end{bmatrix}=\begin{bmatrix} 0 \\ 0 \\ 0 \end{bmatrix} \cdots ③'$$

となる。③′を変形して，

$$\begin{bmatrix} 1 & -1 & -1 \\ 0 & 1 & -1 \\ 0 & 0 & 0 \end{bmatrix}\begin{bmatrix} \alpha \\ \beta \\ \gamma \end{bmatrix}=\begin{bmatrix} 0 \\ 0 \\ 0 \end{bmatrix}$$ となるので，

> $E-M$ に行基本変形を行うと，
>
> $$\begin{bmatrix} 3 & -3 & -3 \\ -2 & 5 & -1 \\ -1 & -2 & 4 \end{bmatrix} \to \begin{bmatrix} 1 & -1 & -1 \\ -2 & 5 & -1 \\ -1 & -2 & 4 \end{bmatrix}$$ (2倍してたす，たす)
>
> $$\to \begin{bmatrix} 1 & -1 & -1 \\ 0 & 3 & -3 \\ 0 & -3 & 3 \end{bmatrix} \to \begin{bmatrix} 1 & -1 & -1 \\ 0 & 1 & -1 \\ 0 & -1 & 1 \end{bmatrix}$$ (たす)
>
> $$\to \begin{bmatrix} 1 & -1 & -1 \\ 0 & 1 & -1 \\ 0 & 0 & 0 \end{bmatrix} \Big\} rank(E-M)=2$$

$\alpha-\beta-\gamma=0$ ……④

$\beta-\gamma=0$ ……⑤ となる。さらに，

$\alpha+\beta+\gamma=1$ ……⑥ の条件式を連立させて，α, β, γ の値を求めると，

$\alpha=\frac{1}{2}$, $\beta=\frac{1}{4}$, $\gamma=\frac{1}{4}$ となる。

> ④＋⑥より，$2\alpha=1$ $\therefore \alpha=\frac{1}{2}$
>
> よって，④は，$\beta+\gamma=\frac{1}{2}$ ……④′
>
> また，$\beta-\gamma=0$ ………⑤
>
> ④′＋⑤より，$2\beta=\frac{1}{2}$ $\therefore \beta=\frac{1}{4}$
>
> ⑤より，$\gamma=\beta=\frac{1}{4}$

$$\therefore \begin{bmatrix} \alpha \\ \beta \\ \gamma \end{bmatrix}=\frac{1}{4}\begin{bmatrix} 2 \\ 1 \\ 1 \end{bmatrix}$$ である。…………(答)

参考

$\begin{bmatrix} a_{n+1} \\ b_{n+1} \\ c_{n+1} \end{bmatrix}=M\begin{bmatrix} a_n \\ b_n \\ c_n \end{bmatrix}$ より，$\begin{bmatrix} a_n \\ b_n \\ c_n \end{bmatrix}=M^n\begin{bmatrix} a_0 \\ b_0 \\ c_0 \end{bmatrix}=M^n\begin{bmatrix} 0.1 \\ 0.5 \\ 0.4 \end{bmatrix}$ $(n=0, 1, 2, \cdots)$ となる。

よって，$n=1$，2，10 のときの確率分布を実際に計算すると，

・$n=1$ のとき，$\begin{bmatrix} a_1 \\ b_1 \\ c_1 \end{bmatrix}=\begin{bmatrix} 0.34 \\ 0.31 \\ 0.35 \end{bmatrix}$，　・$n=2$ のとき，$\begin{bmatrix} a_2 \\ b_2 \\ c_2 \end{bmatrix}=\begin{bmatrix} 0.436 \\ 0.258 \\ 0.306 \end{bmatrix}$，

・$n=10$ のとき，$\begin{bmatrix} a_{10} \\ b_{10} \\ c_{10} \end{bmatrix}=\begin{bmatrix} 0.4999\cdots \\ 0.2499\cdots \\ 0.2501\cdots \end{bmatrix}$ となって，n を大きくするに従って，

$\lim_{n\to\infty}\begin{bmatrix} a_n \\ b_n \\ c_n \end{bmatrix}=\begin{bmatrix} 0.5 \\ 0.25 \\ 0.25 \end{bmatrix}$ に近づいていくことが分かるんだね。

補充問題 3　● 指数分布の期待値と分散 ●

指数分布 $f(x)=\begin{cases}\lambda e^{-\lambda x} & (x \geqq 0)\\ 0 & (x<0)\end{cases}$ ……$(*)$（λ：正の定数）の期待値 μ と分散 σ^2 を公式：$\mu=\int_{-\infty}^{\infty}x\cdot f(x)dx$ …①，$\sigma^2=\int_{-\infty}^{\infty}x^2\cdot f(x)dx-\mu^2$ …② を用いて求めよ。

ヒント！ 演習問題 23(P40) で，この指数分布の期待値 μ と分散 σ^2 が $\mu=\dfrac{1}{\lambda}$，$\sigma^2=\dfrac{1}{\lambda^2}$ となることは，積率母関数 $M(\theta)$ を使って既に求めているが，ここでは①と②の公式から同じ結果が得られることを確認してみよう。

解答＆解説

$(*)$ の指数分布の確率密度 $f(x)$ より，この期待値 μ と分散 σ^2 を①と②の公式を用いて求める。

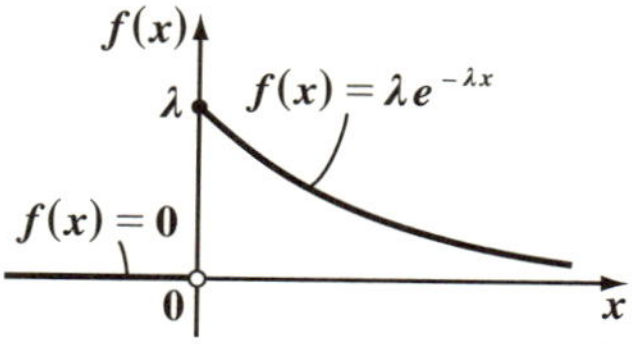

(i) $\mu=E[X]=\int_{-\infty}^{\infty}xf(x)dx$

$\left(\cancel{\int_{-\infty}^{0}x\cdot 0dx}+\int_{0}^{\infty}x\cdot\lambda e^{-\lambda x}dx\right)$

$=-\int_{0}^{\infty}x\cdot(e^{-\lambda x})'dx$　　$\left((e^{-\lambda x})'=(-\lambda e^{-\lambda x})\right)$

部分積分法
$\int_0^{\infty}f\cdot g'dx=[f\cdot g]_0^{\infty}-\int_0^{\infty}f'\cdot gdx$

$=-\left\{\cancel{\left[xe^{-\lambda x}\right]_0^{\infty}}-\int_0^{\infty}1\cdot e^{-\lambda x}dx\right\}$

$\lim_{a\to\infty}\left[\dfrac{x}{e^{\lambda x}}\right]_0^a=\lim_{a\to\infty}\left(\dfrac{a}{e^{\lambda a}}-0\right)=0$　（$\dfrac{a}{e^{\lambda a}}\to 0$）

$\lim_{a\to\infty}\left[-\dfrac{1}{\lambda}e^{-\lambda x}\right]_0^a=\lim_{a\to\infty}\left(\cancel{-\dfrac{1}{\lambda e^{\lambda a}}}+\dfrac{1}{\lambda}\right)=\dfrac{1}{\lambda}$　（$\dfrac{1}{\lambda e^{\lambda a}}\to 0$）

$=-\left(0-\dfrac{1}{\lambda}\right)=\dfrac{1}{\lambda}$ ……③ となる。……………………………(答)

(ii) $\sigma^2 = V[X] = E[X^2] - E[X]^2 = \int_{-\infty}^{\infty} x^2 \cdot f(x)dx - \mu^2$

$\int_{-\infty}^{0} x^2 \cdot 0 dx + \int_0^{\infty} x^2 \cdot \lambda e^{-\lambda x} dx$　　$\frac{1}{\lambda^2}$ （$\mu = \frac{1}{\lambda}$ …③より）

$= -\int_0^{\infty} x^2 \cdot (e^{-\lambda x})' dx - \frac{1}{\lambda^2}$

$[x^2 e^{-\lambda x}]_0^{\infty} - \int_0^{\infty} 2xe^{-\lambda x} dx$ （部分積分）

$= \lim_{a \to \infty} \left[\frac{x^2}{e^{\lambda x}} \right]_0^a - 2\int_0^{\infty} x\left(-\frac{1}{\lambda}\right)(e^{-\lambda x})' dx$

$= \lim_{a \to \infty} \left(\frac{a^2}{e^{\lambda a}} - 0 \right) + \frac{2}{\lambda} \int_0^{\infty} x(e^{-\lambda x})' dx$　（$\frac{a^2}{e^{\lambda a}} \to 0$）

$= -\frac{2}{\lambda} \int_0^{\infty} x \cdot (e^{-\lambda x})' dx - \frac{1}{\lambda^2}$

$[x \cdot e^{-\lambda x}]_0^{\infty} - \int_0^{\infty} 1 \cdot e^{-\lambda x} dx$ （部分積分）

$= \left[\frac{x}{e^{\lambda x}} \right]_0^{\infty} + \frac{1}{\lambda} \left[\frac{1}{e^{\lambda x}} \right]_0^{\infty} = \lim_{a \to \infty} \left[\frac{x}{e^{\lambda x}} \right]_0^a + \frac{1}{\lambda} \cdot \lim_{a \to \infty} \left[\frac{1}{e^{\lambda x}} \right]_0^a$

$= \lim_{a \to \infty} \left(\frac{a}{e^{\lambda a}} - 0 \right) + \frac{1}{\lambda} \cdot \lim_{a \to \infty} \left(\frac{1}{e^{\lambda a}} - 1 \right) = -\frac{1}{\lambda}$　（$\frac{a}{e^{\lambda a}} \to 0$，$\frac{1}{e^{\lambda a}} \to 0$）

$= -\frac{2}{\lambda} \cdot \left(-\frac{1}{\lambda} \right) - \frac{1}{\lambda^2} = \frac{1}{\lambda^2}$ となる。…………………………(答)

結果は既に分かってはいたんだけれど，今回は積率母関数を使わずに，公式：$\mu = E[X]$ と $\sigma^2 = E[X^2] - E[X]^2 = E[X^2] - \mu^2$ を用いて同じ結果を導いたんだね。良い計算練習になったでしょう？

補充問題 4　確率密度と期待値 μ

確率密度 $f(x)=\begin{cases} cxe^{-x} & (x \geqq 0) \\ 0 & (x<0) \end{cases}$ ……(＊)の定数 c と期待値 μ を求めよ。

ヒント！ 確率密度の条件：$\int_{-\infty}^{\infty} f(x)dx = 1$（全確率）と期待値の公式：$\mu = \int_{-\infty}^{\infty} xf(x)dx$ を用いて解いていこう。

解答＆解説

確率密度 $f(x)$ の条件より，

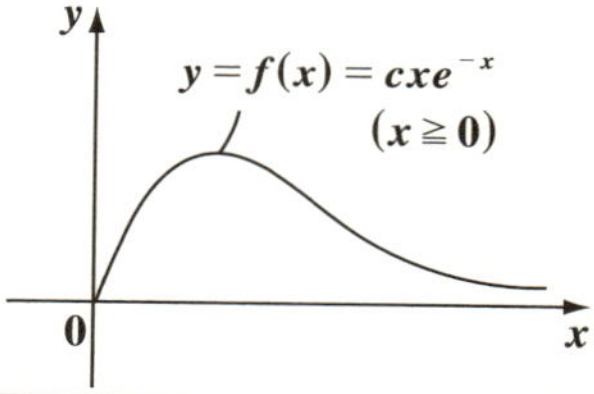

$$\int_{-\infty}^{\infty} f(x)dx = \int_0^{\infty} cx \cdot e^{-x}dx = c\int_0^{\infty} x \cdot (-e^{-x})'dx$$

$\left(\int_{-\infty}^{\infty} f(x)dx = \int_{-\infty}^{0} 0 \cdot dx + \int_0^{\infty} x \cdot e^{-x}dx\right)$

部分積分法
$\int f \cdot g'dx = f \cdot g - \int f' \cdot g\,dx$

$$= c\left\{-\left[x \cdot e^{-x}\right]_0^{\infty} + \int_0^{\infty} 1 \cdot e^{-x}dx\right\}$$

$\lim_{p \to \infty}\left[xe^{-x}\right]_0^p = \lim_{p \to \infty}\left(\dfrac{p}{e^p} - 0 \cdot e^0\right) = 0 \quad \left(\because \lim_{x \to \infty}\dfrac{x^n}{e^x} = 0 \ (n = 1,\ 2,\ 3,\ \cdots)\right)$

$$= -c\left[e^{-x}\right]_0^{\infty} = -c(0 - e^0) = -c \times (-1) = c = 1\text{(全確率)} \qquad \therefore c = 1 \quad \text{……(答)}$$

$\lim_{p \to \infty} e^{-p} = \lim_{p \to \infty}\dfrac{1}{e^p} = 0$

よって，$f(x)=\begin{cases} xe^{-x} & (x \geqq 0) \\ 0 & (x<0) \end{cases}$ となるので，この期待値 μ は，

$$\mu = \int_0^{\infty} x \cdot f(x)dx = \int_0^{\infty} x^2 \cdot e^{-x}dx = \int_0^{\infty} x^2 \cdot (-e^{-x})'dx$$

部分積分法
$\int f \cdot g'dx = f \cdot g - \int f' \cdot g\,dx$

$$= -\left[x^2 e^{-x}\right]_0^{\infty} + \int_0^{\infty} 2x \cdot e^{-x}dx$$

$\lim_{p \to \infty}\left(\dfrac{p^2}{e^p} - 0\right) = 0$

この積分結果は1（c を求める際の積分と同じ）

$$= 2\int_0^{\infty} x \cdot e^{-x}dx = 2\int_0^{\infty} x \cdot (-e^{-x})'dx = 2\left\{-\left[x \cdot e^{-x}\right]_0^{\infty} + \int_0^{\infty} 1 \cdot e^{-x}dx\right\}$$

$$= -2\left[e^{-x}\right]_0^{\infty} = -2(0 - e^0) = -2 \times (-1) = 2 \qquad \therefore \mu = 2 \quad \text{…………………(答)}$$

標準正規分布表　$\alpha = \phi(z) = \int_z^{\infty} \frac{1}{\sqrt{2\pi}} e^{-\frac{x^2}{2}} dx$ の値

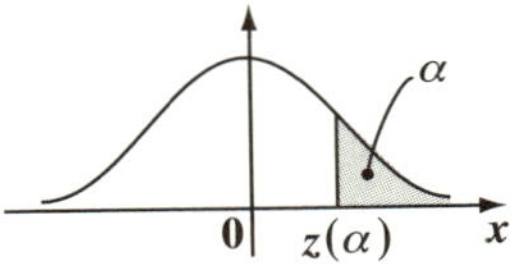

z	0.00	0.01	0.02	0.03	0.04	0.05	0.06	0.07	0.08	0.09
0.0	0.5000	0.4960	0.4920	0.4880	0.4840	0.4801	0.4761	0.4721	0.4681	0.4641
0.1	0.4602	0.4562	0.4522	0.4483	0.4443	0.4404	0.4364	0.4325	0.4286	0.4247
0.2	0.4207	0.4168	0.4129	0.4090	0.4052	0.4013	0.3974	0.3936	0.3897	0.3859
0.3	0.3821	0.3783	0.3745	0.3707	0.3669	0.3632	0.3594	0.3557	0.3520	0.3483
0.4	0.3446	0.3409	0.3372	0.3336	0.3300	0.3264	0.3228	0.3192	0.3156	0.3121
0.5	0.3085	0.3050	0.3015	0.2981	0.2946	0.2912	0.2877	0.2843	0.2810	0.2776
0.6	0.2743	0.2709	0.2676	0.2643	0.2611	0.2578	0.2546	0.2514	0.2483	0.2451
0.7	0.2420	0.2389	0.2358	0.2327	0.2296	0.2266	0.2236	0.2206	0.2177	0.2148
0.8	0.2119	0.2090	0.2061	0.2033	0.2005	0.1977	0.1949	0.1922	0.1894	0.1867
0.9	0.1841	0.1814	0.1788	0.1762	0.1736	0.1711	0.1685	0.1660	0.1635	0.1611
1.0	0.1587	0.1562	0.1539	0.1515	0.1492	0.1469	0.1446	0.1423	0.1401	0.1379
1.1	0.1357	0.1335	0.1314	0.1292	0.1271	0.1251	0.1230	0.1210	0.1190	0.1170
1.2	0.1151	0.1131	0.1112	0.1093	0.1075	0.1056	0.1038	0.1020	0.1003	0.0985
1.3	0.0968	0.0951	0.0934	0.0918	0.0901	0.0885	0.0869	0.0853	0.0838	0.0823
1.4	0.0808	0.0793	0.0778	0.0764	0.0749	0.0735	0.0721	0.0708	0.0694	0.0681
1.5	0.0668	0.0655	0.0643	0.0630	0.0618	0.0606	0.0594	0.0582	0.0571	0.0559
1.6	0.0548	0.0537	0.0526	0.0516	0.0505	0.0495	0.0485	0.0475	0.0465	0.0455
1.7	0.0446	0.0436	0.0427	0.0418	0.0409	0.0401	0.0392	0.0384	0.0375	0.0367
1.8	0.0359	0.0351	0.0344	0.0336	0.0329	0.0322	0.0314	0.0307	0.0301	0.0294
1.9	0.0287	0.0281	0.0274	0.0268	0.0262	0.0256	0.0250	0.0244	0.0239	0.0233
2.0	0.0228	0.0222	0.0217	0.0212	0.0207	0.0202	0.0197	0.0192	0.0188	0.0183
2.1	0.0179	0.0174	0.0170	0.0166	0.0162	0.0158	0.0154	0.0150	0.0146	0.0143
2.2	0.0139	0.0136	0.0132	0.0129	0.0125	0.0122	0.0119	0.0116	0.0113	0.0110
2.3	0.0107	0.0104	0.0102	0.00990	0.00964	0.00939	0.00914	0.00889	0.00866	0.00842
2.4	0.00820	0.00798	0.00776	0.00755	0.00734	0.00714	0.00695	0.00676	0.00657	0.00639
2.5	0.00621	0.00604	0.00587	0.00570	0.00554	0.00539	0.00523	0.00508	0.00494	0.00480
2.6	0.00466	0.00453	0.00440	0.00427	0.00415	0.00402	0.00391	0.00379	0.00368	0.00357
2.7	0.00347	0.00336	0.00326	0.00317	0.00307	0.00298	0.00289	0.00280	0.00272	0.00264
2.8	0.00256	0.00248	0.00240	0.00233	0.00226	0.00219	0.00212	0.00205	0.00199	0.00193
2.9	0.00187	0.00181	0.00175	0.00169	0.00164	0.00159	0.00154	0.00149	0.00144	0.00139
3.0	0.00135	0.00131	0.00126	0.00122	0.00118	0.00114	0.00111	0.00107	0.00104	0.00100
3.1	0.00097	0.00094	0.00090	0.00087	0.00084	0.00082	0.00079	0.00076	0.00074	0.00071
3.2	0.00069	0.00066	0.00064	0.00062	0.00060	0.00058	0.00056	0.00054	0.00052	0.00050
3.3	0.00048	0.00047	0.00045	0.00043	0.00042	0.00040	0.00039	0.00038	0.00036	0.00035
3.4	0.00034	0.00032	0.00031	0.00030	0.00029	0.00028	0.00027	0.00026	0.00025	0.00024

自由度 n の t 分布パーセント点

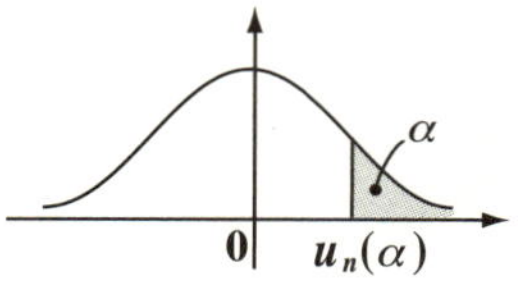

n \ α	0.25	0.1	0.05	0.025	0.01	0.005
1	1.000	3.078	6.314	12.706	31.821	63.657
2	0.816	1.886	2.920	4.303	6.965	9.925
3	0.765	1.638	2.353	3.182	4.541	5.841
4	0.741	1.533	2.132	2.776	3.747	4.604
5	0.727	1.476	2.015	2.571	3.365	4.032
6	0.718	1.440	1.943	2.447	3.143	3.707
7	0.711	1.415	1.895	2.365	2.998	3.499
8	0.706	1.397	1.860	2.306	2.896	3.355
9	0.703	1.383	1.833	2.262	2.821	3.250
10	0.700	1.372	1.812	2.228	2.764	3.169
11	0.697	1.363	1.796	2.201	2.718	3.106
12	0.695	1.356	1.782	2.179	2.681	3.055
13	0.694	1.350	1.771	2.160	2.650	3.012
14	0.692	1.345	1.761	2.145	2.624	2.977
15	0.691	1.341	1.753	2.131	2.602	2.947
16	0.690	1.337	1.746	2.120	2.583	2.921
17	0.689	1.333	1.740	2.110	2.567	2.898
18	0.688	1.330	1.734	2.101	2.552	2.878
19	0.688	1.328	1.729	2.093	2.539	2.861
20	0.687	1.325	1.725	2.086	2.528	2.845
21	0.686	1.323	1.721	2.080	2.518	2.831
22	0.686	1.321	1.717	2.074	2.508	2.819
23	0.685	1.319	1.714	2.069	2.500	2.807
24	0.685	1.318	1.711	2.064	2.492	2.797
25	0.684	1.316	1.708	2.060	2.485	2.787
26	0.684	1.315	1.706	2.056	2.479	2.779
27	0.684	1.314	1.703	2.052	2.473	2.771
28	0.683	1.313	1.701	2.048	2.467	2.763
29	0.683	1.311	1.699	2.045	2.462	2.756
30	0.683	1.310	1.697	2.042	2.457	2.750
40	0.681	1.303	1.684	2.021	2.423	2.704

自由度 n の χ^2 分布パーセント点

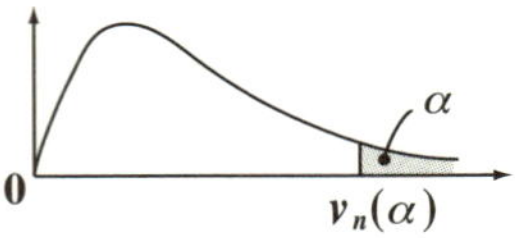

n \ α	0.995	0.990	0.975	0.950	0.050	0.025	0.010	0.005
1	3927×10^{-8}	1571×10^{-7}	9821×10^{-7}	3932×10^{-6}	3.841	5.024	6.635	7.879
2	0.010	0.020	0.051	0.103	5.991	7.378	9.210	10.597
3	0.072	0.115	0.216	0.352	7.815	9.348	11.345	12.838
4	0.207	0.297	0.484	0.711	9.488	11.143	13.277	14.860
5	0.412	0.554	0.831	1.145	11.071	12.833	15.086	16.750
6	0.676	0.872	1.237	1.635	12.592	14.449	16.812	18.548
7	0.989	1.239	1.690	2.167	14.067	16.013	18.475	20.278
8	1.344	1.646	2.180	2.733	15.507	17.535	20.090	21.955
9	1.735	2.088	2.700	3.325	16.919	19.023	21.666	23.589
10	2.156	2.558	3.247	3.940	18.307	20.483	23.209	25.188
11	2.603	3.053	3.816	4.575	19.675	21.920	24.725	26.757
12	3.074	3.571	4.404	5.226	21.026	23.337	26.217	28.300
13	3.565	4.107	5.009	5.892	22.362	24.736	27.688	29.819
14	4.075	4.660	5.629	6.571	23.685	26.119	29.141	31.319
15	4.601	5.229	6.262	7.261	24.996	27.488	30.578	32.801
16	5.142	5.812	6.908	7.962	26.296	28.845	32.000	34.267
17	5.697	6.408	7.564	8.672	27.587	30.191	33.409	35.719
18	6.265	7.015	8.231	9.390	28.869	31.526	34.805	37.156
19	6.844	7.633	8.907	10.117	30.144	32.852	36.191	38.582
20	7.434	8.260	9.591	10.851	31.410	34.170	37.566	39.997
21	8.034	8.897	10.283	11.591	32.671	35.479	38.932	41.401
22	8.643	9.542	10.982	12.338	33.924	36.781	40.289	42.796
23	9.260	10.196	11.689	13.091	35.173	38.076	41.638	44.181
24	9.886	10.856	12.401	13.848	36.415	39.364	42.980	45.559
25	10.520	11.524	13.120	14.611	37.653	40.647	44.314	46.928
26	11.160	12.198	13.844	15.379	38.885	41.923	45.642	48.290
27	11.808	12.879	14.573	16.151	40.113	43.194	46.963	49.645
28	12.461	13.565	15.308	16.928	41.337	44.461	48.278	50.993
29	13.121	14.257	16.047	17.708	42.557	45.722	49.588	52.336
30	13.787	14.954	16.791	18.493	43.773	46.979	50.892	53.672
40	20.707	22.164	24.433	26.509	55.759	59.342	63.691	66.766
50	27.991	29.707	32.357	34.764	67.505	71.420	76.154	79.490

自由度 (m, n) の F 分布パーセント点

$\alpha = 0.005$

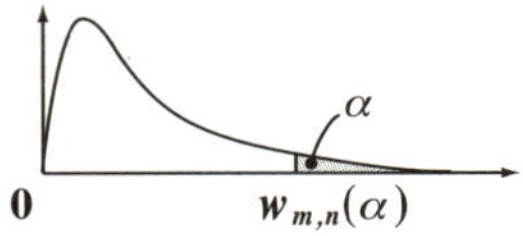

n \ m	1	2	3	4	5	6	7	8	9	10
1	16211	20000	21615	22500	23056	23437	23715	23925	24091	24224
2	198.50	199.00	199.17	199.25	199.30	199.33	199.36	199.37	199.39	199.40
3	55.552	49.799	47.467	46.195	45.392	44.838	44.434	44.126	43.882	43.686
4	31.333	26.284	24.259	23.155	22.456	21.975	21.622	21.352	21.139	20.967
5	22.785	18.314	16.530	15.556	14.940	14.513	14.200	13.961	13.772	13.618
6	18.635	14.544	12.917	12.028	11.464	11.073	10.786	10.566	10.391	10.250
7	16.236	12.404	10.882	10.050	9.522	9.155	8.885	8.678	8.514	8.380
8	14.688	11.042	9.597	8.805	8.302	7.952	7.694	7.496	7.339	7.211
9	13.614	10.107	8.717	7.956	7.471	7.134	6.885	6.693	6.541	6.417
10	12.826	9.427	8.081	7.343	6.872	6.545	6.303	6.116	5.968	5.847
11	12.226	8.912	7.600	6.881	6.422	6.102	5.865	5.682	5.537	5.418
12	11.754	8.510	7.226	6.521	6.071	5.757	5.525	5.345	5.202	5.086
13	11.374	8.187	6.926	6.234	5.791	5.482	5.253	5.076	4.935	4.820
14	11.060	7.922	6.680	5.998	5.562	5.257	5.031	4.857	4.717	4.603
15	10.798	7.701	6.476	5.803	5.372	5.071	4.847	4.674	4.536	4.424
16	10.575	7.514	6.303	5.638	5.212	4.913	4.692	4.521	4.384	4.272
17	10.384	7.354	6.156	5.497	5.075	4.779	4.559	4.389	4.254	4.142
18	10.218	7.215	6.028	5.375	4.956	4.663	4.445	4.276	4.141	4.031
19	10.073	7.094	5.916	5.268	4.853	4.561	4.345	4.177	4.043	3.933
20	9.944	6.987	5.818	5.174	4.762	4.472	4.257	4.090	3.956	3.847
21	9.830	6.891	5.730	5.091	4.681	4.393	4.179	4.013	3.880	3.771
22	9.727	6.806	5.652	5.017	4.609	4.323	4.109	3.944	3.812	3.703
23	9.635	6.730	5.582	4.950	4.544	4.259	4.047	3.882	3.750	3.642
24	9.551	6.661	5.519	4.890	4.486	4.202	3.991	3.826	3.695	3.587
25	9.475	6.598	5.462	4.835	4.433	4.150	3.939	3.776	3.645	3.537
26	9.406	6.541	5.409	4.785	4.384	4.103	3.893	3.730	3.599	3.492
27	9.342	6.489	5.361	4.740	4.340	4.059	3.850	3.688	3.557	3.450
28	9.284	6.440	5.317	4.698	4.300	4.020	3.811	3.649	3.519	3.412
29	9.230	6.396	5.276	4.659	4.262	3.983	3.775	3.613	3.483	3.377
30	9.180	6.355	5.239	4.623	4.228	3.949	3.742	3.580	3.451	3.344

自由度 (m, n) の F 分布パーセント点

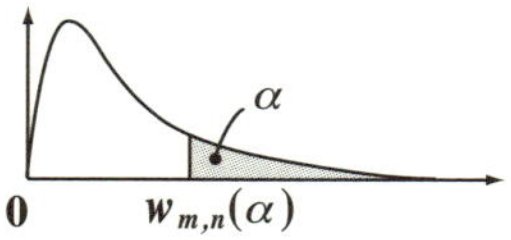

$\alpha = 0.025$

n \ m	1	2	3	4	5	6	7	8	9	10
1	647.79	799.50	864.16	899.58	921.85	937.11	948.22	956.66	963.28	968.63
2	38.506	39.000	39.165	39.248	39.298	39.331	39.355	39.373	39.387	39.398
3	17.443	16.044	15.439	15.101	14.885	14.735	14.624	14.540	14.473	14.419
4	12.218	10.649	9.979	9.605	9.365	9.197	9.074	8.980	8.905	8.844
5	10.007	8.434	7.764	7.388	7.146	6.978	6.853	6.757	6.681	6.619
6	8.813	7.260	6.599	6.227	5.988	5.820	5.696	5.600	5.523	5.461
7	8.073	6.542	5.890	5.523	5.285	5.119	4.995	4.899	4.823	4.761
8	7.571	6.060	5.416	5.053	4.817	4.652	4.529	4.433	4.357	4.295
9	7.209	5.715	5.078	4.718	4.484	4.320	4.197	4.102	4.026	3.964
10	6.937	5.456	4.826	4.468	4.236	4.072	3.950	3.855	3.779	3.717
11	6.724	5.256	4.630	4.275	4.044	3.881	3.759	3.664	3.588	3.526
12	6.554	5.096	4.474	4.121	3.891	3.728	3.607	3.512	3.436	3.374
13	6.414	4.965	4.347	3.996	3.767	3.604	3.483	3.388	3.312	3.250
14	6.298	4.857	4.242	3.892	3.663	3.501	3.380	3.285	3.209	3.147
15	6.200	4.765	4.153	3.804	3.576	3.415	3.293	3.199	3.123	3.060
16	6.115	4.687	4.077	3.729	3.502	3.341	3.219	3.125	3.049	2.986
17	6.042	4.619	4.011	3.665	3.438	3.277	3.156	3.061	2.985	2.922
18	5.978	4.560	3.954	3.608	3.382	3.221	3.100	3.005	2.929	2.866
19	5.922	4.508	3.903	3.559	3.333	3.172	3.051	2.956	2.880	2.817
20	5.872	4.461	3.859	3.515	3.289	3.128	3.007	2.913	2.837	2.774
21	5.827	4.420	3.819	3.475	3.250	3.090	2.969	2.874	2.798	2.735
22	5.786	4.383	3.783	3.440	3.215	3.055	2.934	2.839	2.763	2.700
23	5.750	4.349	3.751	3.408	3.184	3.023	2.902	2.808	2.731	2.668
24	5.717	4.319	3.721	3.379	3.155	2.995	2.874	2.779	2.703	2.640
25	5.686	4.291	3.694	3.353	3.129	2.969	2.848	2.753	2.677	2.614
26	5.659	4.266	3.670	3.329	3.105	2.945	2.824	2.729	2.653	2.590
27	5.633	4.242	3.647	3.307	3.083	2.923	2.802	2.707	2.631	2.568
28	5.610	4.221	3.626	3.286	3.063	2.903	2.782	2.687	2.611	2.547
29	5.588	4.201	3.607	3.267	3.044	2.884	2.763	2.669	2.592	2.529
30	5.568	4.182	3.589	3.250	3.027	2.867	2.746	2.651	2.575	2.511

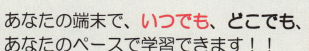

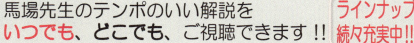

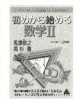

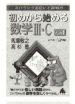

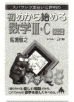

Term・Index

スバラシク実力がつくと評判の
演習 確率統計 キャンパス・ゼミ
改訂 7

マセマ

著 者 高杉 豊 馬場 敬之
発行者 馬場 敬之
発行所 マセマ出版社
〒332-0023 埼玉県川口市飯塚 3-7-21-502
TEL 048-253-1734 FAX 048-253-1729
Email：info@mathema.jp
https://www.mathema.jp

編 集	七里 啓之	平成 23 年 9 月 13 日	初版発行
校 閲	清代 芳生	平成 26 年 11 月 19 日	改訂 1 4 刷
校 正	秋野 麻里子	平成 29 年 8 月 26 日	改訂 2 4 刷
制作協力	久地井 茂　真下 久志　栄 瑠璃子	令和 元 年 8 月 23 日	改訂 3 4 刷
	五十里 哲　河野 達也　下野 俊英	令和 2 年 8 月 13 日	改訂 4 4 刷
	中田 恵里佳　吉開 秀悟　冨木 朋子	令和 4 年 8 月 8 日	改訂 5 4 刷
	町田 朱美	令和 6 年 4 月 17 日	改訂 6 4 刷
カバーデザイン	馬場 冬之	令和 7 年 2 月 14 日	改訂 7 初版発行
ロゴデザイン	馬場 利貞		
印刷所	中央精版印刷株式会社		

ISBN978-4-86615-414-5 C3041
落丁・乱丁本はお取りかえいたします。
本書の無断転載、複製、複写（コピー）、翻訳を禁じます。
KEISHI BABA 2025 Printed in Japan